“十三五”职业教育规划教材

工厂供电技术

（第二版）

GONGCHANG GONGDIAN JISHU

编著　孙田星　孙成普
主审　张　莹

中国电力出版社
CHINA ELECTRIC POWER PRESS

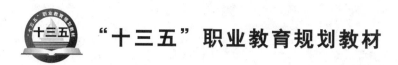

内 容 提 要

本书为“十三五”职业教育规划教材。全书共分八章，主要内容包括电力系统概述，供配电系统常用的电气设备，工厂电力负荷计算，短路电流计算，变配电所结构及电气设备选择，工厂供电网结构及导线选择，供配电系统的继电保护和供配电系统的防雷接地保护等内容。注重学生的职业能力培养，加入了先进技术应用方面知识。为方便学习，每章都有内容提要、小结、习题与思考题。

本书可作为高职高专院校自动化技术类、电力技术类各专业相关课程的教材，也可供其他专业的师生和工程技术人员参考使用。

图书在版编目（CIP）数据

工厂供电技术/孙田星，孙成普编著．—2版．—北京：中国电力出版社，2015.8

“十三五”职业教育规划教材

ISBN 978-7-5123-8146-9

Ⅰ．①工…　Ⅱ．①孙…②孙…　Ⅲ．①工厂-供电-高等职业教育-教材　Ⅳ．①TM727.3

中国版本图书馆CIP数据核字（2015）第186267号

中国电力出版社出版、发行

（北京市东城区北京站西街19号　100005　http：//www.cepp.sgcc.com.cn）

北京丰源印刷厂印刷

各地新华书店经售

*

2009年4月第一版

2015年8月第二版　2015年8月北京第四次印刷

787毫米×1092毫米　16开本　13.25印张　319千字

定价 **28.00** 元

前　言

本书是根据国家电力高等职业教育教学的要求，结合现代供配电技术教学培养目标而编写。本书编写中注重职业技能培养，内容新颖，实践性和应用性强，既有理论分析又有例题验证，利于培养和训练学生分析问题和解决问题的能力，且便于自学。建议授课时数为80学时。授课内容可根据不同专业要求和教学进行取舍。

本书共分八章，主要内容包括电力系统概述，供配电系统常用的电气设备，工厂电力负荷计算，短路电流计算；变配电所结构及电气设备选择；工厂供电网结构及导线选择，供配电系统的继电保护以及供配电系统的防雷接地保护等。

本书是编者结合长期的教学实践和总结多年来讲授本门课程教学经验基础上编写的。在编写过程中，编者充分考虑现代供配电系统科学技术的发展和新知识应用，深入浅出地讲述了供配电系统每个环节内容，注重内容的精选。书中图文并茂，适时增加了先进技术的新内容，力求与现代供配电技术相结合，突出实用技术和实际应用问题。

本书第一、四、六、七章由沈阳职业技术学院孙成普教授编写，第二、三、五、八章由沈阳职业技术学院孙田星副教授编写。全书由沈阳职业技术学院孙成普教授统稿。

本书由湖南铁道职业技术学院张莹主审。

由于编者业务水平有限，书中难免有错误和疏漏之处，恳请广大读者批评指正。

编　者

2015年6月

目　录

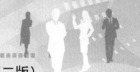

第一章　电力系统概述

第一节　电力系统的基本知识

一、电能的重要意义

电能广泛应用于国民经济的各个方面，成为现代化工农业生产、国防建设、交通运输及人民日常生活中不可缺少的动力源泉，是改进和提高生产率的技术基础。电能采用不同的电压等级，通过电力线路将电能输送到枢纽变电所，再用配电网络将电能分配到各用户使用。电能可以转变为其他类型的能量，例如机械能、光能、热能、化学能等，可以用来实现生产过程的机械化及自动化等。

我国电力工业的迅速发展已成为国家综合国力和现代化建设水平的重要标志。

二、电力负荷的基本要求

发电厂在任何时刻生产的电能必须等于该时刻用户所消耗的电能，电力系统的功率是准确的，每时每刻都是平衡的。电能的生产、输送、分配和使用是在同一时刻完成的，且电能不能被储存。正是由于这一特点，电力系统各元件都是密切地相互联系、相互影响的。任何一个元件的故障都可能导致不同程度的供电中断。电能用户对输配电系统的要求是不间断供电，即供电要满足一定的可靠性。

为了保证连续可靠地供电，对供电可靠性要求不同的电能用户是有所区别的。为了便于区别对待各级用户，一般把电能用户按照用电单位的重要程度和对供电可靠性要求的高低，以及中断供电所造成的损失或影响程度不同，将用电负荷分为三级。

1. 一级负荷

一级负荷是指中断供电将造成人身伤亡，或者中断供电将在政治、经济上造成重大损失的电力负荷。例如造成重大设备的损坏、产品报废，生产秩序长期不能恢复，以及造成重点企业的连续生产过程被打乱需要长时间才能恢复的用户负荷。

一级负荷中断供电的后果将十分严重，因此要求对这类用户负荷使用两个独立电源供电，当工作电源发生故障停电检修时，由另一电源继续供电。

2. 二级负荷

二级负荷是指中断供电将在政治、经济上造成较大损失的电力负荷。例如中断供电，仅造成大量产品减产，大量产品报废，连续生产过程被打乱，需较长时间才能恢复供电，但不会危害人身和设备的安全等。二级负荷也属于重要负荷，宜采用双回路电源供电。

3. 三级负荷

三级负荷属于一般的电力负荷，中断供电将给用户造成不便，不会造成重大损失或损失不明显，因而对供电没有特殊的要求，可采用一个电源供电。

系统运行的可靠性和经济性都必须从整体上考虑，即局部服从整体。因此在系统运行时，应有一个机构来统一指挥供电工作，编制系统负荷分配计划，向用户经济合理地分配电能，这个机构称为调度所。调度所在系统正常工作时，规定和调度系统的负荷，检查负荷分配和检修完成情况，主持系统调频调压，进行计划检修工作前后的转接等；在系统发生故障时，负责排除故障，及时发出适当的操作命令。

第二节 发电厂及电力系统简介

一、发电厂

电能是由一次能源转变而成的二次能源。自然界蕴藏着丰富的一次能源资源，例如煤炭、石油、天然气、风能、太阳能、水能等，发电厂将这些自然能源转换为人们所需要的二次能源。

为了充分利用自然界蕴藏的各种资源，通常在一次能源资源丰富的地方建立发电厂，而发电厂往往距离电能用户很远。为保证供电可靠、经济合理，一般发电厂都将低电压电能升至高电压后，经输电线路送至电网的枢纽变电所，再直接或间接地经枢纽变电所将高电压逐级降为低电压，然后再分配给工矿企业或民用住宅区的降压变电所。采用这种供电方式，可以减小网络电能损耗，保证供应高质量的电能。

将一次能源转化为电能的工厂，称为发电厂。按发电厂利用能源的不同，可分为火力发电厂、水力发电厂（站）、热电厂、核能发电厂、风力发电厂、地热发电厂和太阳能发电厂等。目前，我国发电主要以火力发电和水力发电为主，正在朝着核能发电方向发展。

1. 火力发电厂

利用煤、石油、天然气等燃料生产电能的发电厂，称为火力发电厂（简称火电厂），又称为火电站。火力发电厂由燃料分厂、锅炉分厂、汽轮机分厂、热工分厂、电气分厂和机修分厂等组成，如图 1-1 所示。

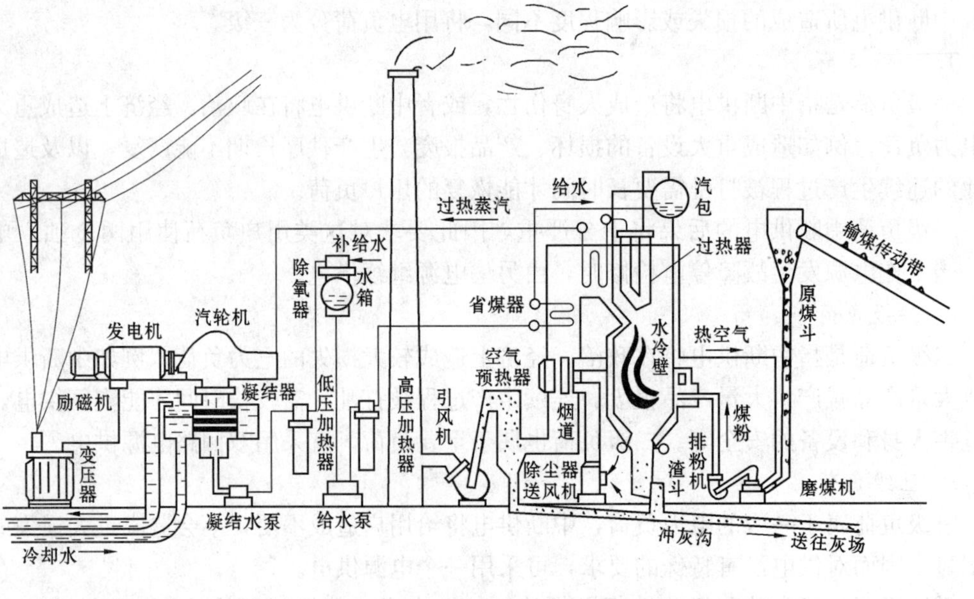

图 1-1 火力发电厂示意图

由于发电机的出口电压较低（10.5～26kV），不能远距离输送，因此必须将发电机的出口电压经升压变压器升高电压后，再将电能输送到电力网并网运行。发电厂到电能用户送变电过程示意图如图 1-2 所示。

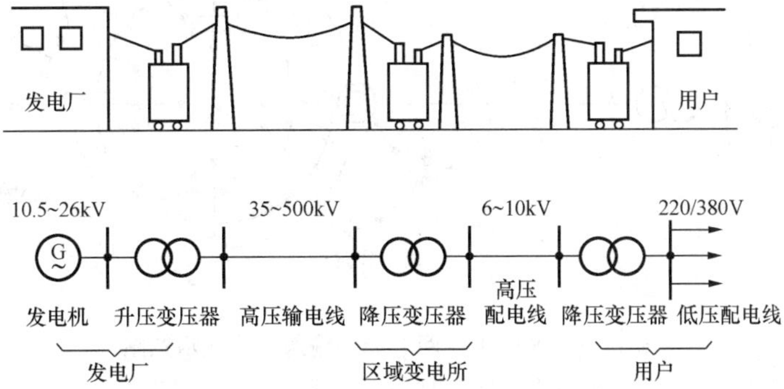

图 1-2 发电厂到电能用户送变电过程示意图

2. 热电厂

热电厂的生产过程与火力发电厂的生产过程基本相同，除生产供给外界用户电能外，还供给外界用户热能（在热电厂中装有供热式机组）。热电厂与火力发电厂的区别就是火力发电厂采用凝汽式机组。

3. 水力发电厂

将水流的位能转换成电能的发电厂，称为水力发电厂（简称水电厂），又称为水电站。当控制水流的闸门打开时，水流沿进水管进入水轮机蜗壳室，冲打水轮机叶片，并带动发电机发电。

4. 核能发电厂

核能发电厂又称核电站，是利用原子核的裂变能来生产电能的发电工厂。核能发电原理与火力发电原理类似，其能量转化为核裂变能→(核反应堆) 热能→(汽轮机) 机械能→(发电机) 电能。

二、电力系统简介

(一) 电能的输送

1. 输电

由于发电厂规模大，多数发电厂又建在能源丰富的地方，因此不但发电效率高，运行可靠，而且电压和频率稳定。倘若生产的电能不能被附近的用户完全消耗，则需要把大量的电能送到距离发电厂较远的地方去，这就是输电。

2. 交流三相输电制

现代的输电和配电主要采用交流三相制，这主要是由发电机和变压器所决定的。从输配电线路结构来看，三相输电比单相输电复杂，但由于发电机和绝大多数电气设备是三相的，所以与之配合的电力网也理应是三相的。采用高压输电可减少电能损耗，因此电能传输过程中，首先要用升压变压器将电压升高。然而用电设备使用的电压是很低的，所以用电时采用逐级降压的办法，将输送来的电能通过降压变电所再降低，用电压一级比一级低的电力网把电能层层分配给用户，完成电能分配的任务。城区供电网电能的输送和分配示意图如图 1-3 所示。

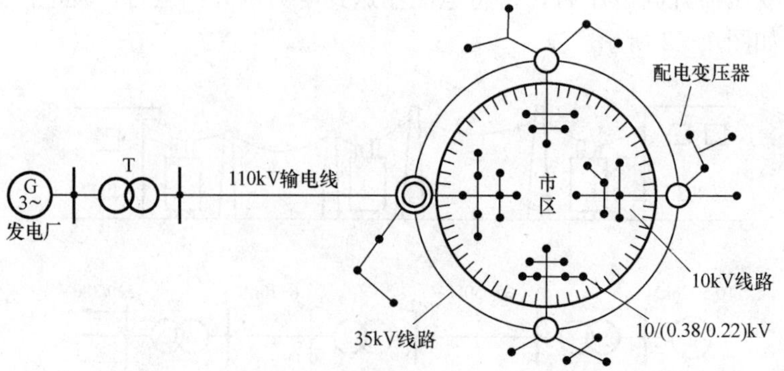

图 1-3 城区供电网电能的输送和分配示意图
◎—110/35kV 区域变电所；○—35/10kV 地方变电所；
●—10/(0.38/0.22)kV 终端变电所

（二）动力系统、电力系统、电力网之间的关系

1. 动力系统

动力系统是指发电厂、输电线路、变电所、电能用户及热力网和热能用户所连接成的一个电能和热能生产与消费的系统。动力系统、电力系统、电力网之间的关系如图 1-4 所示。

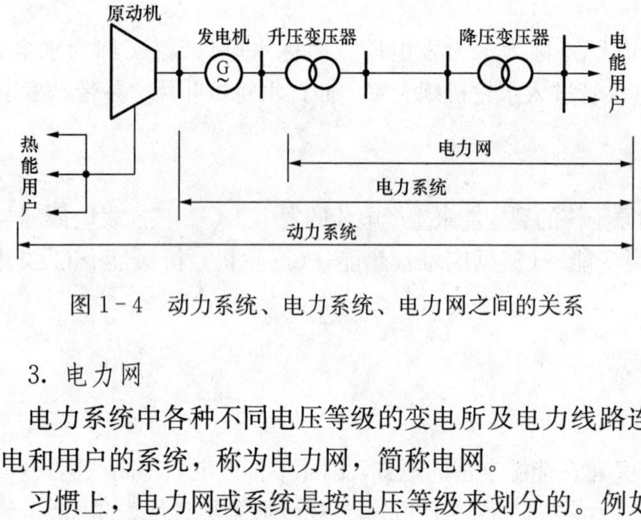

图 1-4 动力系统、电力系统、电力网之间的关系

2. 电力系统

由发电机、变电所、输电线路和电能用户连接起来的一个发电、输电、变电、配电和用电的系统，称为电力系统。电力系统与动力系统的区别，就在于电力系统不包括火力发电厂的热力部分和水力发电厂的水力机械部分。

3. 电力网

电力系统中各种不同电压等级的变电所及电力线路连接所组成的部分，即输电、变电、配电和用户的系统，称为电力网，简称电网。

习惯上，电力网或系统是按电压等级来划分的。例如，10kV 电力网或 10kV 系统通常是指 10kV 的整个电力线路。

4. 电力系统与配电系统的区别

配电系统的概念与电力系统有所区别，配电系统是指地方工矿企业或大型民用住宅区等电能用户所需的电力电源。一般电能用户的电源进线电压为 6～10kV，低压用电设备使用的电压为 220/380V。

（三）组成电力系统的优点

（1）提高系统运行的稳定性。

（2）提高系统设备利用率。

（3）提高系统运行经济性。

(4) 便于采用大容量机组。

(5) 便于充分利用动力资源。

第三节 电力系统的额定电压和频率

一、电力系统的额定电压

综合考虑导线的能耗和投资两方面的因素，对应一定的输电条件，必然有一个较合适的电压。考虑到电力设备生产的系列性，发电、输电、变电、配电、用电设备的额定电压不能是任意的数值，国家标准规定了电力网、用电设备、交流发电机及电力变压器的额定线电压。电气设备的额定电压在我国已经统一标准化，分成了若干标准电压等级。三相交流电力网及用电设备的额定线电压见表1-1。

表1-1　三相交流电力网及用电设备的额定线电压

电压等级	电力网及用电设备 (kV)	交流发电机 (kV)	电力变压器 (kV)	
			一次绕组	二次绕组
低压	0.38 0.66	0.40 0.69	0.38 0.66	0.40 0.69
高压	3 6 10 — 35 60 110 220 330 500 ±500（直流） 750 ±800（直流） 1000	3.15 6.3 10.5 13.8，15.75，18， 20，22，24，26	3，3.15 6，6.3 10，10.5 13.8，15.75，18， 20，22，24，26 35 60 110 220 330 500 ±500（直流） 750 ±800（直流） 1000	3.15及3.3 6.3及6.6 10.5及11 — 38.5 66 121 242 363 550 ±550（直流） 825 880 1100

国家标准规定的电压称为额定电压。选择电力网的额定电压时，必须采用国家标准规定的额定电压。

1. 电力网的额定电压

电力网的额定电压等级是国家根据国民经济发展的需要及电力工业的水平，经全面技术分析后确定的。电力网运行时，在线路中有电压降，因此线路各点的电压不相等，如图1-5所示。一般是首端电压高，末端电压低，即用电设备M1～M3的端电压是不同的，线路始端的电压U_1比末端的电压U_2高一些。为了使所有用电设备的电压最接近于它的额定电压，应该使电力网的平均电压等于用电设备的额定电压。这个电压就称为电力网的额定电压。

由于用电设备的允许电压偏移约为±5%，所以电力网中的电压损耗约为±10%。因此，要求电力网首端的电压较额定电压高5%。

2. 用电设备的额定电压

用电设备的额定电压应与同级电力网的额定电压相同，如图 1-5 所示。

3. 发电机的额定电压

发电机一般连接于电力网的首端，所以发电机的额定电压应高于同级电力网额定电压的 5%，如图 1-5 所示。

4. 电力变压器额定电压

电力变压器具有发电机和用电设备的双重作用。变压器的一次绕组接受来自系统的电能，相当于用电设备；变压器的二次绕组输出电能，相当于发电机发电。因此，应按两种情况分析变压器的额定电压，如图 1-6 所示。

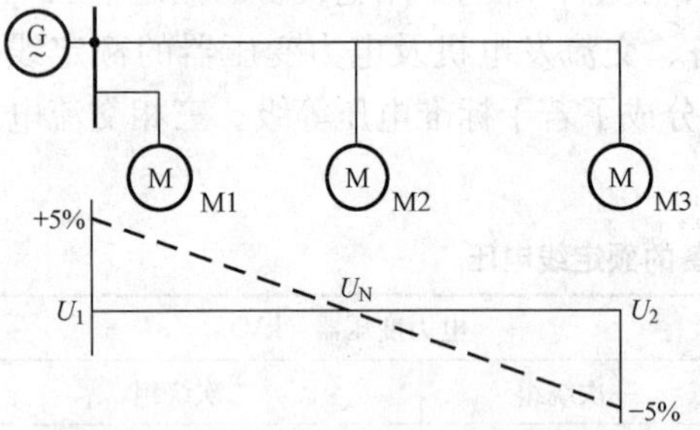

图 1-5　用电设备和发电机的额定电压

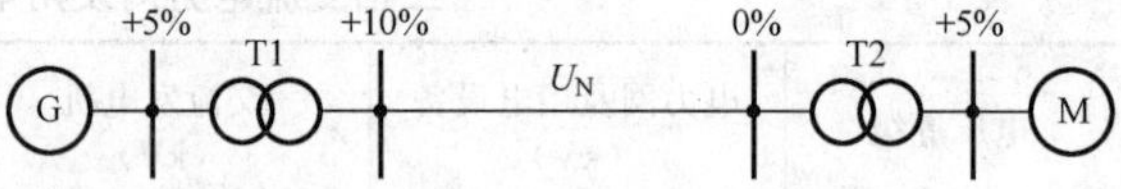

图 1-6　电力变压器的额定电压

直接与发电机相连接的升压变压器 T1，其一次绕组的额定电压等于发电机的额定出口电压。变压器二次绕组输出的额定电压应高于同级电力网额定电压的 10%，这是由于电力网首端的额定电压高于电力网末端额定电压的 5%，而变压器二次绕组的额定电压是指空载时的电压。当变压器在额定负荷下运行时，变压器内部大约有 5%的阻抗压降损耗。所以，为了保证变压器在正常工作时二次绕组输出额定电压的数值，规定直接与发电机相连接的变压器二次绕组的额定电压应高于同级电力网额定电压的 10%。

不直接与发电机相连接的变压器 T2，其一次绕组直接与电力网连接，相当于电力网的用电设备接受电能，其一次绕组的额定电压应等于同级电力网的额定电压。变压器二次绕组是输出电能的，相当于发电机发电。变压器二次绕组输出的额定电压应该分为两种情况：一种情况是采用高电压继续远距离输电，应高于同级电力网额定电压的 10%；另一种情况是近距离输电或直接接在低压用电设备上，则应高于同级电力网额定电压的 5%。

二、电力系统的频率

三相交流电频率是电能生产的一项重要指标，是电力系统统一规定的标准参数。频率的变化对电力系统运行的稳定性影响很大。为了保证电力系统正常工作，要求系统频率保持恒定不变。按电力行业标准规定，频率偏差不得超过±0.5Hz；对于大容量的电力系统，频率偏差不得超过±0.2Hz。频率调整主要依靠发电厂的发电机。

我国工业用三相交流电标准频率为 50Hz，有的国家采用 60Hz 等。50Hz 频率在工业用电上广泛使用，所以称为工业频率，简称工频 50Hz。

第四节　电力系统的中性点运行方式

电力系统的中性点是指三相系统做星形连接的发电机或电力变压器的中性点。发电机的三相绕组通常都是接成星形的，变压器的高压绕组也往往采用星形的接线方式。

如图1-7所示，发电机和变压器接成星形三相绕组的接点N，称为电力系统的中性点。由于发电机和变压器是电力系统的主要设备，所以发电机或变压器的中性点为电力系统的中性点。

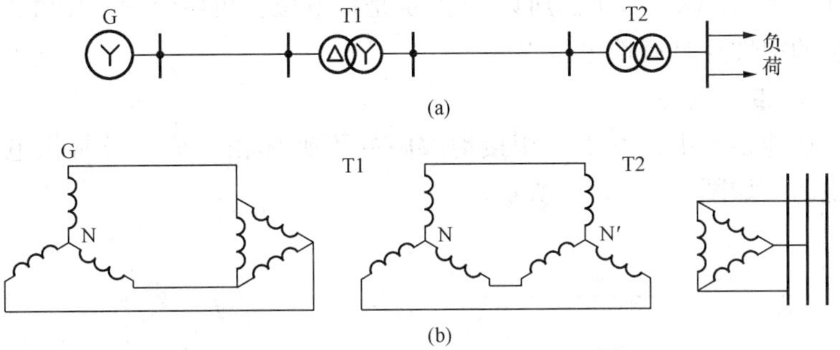

图1-7　电力系统的中性点示意图

(a) 电路图；(b) 三线图

电力系统中性点的运行方式分为中性点不接地运行方式、中性点经消弧线圈接地运行方式和中性点直接接地运行方式三种。中性点运行方式的选择正确与否，对保证电力系统的安全运行有着很重要的意义。

一、中性点不接地系统

1. 系统正常工作时

中性点不接地系统的正常运行状态示意图和相量图如图1-8所示。

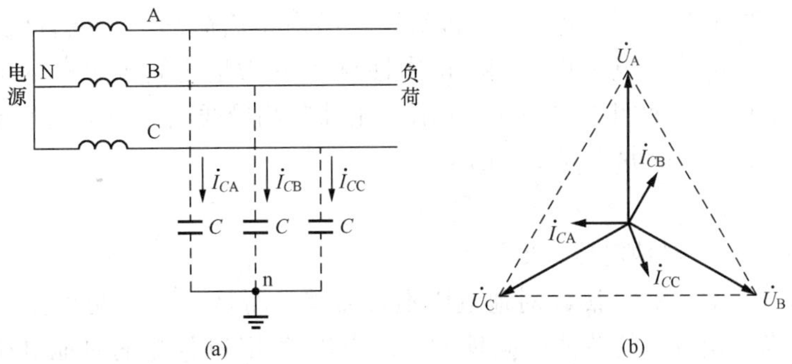

图1-8　中性点不接地系统正常运行状态的示意图和相量图

(a) 电路示意图；(b) 相量图

在对称三相系统中，由于任何两个互相绝缘导体之间都存在着一定的电容，因此三相导线之间和各相导线对地之间，沿线路全长都均匀地分布着电容。在线路电压的作用下将有附加电容电流流过。各相对地分布电容 C 是相等的。为简便起见，三相对地电容可用集中于线路中部的电容 C 代替。

中性点不接地系统正常运行时，各相的对地电压 U_A、U_B、U_C 是对称的，各相对地电容 $C_A=C_B=C_C=C$，三相的对地电容电流 I_{CA}、I_{CB}、I_{CC} 也是平衡的，有效值 $I_{CA}=I_{CB}=I_{CC}=U_x\omega C$，因此三相电容电流相量之和为零，没有电流在地中流过。

各相对地电压为相电压，且三相电压对称，所以各相电容电流也对称，并分别超前相电

压 90°，如图 1－8（b）所示。此时流经大地的电流为零，即

$$I_{CA}+I_{CB}+I_{CC}=0 \tag{1-1}$$

由电工学可知，当电源和负荷都完全对称时，电源的中性点 N 和负荷的中性点之间就没有电位差，如图 1－8（a）所示。所以 N 点也是地电位。也就是说，中性点不接地系统正常运行时，系统的中性点具有地电位。

2. 系统发生单相接地故障

在中性点不接地系统中，发生单相接地故障并不破坏相负荷的正常供电。下面以 C 相接地为例加以说明，如图 1－9（a）所示。

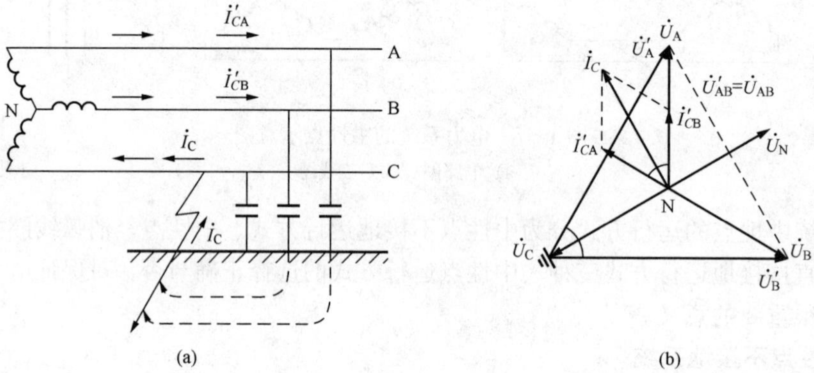

图 1－9　中性点不接地系统 C 相接地的情况

(a) 电路图；(b) 相量图

C 相接地，相当于 C 相对地电容 C_C 被短路，而当作负荷的三个电容就不再是对称的，此时中性点和大地的电位也就不再相同，即中性点 N 和大地之间不再是等电位，称此现象为中性点发生了电位移。如图 1－9（b）所示，此时 C 相导线的对地电压为零，中性点对地电压 U_0 等于 C 相电压，但方向相反，即

$$U_0=-U_C \tag{1-2}$$

式中　U_0——中性点 N 对地电压，kV。

由式（1－3）可见，中性点 N 对地电压不再为零，而是 $-U_C$。也就是说，中性点对地电压的绝对值相当于相电压的数值。同理，可以求出 A 相和 B 相的对地电压。设各相对地电压为 $\dot{U}'_A$、$\dot{U}'_B$、$\dot{U}'_C$，利用 A_{Nd} 支路的电压方程，有

$$\left.\begin{aligned}\dot{U}'_A&=\dot{U}_A+(-\dot{U}_C)=\dot{U}_A-\dot{U}_C=\dot{U}_{AC}\\ \dot{U}'_B&=\dot{U}_B+(-\dot{U}_C)=\dot{U}_B-\dot{U}_C=\dot{U}_{BC}\\ \dot{U}'_C&=\dot{U}_C+(-\dot{U}_C)=0\end{aligned}\right\} \tag{1-3}$$

对式（1－3）分析表明：在中性点不接地系统中，发生单相接地故障时，故障相相对地的电压为零。由图 1－9（b）相量图可知，A、B 两相的对地电压 $\dot{U}'_A$、$\dot{U}'_B$之间的相位角为 60°，有效值 $\dot{U}'_A=\dot{U}'_B=\sqrt{3}U_A$，此时故障相的对地电压较正常运行时升高$\sqrt{3}$倍，即升高到线电压的数值。而三相线电压数值并未受到影响，其量值不变，仍保持 120°相位差。因此在这种系统中各种电气设备的绝缘都是按线电压考虑的，既不破坏用电设备的正常运行，又不危

害设备的绝缘，所以不要求立即切除故障线路，而允许在带故障条件下继续运行 2h。若是永久性故障即可切断电源，停电检修。

3. 系统发生单相接地时的电流

系统发生接地时的电流，即为电容电流 I_C，较正常运行时电容电流增加$\sqrt{3}$倍，I_C 为 A、B 两相对地电容电流之和，即 $I_C=I'_{CA}=I'_{CB}=\sqrt{3}I_{CC}$。由于习惯将从电源到负荷的方向取为电流的正方向，因此得

$$I_C=-(I'_{CA}+I'_{CB}) \tag{1-4}$$

由图 1-9（b）的相量图可知，$\dot{I}_C$ 在相位上正好超前 $\dot{U}_C$ 90°，而在量值上，$I_C=\sqrt{3}I'_{CA}$，$I'_{CA}=\sqrt{3}I_{CC}$，因此有

$$I_C=3I_{CC} \tag{1-5}$$

式中 I_C——系统单相接地点的接地电容电流，A；

I_{CC}——三相对地电容电流，A。

单相接地的电容电流与相电压、频率及相对地间的电容有关，而电容与电力网结构及长度有关。由于线路对地的电容 C 不能准确确定，因此，I_{CC}和 I_C 也不能根据电容 C 来精确计算。通常在计算中采用经验公式，即

$$I_C=\frac{U_N(L_{oh}+35L_{cab})}{350} \tag{1-6}$$

式中 U_N——线路额定线电压，kV；

L_{oh}——架空线路长度，km；

L_{cab}——电缆线路长度，km。

由式（1-6）可知，在中性点不接地系统中单相接地电容电流的大小与线路长度和电压成正比，线路越长，电压越高，接地电容电流就越大。

二、中性点经消弧线圈接地系统

在中性点不接地的电力系统中，接地电容电流过大，瞬时接地故障就不能自动消除，若接地电容电流较大，将在接地点产生断续电弧，这就可能使线路发生电压谐振现象。接地电容电流之所以产生，是因为在线路发生单相弧光接地时，可形成一个 RLC 的串联谐振电路，从而使线路上出现危险的过电压，可能导致线路上绝缘薄弱点被击穿。因此，在单相接地电容电流 I_C 大于一定数值时（3～10kV 系统 $I_C\geqslant30$A，20kV 及以上系统 $I_C\geqslant10$A 时），电力系统中性点就应改为经消弧线圈接地的运行方式。

如果能在线路上加进一些元件，其电流的性质正好和电容 C 中电流方向相反，就能减小甚至完全抵消接地电容电流。中性点经消弧线圈接地系统电路图如图 1-10 所示。

图 1-10 中 L 为消弧线圈电感。消弧线圈实际上就是一种带有铁心的电感线圈，其电阻很小，感抗很大，可以调节。消弧线圈的作用就在于在接地点造成一个与原接地电容电流大小接近相等、方向相反的电感电流，它与电容电流相互补偿，使接地点的总电流变得很小，甚至接近于零，从而使瞬时接地故障能自动消除。这种带有消弧线圈的接地方式称为中性点经消弧线圈接地方式。

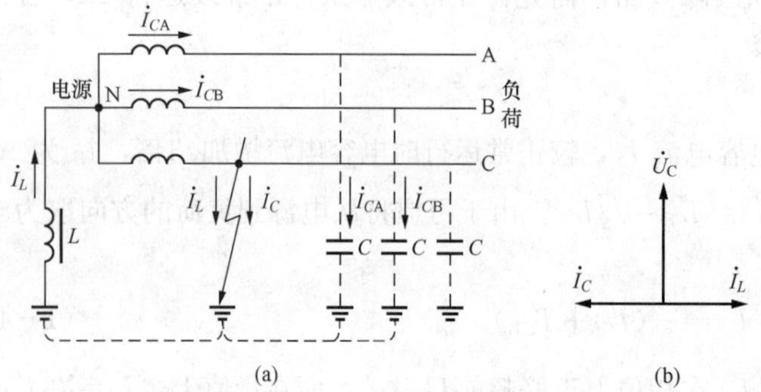

图 1－10　中性点经消弧线圈接地系统电路图

(a) 电路图；(b) 相量图

由于 $\dot{I}_C$ 比 $\dot{U}_a$ 超前 90°，$\dot{I}_L$ 比 $\dot{U}_a$ 滞后 90°，因此 $\dot{I}_L$ 与 $\dot{I}_C$ 在接地点相互补偿。若要接地点的电流补偿到小于最小生弧电流时，就不会产生电弧，也就不会出现电压谐振现象了。

中性点经消弧线圈接地系统在发生单相接地故障时，与中性点不接地系统的相同，即三相的线电压不变。因此，可允许暂时继续运行 2h，但要发出指示信号，以便采取措施，查找故障原因和消除故障，或将故障线路的负荷转移到备用线路上。而且这种系统在一相接地时，另外两相对地电压也要升高到线电压，即升高为原对地电压的 $\sqrt{3}$倍。

三、中性点直接接地系统

把电力系统的中性点直接和大地连接起来的运行方式，称为中性点直接接地方式，如图 1－11 所示。

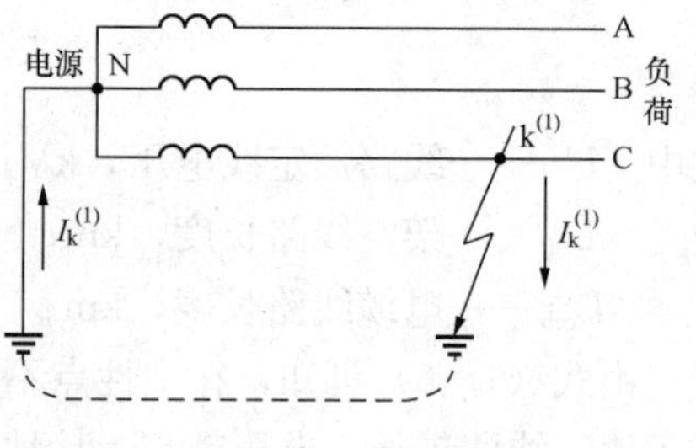

图 1－11　中性点直接接地系统电路图

中性点直接接地系统发生单相短路接地时，其单相短路电流比线路的正常负荷电流要大得多，所以瞬时接地不能自动消除，只能立即把故障线路切除。在这种系统中没有因为间歇电弧不能消除而产生的过电压问题，但是只要发生单相短路接地故障就必须切除故障，而在中性点不接地系统和中性点经消弧线圈接地系统中是可以避免的。为了弥补这一缺点，在中性点直接接地系统中，广泛采用自动重合闸装置。

自动重合闸装置就是装在开关上的自动合闸机构，必须与继电保护装置控制的跳闸机构相配合。当发生单相接地故障时，继电保护动作迅速将开关断开，把故障线路切除，开关断开后自动重合闸机构随后动作，并使开关重新合上。由于这一过程所用时间很短，在重合闸成功后并不影响用户用电。

运行经验表明在单相接地故障中，永久性接地故障很少，绝大多数是瞬时性接地故障。在开关打开的瞬间，瞬时性接地故障能自动消除，例如雷击、闪络、鸟害都属这类情况。如果是永久性接地故障，重合闸后继电保护继续动作，再将开关断开不再做第二次重合，待检修人员排除故障后再送电。

通常发生单相永久性接地故障要使线路上的断路器自动跳闸或者使熔断器熔断，将线路故障部分切除，恢复其他无故障部分的系统正常运行。中性点直接接地的系统在发生单相接地短路时，其他两相对地电压不会升高，因此这种系统中用电设备的绝缘只需按相电压来考虑，而不必按线电压考虑。

用电设备的绝缘只考虑相电压，对于 110kV 及以上的超高压系统来说，是很有经济技术价值的。因为高压电器特别是超高压电器的绝缘问题，是影响其设计和制造的关键问题。绝缘要求的降低导致了高压电器的性能降低，所以我国对110kV及以上超高压系统的中性点均采取直接接地的运行方式。

四、低压配电系统接地的形式

低压配电系统，按保护接地的形式分类为TN系统、TT系统和IT系统。

1. TN系统

TN系统中的设备外露可导电部分均应采取与公共的保护线（PE线）或保护中性线（PEN线）直接接地的保护方式，如图1-12所示。

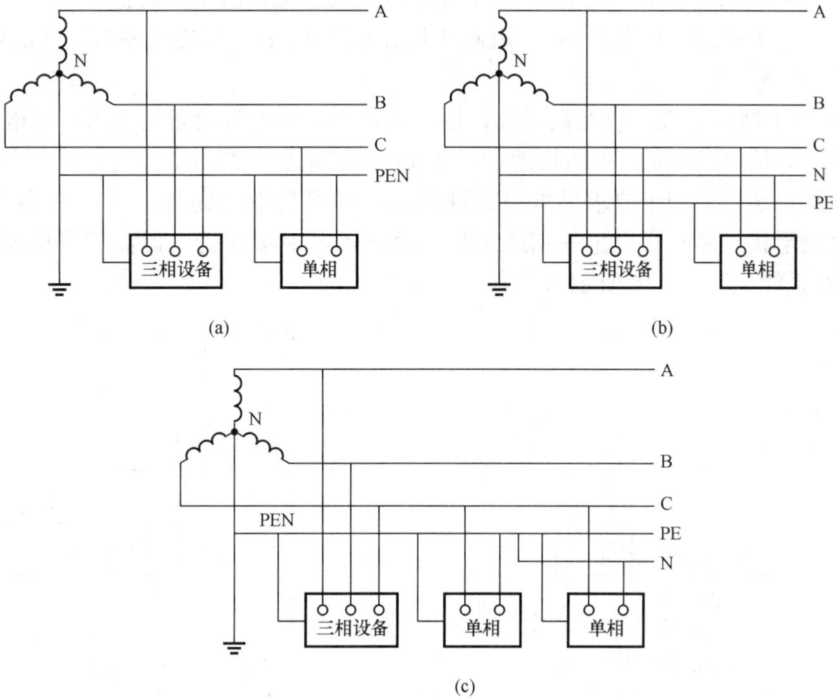

图1-12 低压配电TN系统

(a) TN-C系统；(b) TN-S系统；(c) TN-C-S系统

(1) TN-C系统如图1-12 (a) 所示。TN-C系统中设备的外露可导电部分均接中性点引出线PEN线。由于N线与PE线合二为一，所以TN-C系统节约导线材料，比较经济。但由于PEN线中有电流通过，可对PEN线的某些设备产生电磁干扰，因此TN-C系统不适用于对抗电磁干扰要求高的场所；如果PEN线断线，可使接PEN线的设备外露可导电部分带电而造成人身触电危险，因此TN-C系统也不适于安全要求高的场所。

(2) TN-S系统如图1-12 (b) 所示。该系统中性点分别引出N线和PE线，系统中设备的外露可导电部分接PE线。由于PE线与N线分开，PE线中没有电流通过，因此不会对设备产生电磁干扰，所以TN-S系统适用于对抗干扰要求高的数据处理、电磁检测等实验场所；由于PE线与N线分开，PE线断线时不会使接PE线的设备外露可导电部分带电，所以TN-S系统也适用于安全要求较高的场所。

(3) TN-C-S系统如图1-12 (c) 所示。该系统前部分线路采用TN-C系统接线，而后部分或全部采用 TN－S 系统接线，设备的外露可导电部分接 PEN 线或 PE 线。TN－C－S 系统比较灵活，对安全要求较高及对抗电磁干扰要求较高的场所采用 TN－S 系统；而在其他情况下则采用 TN－C 系统。因此，TN－C-S 系统兼有 TN－C 系统和 TN－S 系统的双重作用。

2. TT 系统

TT 系统中的外露可导电部分采取经各自的 PE 线直接接地的保护方式，如图 1－13 所示。

TT 系统的电源中性点与 TN 系统的一样，也是直接接地，并且同样从中性点引出中性线，但该系统中电气设备的外露可导电部分经各自的 PE 线接地。由于各设备的 PE 线之间没有直接的电气联系，互相之间不发生干扰，因此 TT 系统适用于抗干扰能力要求较高的场所。

3. IT 系统

IT 系统的中性点不接地或经高阻抗接地，而该系统中电气设备的外露可导电部分与 TT 系统的一样，即均经各自的 PE 线接地。由于 IT 系统通常不引出中性线，因此 IT 系统一般为三相三线制系统，适用于要求供电可靠性较高及易燃易爆的场所。IT 系统各设备之间也不会发生电磁干扰，而且在发生一相接地时，设备仍可继续运行，但需装设单相接地保护。低压配电 IT 系统如图 1－14 所示。

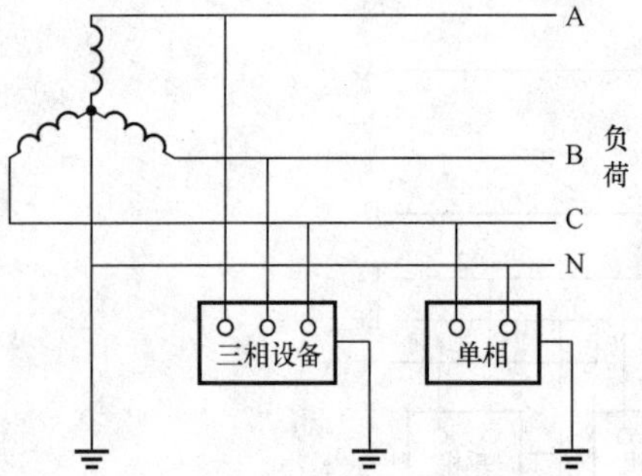

图 1－13　低压配电 TT 系统

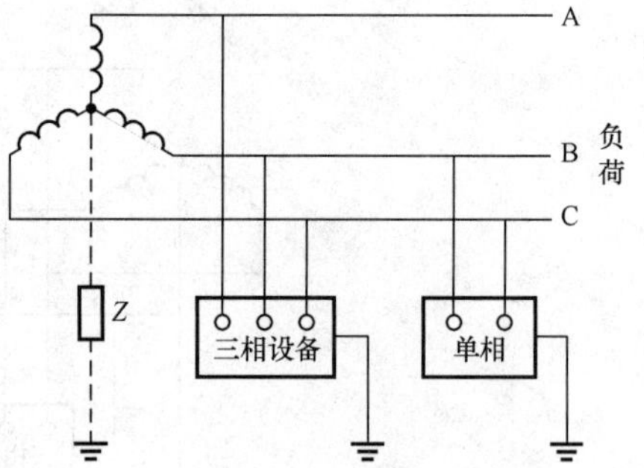

图 1－14　低压配电 IT 系统

五、中性点接地方式的选择

综合考虑以上各方面的要求，并结合多年运行的实践经验，我国已总结出各种接地方式的使用范围。

1. 6～10kV 系统

对于 6～10kV 系统，考虑到接地方式不影响电气设备的造价，如果网络不太扩展、接地电流小、瞬时接地故障能可靠地自动消除时，就采用中性点不接地运行方式；如果网络扩展、接地电流大、不能保证接地故障可靠地自动消除时，就采用中性点经消弧线圈接地运行方式。

2. 35kV 系统

35kV 系统接地方式采用和 6～10kV 系统的同样原则处理。在 35kV 供电范围较大的电力网中，一部分变压器的中性点是经消弧线圈接地。而在供电范围较小的 35kV 电力网中，因接地电容电流小，变压器的中性点采取不接地方式。

3. 110kV 及以上系统

110kV 及以上系统采取中性点直接接地运行方式，主要是考虑中性点直接接地能显著降低设备造价。同时因线路耐雷水平高，很少发生一相瞬间接地故障，再加上自动重合闸装置的配合，中性点直接接地对运行可靠性的影响不大。

4. 220/380V 低压配电网

对于 220/380V 低压配电网、我国广泛应用 TN 系统，均采取中性点直接接地，而且从中性点引出中性线或保护中性线。这样除了便于接单相负荷外，还兼顾了安全保护的要求，一旦发生一相接地故障，即形成单相短路，快速切除故障，以防发生人身触电事故。

本章小结

本章主要讲述工厂供电系统的基本知识，简要介绍了发电、输电、变电、配电和用电的电能生产和消费过程，电力系统、电力网及组成电力系统的有关概念；重点讲述了电力网、用电设备、发电机、电力变压器的额定电压，电力系统中性点运行方式及接地方式的选择，低压配电系统接地方式等内容。

习题与思考题

1. 工厂供电系统和电力系统有何区别？
2. 统一规定各种用电设备的额定电压有何意义？
3. 试标出图 1-15 所示的供配电系统中各元件的额定电压。

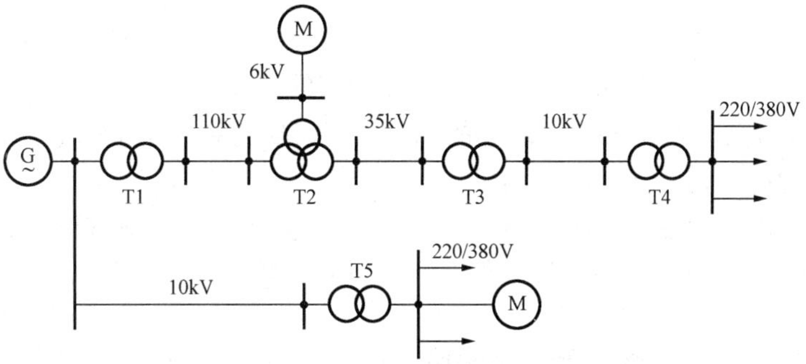

图 1-15　习题 3 图

4. 电力系统中性点接地方式有哪几种？各有何特点？
5. 低压配电系统保护接地的形式有哪几种？各有何特点？

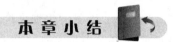

第二章　供配电系统常用的电气设备

第一节　开　关　电　器

开关电器是配电系统中的重要电气设备。在系统正常运行时，需要开关电器可靠地接通或断开电路；在系统改变运行方式时需要开关电器灵活地进行切换操作；在系统发生故障时，开关电器必须迅速地切除故障，以便其使系统尽快恢复运行；在设备检修时，开关电器保证系统能安全地运行。

配电系统中担负着输送电能、变换电压和分配电能任务的电路，称为一次回路。由于一次回路中的设备都属于主要的电气设备，所以又称为主电路。一次回路中的所有电气设备，称为一次设备。供配电系统中用来控制、指示、监视、测量和保护一次设备的电路，称为二次回路。二次回路中的所有电气设备，称为二次设备。

配电系统常用设备可分为五种类型。

(1) 变换设备。按系统工作要求改变电压或电流的设备称为变换设备，例如变电所中的电力变压器、电压互感器、电流互感器、变流设备等。

(2) 控制设备。按系统工作要求控制电路接通或断开的设备称为控制设备，例如高压隔离开关、高压断路器等。

(3) 保护设备。用来保护配电系统中一次装置的设备称为保护设备，例如继电保护装置中的继电器、防雷保护用的避雷器、动力设备保护用的熔断器等。

(4) 无功补偿设备。用来补偿系统中的无功功率、提高系统功率因数的设备称为无功补偿设备，例如电力电容器、无功补偿柜等。

(5) 成套配电装置。按接线顺序将设备依次相互连接组成的成套装置称为成套配电装置，例如各种类型的高压开关柜、低压配电屏、动力配电箱等。

第二节　常用的高低压开关电器

一、高压开关电器

(一) 高压隔离开关

1. 高压隔离开关的主要用途

高压隔离开关用于高压配电装置中，在设备检修时用来隔离电压或运行中进行倒闸操作时开断电路，也可以用来开断或关合小电流电路，以保证设备检修时的人身安全。

隔离开关断开电路时，在空气介质中能构成明显可见的绝缘间隔距离，这个距离保证隔离开关与其他电器载流部分在规定的电气距离下，不至于发生短路击穿现象。所以在安装布置隔离开关时，隔离开关触头与其他载流部分的电气距离不能超出规定范围，这是保证设备检修时人身安全所必需的。

2. 隔离开关特点

隔离开关又称隔离刀闸，是一种高压电气开关。由于隔离开关没有专门的灭弧装置，不能用来接通或切断负荷电流和短路电流，所以隔离开关必须与断路器串联使用。只有在断路器断开之后，才可以进行隔离开关的切换操作，即断开或闭合电路。但是在某些情况下，隔离开关也可以进行切换操作，例如开合电压互感器、避雷器回路等。

3. 高压隔离开关技术参数及型号表示含义

高压隔离开关型号表示：

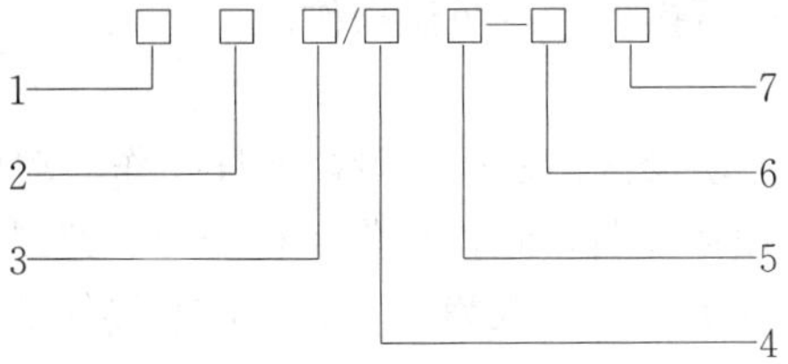

其中：

1——隔离开关；

2——安装场所，N 为户内式，W 为户外式；

3——设计序号，用数字 1、2、3、…表示；

4——派生代号，G 为改进型，K 为快分型，T 为统一设计，D 为带接地开关；

5——额定电压，kV；

6——额定电流，A；

7——极限通过电流的峰值，kA。

4. 隔离开关类型

(1) 按安装地点的不同，可分为户内式和户外式两种类型。

(2) 按绝缘支柱数，可分为单柱式、双柱式和三柱式三种类型。

(3) 按极数，可分为单极、双极和三极三种类型。

(4) 按触头动作方式，可分为水平旋转式、垂直旋转式、摆动式、插入式等类型。

(5) 按有无接地开关，可分为一侧有接地开关、两侧有接地开关和无接地开关三种类型。

(6) 按操作机构，可分为手动式、电动式、气动式、液压式等类型。

5. 高压隔离开关结构原理

在图 2-1 中，导电回路主要由动触头、静触头、接线端子等组成。静触头固定在支柱绝缘子上，动触头是每相两条铜制的刀闸，合闸时用弹簧紧紧地夹在静触头两边形成线接触，保证触头间的接触压力和压缩行程。操作机构通过连杆转动转轴，再通过拐臂升降绝缘子使各相刀闸做垂直旋转，达到分合闸的目的。若隔离开关处于闭合状态时，当向下扳动

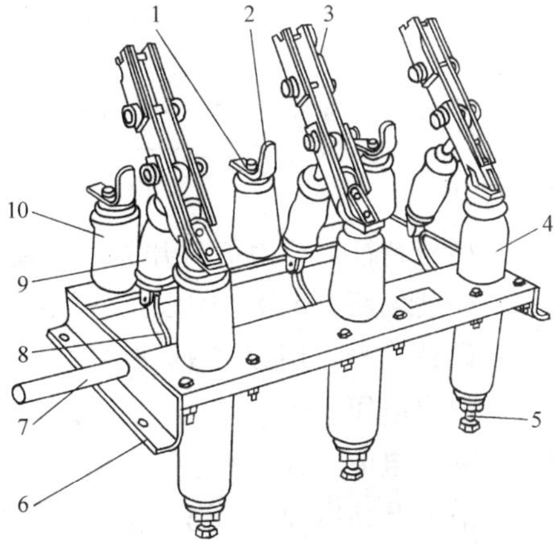

图 2-1　GN8-10 型高压隔离开关结构示意图

1—上接线端子；2—静触头；3—刀闸；4、5—套管绝缘子；6—框架底座；7—轴承；8—拐臂；9—升降绝缘子；10—支柱绝缘子

操作机构中的手柄150°时，在连杆作用下，拐臂顺时针方向转动60°角，刀闸与静触头分断。

6. 高压隔离开关的要求

(1) 隔离开关应有明显的断开点，便于确定被检修的设备或线路是否与电源断开，断开点之间应有可靠的绝缘，不致从断开点击穿，危及人身和设备的安全。

(2) 隔离开关应具有足够的动稳定性和热稳定性。

(3) 带有接地开关的隔离开关必须有连锁机构，保证操作顺序。

(4) 隔离开关的结构要简单，操作要灵活方便，动作要可靠。

(5) 按正确的操作规程进行操作，避免误操作。

7. 倒闸操作要求

(1) 合闸操作。无论用手动操作还是用绝缘操作杆操作，动作必须迅速而果断。在合闸终了时用力不可过猛，以免损坏设备，致使操作机构变形、绝缘子破裂等。操作完毕应检查是否合上，合好后应使隔离开关完全进入静触头，并检查接触的严密性。

隔离开关与断路器配合使用控制电路时，断路器和隔离开关必须按照一定顺序操作：合闸时先合隔离开关，后合断路器。

(2) 分闸操作。分闸开始时应慢拉而谨慎，当刀闸刚要离开静触头时应迅速，特别是切断变压器的空载电流、架空线路和电缆的负荷电流时，拉开隔离开关时应迅速果断，以便能迅速消弧。拉开隔离开关后，应检查隔离开关每相确实已在断开位置，并应使刀闸尽量拉到头。分闸时先拉开断路器，后拉开隔离开关。

(二) 高压负荷开关

1. 高压负荷开关主要用途

高压负荷开关主要用于高压配电装置中，用来通断正常的负荷电流和过负荷电流，隔离高压电源。高压负荷开关通常与高压熔断器配合使用，利用熔断器来切断短路电流。

2. 高压负荷开关型号表示含义

其型号表示如下：

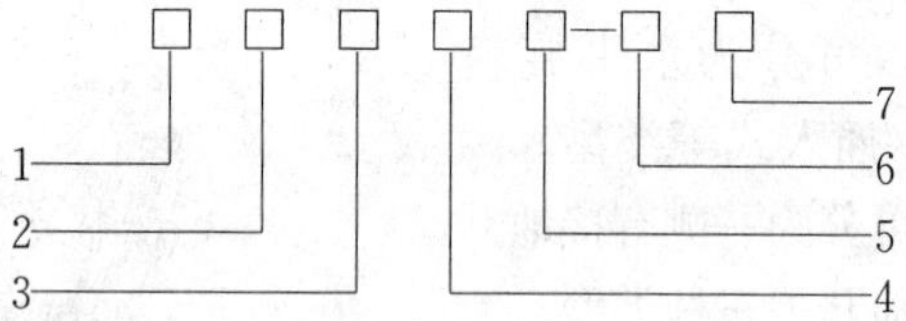

其中：

1——型号特征，F为负荷开关，Z为真空式负荷开关；

2——安装场所，N为户内式，W为户外式；

3——设计序号，用数字1、2、3、…表示；

4——额定电压，kV；

5——额定电流，A；

6——最大开断电流，kA；

7——操作机构代号，D为电动操作机构，无D为手动操作机构。

3. 高压负荷开关结构原理

高压负荷开关是一种结构比较简单，具有一定开断和关合能力的开关，如图2-2所示。高压负荷开关具有简单的灭弧装置和一定的跳、合闸速度，且有明显可见的断口，就像隔离开关一样，因此它有“功率隔离开关”之称。高压负荷开关灭弧装置比较简单，只能开断正常负荷电流和过负荷电流，不能用来开断短路电流。户内压气式负荷开关采用了传动机构带动的气压装置，跳闸时喷射出压缩空气将电弧吹灭，灭弧性能较好，断流容量较大，但仍不能切断短路电流。

为保证在使用负荷开关的线路上，对短路故障也有保护作用，可采用带熔断器的负荷开关，用负荷开关实现对线路的开断，用熔断器来切断短路故障电流。带熔断器的负荷开关在一定条件下可代替高压断路器，以便简化配电装置，降低经济费用。

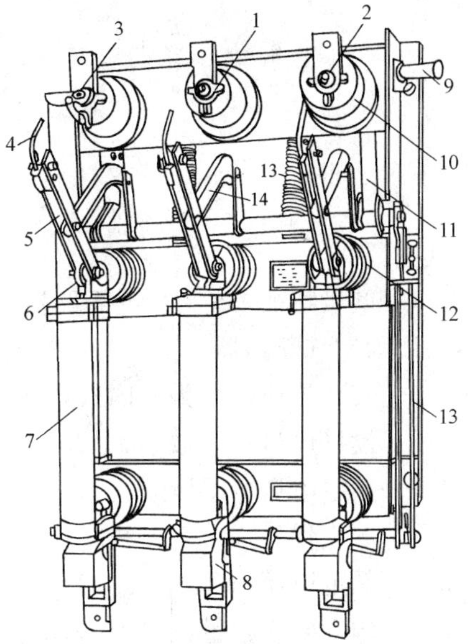

图 2-2　FN3-10RT 型高压负荷开关结构示意图

1—主触头；2—上触座；3—绝缘喷嘴；4—动触头；5—闸刀；6—下触座；7—熔断器；8—热脱扣器；9—主轴；10—上绝缘子兼气缸；11—操动连杆；12—下绝缘子；13—框架座

4. 高压负荷开关的分类

高压负荷开关按安装地点可分为户内式和户外式两种，按是否带熔断器可分为带熔断器式和不带熔断器式两种，按灭弧方式可分为压气式高压负荷开关、油浸式高压负荷开关、真空式高压负荷开关和高压 SF_6 式负荷开关。

(1) 压气式高压负荷开关。压气式高压负荷开关的压气活塞与动触头联动。压气式负荷开关开断能力强，但断口电压较低，适宜供配电设备控制线路频繁操作。

(2) 油浸式高压负荷开关。油浸式高压负荷开关利用电弧能量使绝缘油分解和汽化产生气体吹弧。油浸式高压负荷开关结构简单，但开断能力较低，寿命短，维护量大，有火灾危险，因此常用于户外供配电线路的开断控制。

(3) 真空式高压负荷开关。高压真空式负荷开关的触头置于有一定真空度的容器中，因此灭弧效果好，操作灵活，使用寿命长，体积小，质量小，维护量小，但断流过电压能力差。真空式高压负荷开关近年来发展很快，常用于配电网中或地下及其他特殊供电场所。

(4) SF_6 式高压负荷开关。SF_6 式高压负荷开关利用单压式或螺旋式原理灭弧。SF_6 式高压负荷开关断口电压很高，开断性能好，使用寿命长，维护量小，但结构较复杂，常用于户外高压电力线路和供电设备的开断控制。

(三) 高压断路器

高压断路器在供配电系统中正常运行时，用来接通和切断带负荷的电路。当系统发生短路故障时，高压断路器在保护装置作用下，能自动跳闸，快速地切断短路故障，以保证系统的稳定运行。

断路器的类型，按安装地点可分为户内式和户外式两种，按灭弧介质的不同可分为油断路器、空气断路器、真空断路器、六氟化硫（SF_6）断路器等。空气断路器目前已基本不使用。真空断路器和 SF_6 断路器得到广泛使用。油断路器也属于淘汰产品，但由于少油断路器成本低，能满足小容量供配电系统的运行要求，仍在供配电系统中使用。

高压断路器型号表示如下：

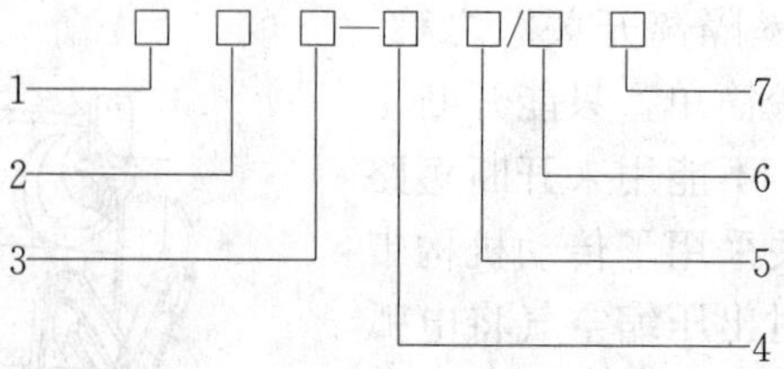

其中：

1——型号特征，S 为少油断路器，D 为多油断路器，Z 为真空断路器，L 为六氟化硫断路器，K 为空气断路器；

2——安装场所，N 为户内式，W 为户外式；

3——设计序号，用数字 1、2、3、…表示；

4——额定电压，kV；

5——派生代号；

6——额定电流，A；

7——额定断流容量，MV·A。

1. 高压油断路器

采用绝缘油作为灭弧介质的断路器称为油断路器。油断路器又可分为多油断路器和少油断路器两种。多油断路器就是采用特殊的灭弧装置利用油在电弧高温下分解的气体吹熄电弧。少油断路器利用各种不同的灭弧腔加速灭弧，并提高开关的开断能力。下面重点分析系统中常用的少油断路器。

高压少油断路器的特点是开关触头在绝缘油中闭合和断开，绝缘油只作为灭弧介质，不作绝缘。开关载流部分的绝缘借助空气和陶瓷绝缘材料或有机绝缘材料构成。少油断路器的优点是用油量少，结构简单，体积小，质量小。例如，电压为 10kV、额定断流容量为 300 MV·A的少油断路器，油量只有 10kg。由于油量少，开关结构紧凑，不需要设置防爆小间和事故排油装置，使配电装置结构简单化。另外，少油断路器的外壳带电，必须与大地绝缘，以免发生人体触电，燃烧和爆炸危险也随之减小。少油断路器的主要缺点是检修周期短，在户外使用受大气条件影响大，配套性差。

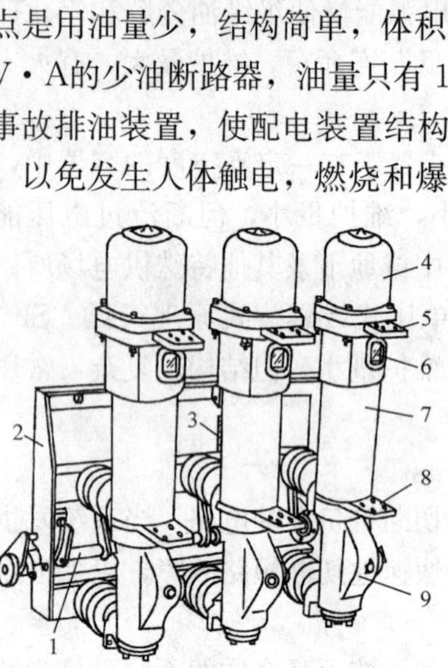

图 2-3　SN10-10 Ⅰ 型高压少油断路器外形结构示意图

1—主轴；2—框架；3—分闸弹簧；4—铝帽；5—上接线座；6—油标；7—绝缘箱；8—下接线座；9—基座

SN10-10 Ⅰ 型高压少油断路器的结构示意图如图 2-3 所示。少油断路器主要由框架、传动部分和油箱三部分组成，三相分别通过支撑绝缘子固定在框架上。

SN10-10 Ⅰ 型高压少油断路器的导电回路，由电流经上接线端子→静触头→梅花形触头→动触头→导电杆→中间滚动触头→下接线端子接通电路。

合闸过程：操作机构通过传动拉杆和拐臂，把力传给大轴，通过大轴及绝缘拉杆推动机座内的转轴和拐臂，使导电杆向上做直线运动，最后插入静触头中。此时大轴拐臂上合闸缓冲滚子碰撞并压缩合闸缓冲器，直到合闸终止位置时，由操作机构锁扣，使断路器保持在合闸位置。在合闸过程中，由于大轴的转动使得分闸弹簧拉长，储能。

跳闸过程：跳闸时在跳闸弹簧作用下，主轴转动，通过绝缘拉杆使断路器的转轴逆时针方向旋转，于是导电杆向下运动分断电路。动、静触头间产生的电弧在灭弧室中熄灭，灭弧过程中产生的气体经灭弧室上部油气分离器冷却后排出。在导电杆向下运动快到终点位置时，导电杆下端的分闸缓冲器开始阻尼，使其运动速度逐渐减慢，最后由于分闸弹簧的预拉力，使大轴拐臂上的滚子紧靠在分闸限位缓冲器上，从而使断路器保持在最终跳闸位置。

灭弧室结构原理：油桶用环氧树脂玻璃钢制成，简化了绝缘结构，质量小，体积小，使用寿命长。灭弧室位于箱体的中间部位，其结构原理图如图 2－4（a）所示。绝缘筒由高强度的玻璃丝纤维混合压制而成，其内叠装 5 片隔弧板，隔弧板是用耐高温的三聚氰胺玻璃纤维热压而成。两个内衬筒和两个绝缘垫圈用螺纹压圈压紧。第 2、3、4 片隔弧板带有横吹喷口，第 5 片隔弧板具有纵吹油囊，耐弧性能及机械强度较好。灭弧室由隔弧板做成三个横吹弧道和一个纵吹弧道，采用纵横吹和机械油吹联合作用来灭弧，如图 2－4（b）所示。

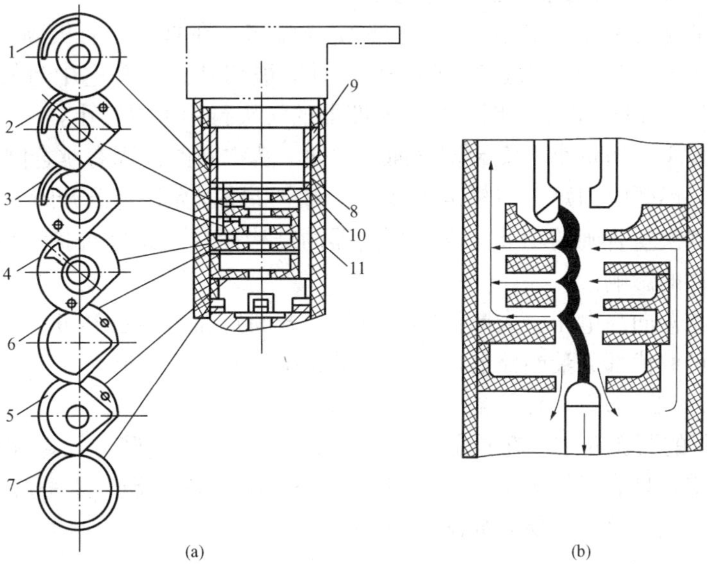

图 2－4　SN10－10 Ⅰ 型灭弧室结构原理图

（a）灭弧室结构图；（b）灭弧原理图

1～5—隔弧板；6、10—绝缘垫圈；7、8—内衬筒；9—螺纹压圈；11—绝缘筒

断路器的静触头装在灭弧室的上部，绝缘筒把灭弧室的上部空间分为内、外两部分。内空间向下可通过隔弧板中心孔和横吹孔与外空间连通；向上通过静触头座回油孔道中的止回阀与外空间相通。当断路器处于合闸位置时，下通道被导电杆闭塞，上通道因止回阀钢球下落而开启，以接受回油。

正常开断时，在动、静触头间产生的电弧高温作用下，绝缘油被分解成气体和油蒸气，形成紧密包围电弧的气泡，并使灭弧室内的压力增加，当压力升高到一定程度时，静触头上的止回阀钢球上升，堵住回油孔，此时电弧在密封的空间内燃烧，灭弧室内的压力以更快的速度增高。随着导电杆向下运动，相继打开一、二、三道横吹弧道和纵吹弧道，灭弧室内高温、高压气体及油蒸气以很高的速度由吹口喷出，产生很强烈的纵横油吹效应，将电弧冷却拉长。与此同时，由于导电杆快速向下运动，排挤与导电杆同体积的绝缘油向上进入灭弧室，对电弧形成机械油吹。在纵横油吹和机械油吹的作用下，快速有效地熄灭电弧。

在动、静触头上镶有耐电弧的钨铜合金片，能减弱电弧对触头的燃损。触头可以保证连续开断短路电流3～5次无须检修，同时改善了灭弧性能。采用滚轮触头，去掉了机械上的薄弱环节，减小了跳、合闸时的摩擦。跳闸时，由于跳闸时动触头是向下的，可以起到压油的作用，使开关下部的油经附加油流通道以高速横向冲向电弧，有利于改善开断小电流的灭弧特性，还能使导电杆端头弧根不断与新鲜的冷油接触，加速弧根冷却，使气体、油气、铜末、铜离子等与导电杆反向运动，迅速向上排出弧道，有利于介质强度的恢复。

2. 高压真空断路器

高压真空断路器是利用“真空”灭弧的一种新型断路器，我国已成批生产ZN系列真空断路器，如图2-5所示。真空断路器利用真空度约为10^{-4}Pa的高真空作为内绝缘灭弧介质。真空度就是气体的绝对压力与大气压的差值，表示气体稀薄的程度。气体的绝对压力值越低，真空度就越高。当灭弧室内被抽成10^{-4}Pa的高真空时，其绝缘强度要比绝缘油、一个大气压下的SF_6和空气的绝缘强度高很多。

真空断路器的结构特点是采用无介质的真空灭弧室。在真空中有极高的介质恢复速度，因而当触头分开后，电流第一次过零（0.01s）时即被切断。在真空中有极高的绝缘强度，其绝缘强度是空气的14～15倍，因而真空断路器的触头行程可以很小，灭弧室可做得较小，使整个断路器体积小、质量小、安装调试简单方便。真空断路器固有跳合闸时间短，动作迅速，灭弧能力强，燃弧时间短。在额定条件下，真空断路器允许连续开断的次数多，适用于频繁操作，具有多次重合闸的功能。真空断路器的结构简单，检修维护方便，无爆炸危险，不受外界气候条件的影响。

目前真空断路器向高电压、大断流容量发展，开断短路电流已达60～80kA，具有多次重合闸的功能，可取代部分油断路器，能够满足高压配电网的要求。

3. 高压六氟化硫（SF_6）断路器

SF_6是一种新的灭弧介质，在常温下是一种无色、无嗅、无味、无毒和不可燃的惰性气体，化学性能稳定，具有极优异的灭弧性能和绝缘性能。高压SF_6断路器就是采用SF_6作为断路器的绝缘介质和灭弧介质，如图2-6所示。

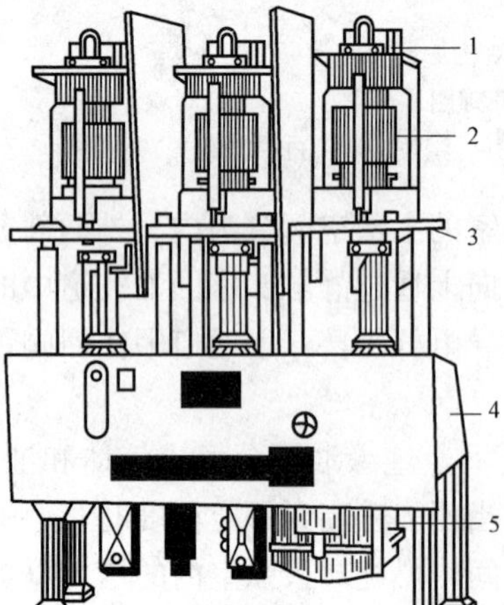

图2-5 ZN3-10型高压真空断路器的外形结构示意图
1—上接线端子；2—真空灭弧室；3—下接线端子；4—操作机构箱；5—合闸电磁铁

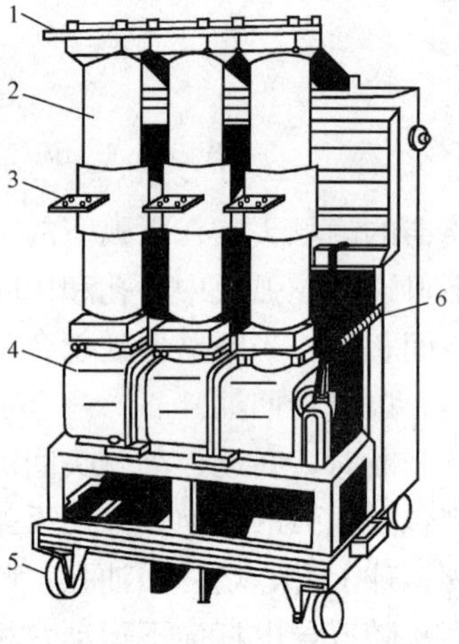

图2-6 LN2-10型SF_6断路器的外形结构示意图
1—上接线端；2—绝缘筒；3—下接线端；4—操作机构；5—小车；6—分闸弹簧

SF_6 作为灭弧介质的原因是在电弧中它能捕捉电子从而形成大量的 SF_6、SF_5 的负离子，负离子行动迟缓，有利于再结合的进行而使介质迅速地去游离，同时弧隙电导迅速下降，进而达到熄弧的目的。SF_6 绝缘能力高出普通空气的 2.5～3 倍，其熄弧能力约为空气的 100 倍。

利用 SF_6 作绝缘介质和灭弧介质的 SF_6 全封闭组合电器，不仅提高了开断能力，而且大大缩小了绝缘距离，这样可使变电所的占用空间大大的缩小。SF_6 的传热比空气好 2.5 倍，这对封闭电器的散热很有好处。此外封闭电器由于与空气隔绝，因此其导电部分不存在被氧化问题。被封闭在薄钢筒内的电器，在运行时不受风、雨、雷电等自然条件的影响。

SF_6 断路器的优点：体积小，质量小，占地面积小，开断能力强，断流容量大，动作速度快，可适应大容量频繁操作的供配电系统。SF_6 气体具有灭弧和绝缘功能，灭弧能力强，属于高速断路器，结构简单，无燃烧、爆炸危险等。

SF_6 断路器的缺点：电气性能受电场均匀程度及水分等杂质影响特别大，因此对 SF_6 断路器的密封结构、元件结构及 SF_6 气体本身质量的要求相当严格。SF_6 气体本身无毒，但在电弧的高温作用下，会产生氟化氢等有强烈腐蚀性的剧毒物质，检修时应注意防毒。

4. 压缩空气断路器

压缩空气断路器利用压缩空气的吹动来熄灭电弧。空气的压力是由空气压缩机得到的，通常为 8～20 个大气压，压力越高，灭弧就越迅速。但压缩空气断路器的结构和运行比较复杂，造价较高，而且还需要装设压缩空气装置（如空气压缩机、管道等）；运行中发现密封的橡皮衬垫在低温下易冻裂，出现事故较多。所以，目前压缩空气断路器已经基本不使用了。

（四）高压熔断器

在供配电系统中，对容量小而且不太重要的负载，广泛使用高压熔断器。熔断器是一种比较简单的保护电器，串联在电路中，作为电力线路、电力变压器、电压互感器及其他设备的短路和过载保护。发生短路时，熔断器的熔体熔断，切断故障电路，使电气设备免遭损坏。

熔断器的优点：体积小，质量小，结构简单，价格低廉，布置紧凑，使用方便，且不需要与继电保护和二次回路相配合。

熔断器的缺点：保护性能不稳定，熔体熔断后更换熔件需停电，供电可靠性不高。

1. 熔断器的类型

熔断器按电压高低可分为高压熔断器和低压熔断器两种；按使用场所的不同可分为户内式和户外式两大类。户内式广泛采用 RN1、RN2、RN5、RN6 型高压管式熔断器。户外式广泛采用 RW1～RW7、RW10、RW11 型跌落式熔断器。

2. 高压熔断器的型号

高压熔断器型号表示如下：

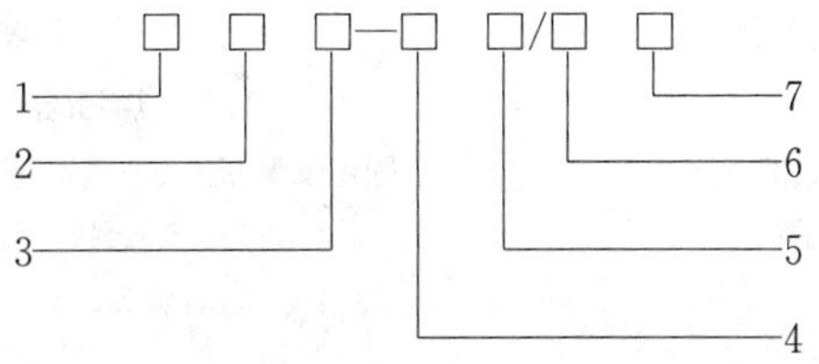

其中：

1——型号特征，R 为熔断器，X 为限流式，Z 为直流电源专用；

2——安装场所，N 为户内式，W 为户外式；

3——设计序号，用数字 1、2、3、…表示；

4——额定电压，kV；

5——派生代号，B 为防式，H 为限流式，G 为改进式，Z 为带重合机构，T 为带热脱扣机构；

6——额定电流，kA；

7——额定断流容量，MV·A。

3. RN 型户内式高压熔断器

RN1 和 RN2 型户内式高压熔断器的结构基本相同。如图 2-7 所示，RN1 和 RN2 型都是采用瓷熔管内充填石英砂填料的密封管式熔断器。当短路电流或过负荷电流通过熔体时，使工作熔体熔断后，其指示熔体相继熔断，红色的熔断指示器弹出，表示熔体已熔断。这种熔断器熔体熔断所产生的电弧是在填充石英砂的密闭瓷管内熄灭，因此这种熔断器灭弧能力很强，能在短路电流未达到冲击值之前将电弧熄灭，所以称为限流式熔断器。RN1 型户内式高压熔断器主要作为高压线路和变配电设备的短路保护和过负荷保护，其结构尺寸较大。RN3 型主要用于配电线路的短路保护。RN2、RN4 型主要用作电压互感器一次侧的短路保护，其熔体电流一般为 0.5A，结构尺寸较小。

4. RW 型户外跌落式高压熔断器

RW 型户外跌落式熔断器由瓷绝缘子、跌落机构、紧锁机构、接触导电系统、熔管等组成，如图 2-8 所示。正常工作时，熔体使熔管上的活动关节锁紧，熔管能在上触头的压力下处于合闸状态；当熔丝熔断时在熔管内产生电弧，熔管内衬的消弧管在电弧的作用下分解

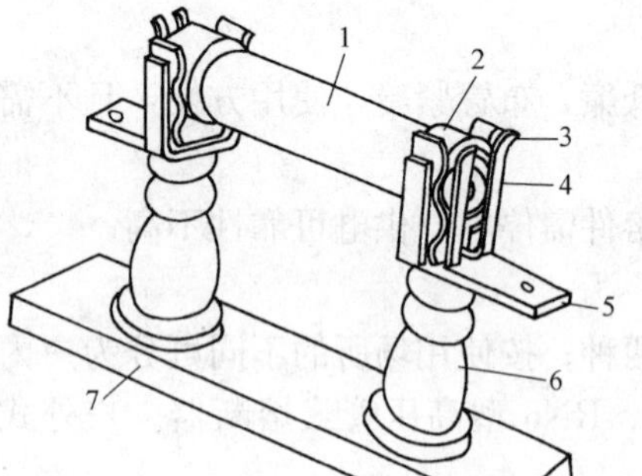

图 2-7 RN1-10 型户内式高压熔断器结构示意图

1—瓷熔管；2—金属管帽；3—弹性触座；4—熔断指示器；5—接线端子；6—瓷支柱绝缘；7—底座

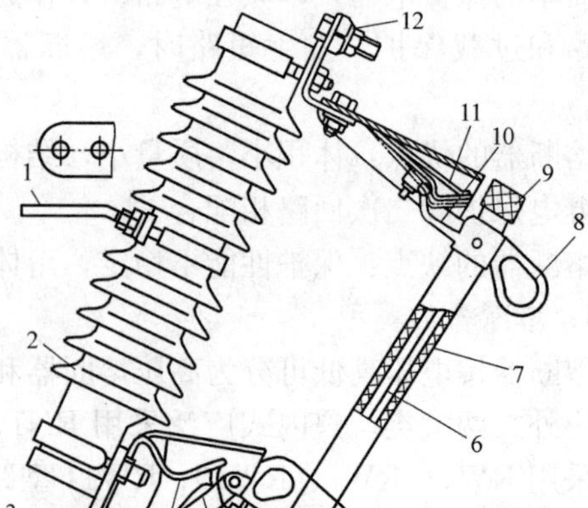

图 2-8 RW4-10 型高压跌落式熔断器外形结构示意图

1—固定安装板；2—瓷瓶绝缘；3—下接线端子；4—下动触头；5—下静触头；6—铜熔体；7—熔管；8—操作环；9—管帽；10—上动触头；11—上静触头；12—上接线端子

出大量气体，在电流过零时产生强烈的去游离作用而熄灭电弧。由于熔体熔断，原被熔体锁紧的活动关节释放，使熔管下垂，并在上下弹性触头和熔管自身重力的作用下迅速跌落，形成明显的分断间隙。

RW4、RW5 型高压熔断器可用作 6～10kV 输配电线路中电力变压器的过载和短路保护；可在一定条件下，直接用高压绝缘钩棒（俗称拉杆）来操作熔管的分合，以断开和接通小容量空载变压器、空载线路等。因其具有明显可见的分断间隙，所以也可作为高压隔离开关使用。户外跌落式熔断器属于非限流式熔断器。

二、配电系统常用的低压电器

低压电器是指工作在交流电压为 500V、直流电压为 1500V 及以下的电路中，最普通的一种用于关合或切断电路的低压电器。低压电器广泛用于低压配电系统中，起着接通、断开、保护、调节和控制设备的作用。低压电器按功能可分为开关电器、控制电器、调节电器、测量电器等。例如，闸刀开关，交、直流接触器，磁力起动器，低压断路器等均为低压电器。低压电器的种类繁多，下面主要介绍几种常用的低压电器。

（一）低压刀开关

低压刀开关是最普通的一种低压开关。为了能在短路或过电流时自动切断电路，低压刀开关必须与熔断器串联配合使用。

1. 低压刀开关的类型

（1）按其灭弧结构，可分为不带灭弧罩的刀开关和带灭弧罩的刀开关。

（2）按极数，可分为单极刀开关、双极和三极刀开关三种。

（3）按操作方式，可分为直接手柄操作刀开关和中央杠杆操作机构式刀开关。

（4）按用途，可分为单投刀开关和双投刀开关两类。

低压刀开关的额定电流等级最大为 1500A。图 2－9 所示为 HD13 型低压刀开关结构示意图。

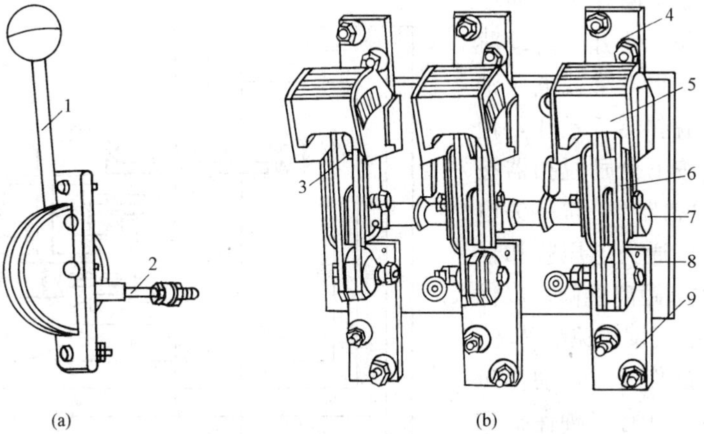

图 2－9　HD13 型低压刀开关结构示意图

（a）操作手炳；（b）低压刀开关示意图

1—操作手炳；2—连杆机构；3—静触头；4—上接线端子；5—灭弧栅；6—闸刀；

7—主轴；8—底座；9—下接线端子

2. 低压刀熔开关

（1）HR 系列低压刀熔开关。HR 系列低压刀熔开关又称瓷底胶壳开关。它是由低压刀开关与熔断器组合而成的低压开关电器。最常用的 HR3 型低压刀熔开关结构示意图如图 2-10 所示。HR3 型低压刀熔开关由弹性底座、静触座、RT0 型熔断器瓷熔管、操作手柄等构成。

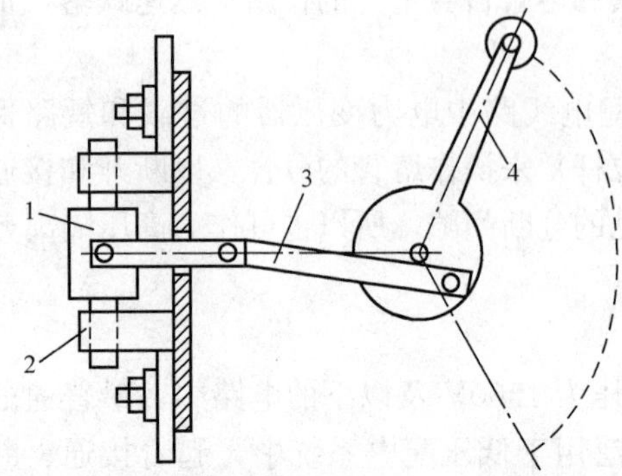

图 2-10 HR3 型低压刀熔开关结构示意图
1—RTO 型熔断器瓷熔管；2—刀开关的弹性底座；3—连杆机构；4—操作手柄

HR系列低压刀熔开关是将 HD 型低压刀开关的闸刀换成 RT0 型熔断器的具有刀形触头的瓷熔管，具有刀开关和熔断器的双重功能。这种组合型开关可以简化配电装置的结构，目前已广泛应用于低压动力配电系统中。

(2) 安装使用注意事项。

1）电源进线应接在静触座上，电力负荷应接在闸刀的下接线端上。这样当开关断开时，闸刀和熔体上不带电，保证了换装熔体的安全。

2）刀闸在合闸位置时手柄应向上，不可倒装和平装，以防误操作合闸。

3）由于过负荷或短路故障，使开关内熔体熔断，所以在更换熔体前，用干燥的棉布将绝缘底座的金属粉末擦净，以防在重新合闸时造成相间短路。

4）负荷较大时，为防止出现闸刀本体相间短路，可与熔断器串联使用，而刀闸本体不再装熔体，在装熔体的位置上用导线直接连接。

（二）低压断路器

低压断路器又称自动空气开关，原理接线图如图 2-11 所示。在低压供配电系统中，当线路发生短路故障时，其过电流脱扣器 6 动作，能够自动跳闸切断故障电路。当线路出现过负荷时，其串联在一次回路中的加热电阻丝发热，双金属片 7 弯曲变形，热脱扣器动作，使开关自动跳闸。当线路电压严重下降或电压消失时，其失电压脱扣器 5 动作，使开关自动跳闸。按下分励脱扣器按钮 10 接通分励脱扣器 4，按下失电压脱扣器按钮 9 接通失电压脱扣器 5，均可实现开关远距离跳闸，以保护供配电电路和电气设备免受破坏。低压断路器具有操作安全，动作可靠，分断能力强，且有多种保护功能等特点。所以，低压断路器被广泛用于低压电气装置中。

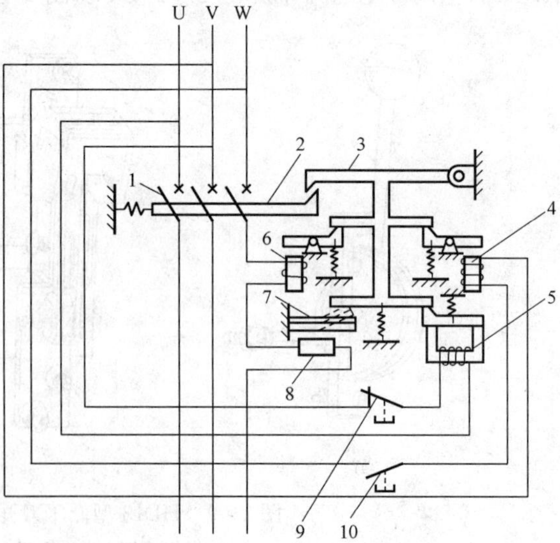

图 2-11 低压断路器原理接线图
1—主触头；2—跳钩；3—锁扣；4—分励脱扣器；5—失电压脱扣器；6—过电流脱扣器；7—热脱扣器；8—加热电阻；9—常闭脱扣按钮；10—常开脱扣按钮

在低压配电装置中常用的低压断路器类型有塑壳式和万能框架式两大类。

1. 塑壳式低压断路器

塑壳式低压断路器又称为装置式自动开关，其全部机构和导电部分都装在塑料外壳内，为封闭式结构，仅在壳盖中央露出操作手柄。DZ20 型低压断路器断面结构示意图如图 2-12 所示。

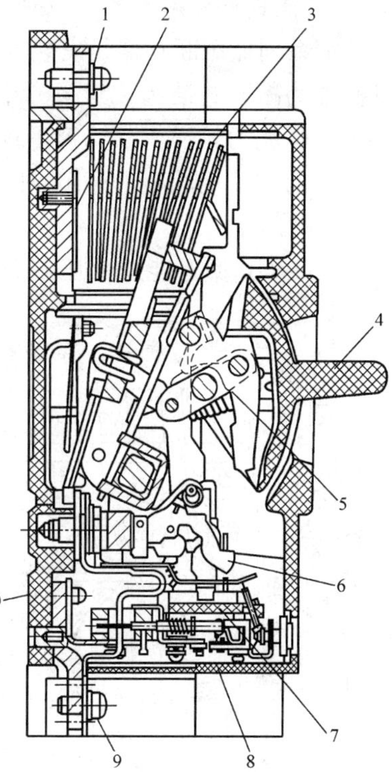

图 2-12 DZ20 型低压断路器断面结构示意图

1—引入线接线端子；2—主触头；3—灭弧室；4—操作手柄；5—跳钩；6—锁扣；7—过电流脱扣器；8—塑料外壳；9—引出线接线端子；10—塑料底座

(1) 塑壳式断路器的类型。塑壳式断路器的类型很多，目前应用较多的 DZ 系列为 DZ10、DZ15 型，推广使用的有 DZ20、DZX10 型及 C45N、3VE、DZ40 型等。新型低压断路器品种规格齐全，保护性能完善，技术先进，体积小，安装使用方便，广泛应用于低压配电装置中。

(2) DZ20 型低压断路器的操作手柄有三种位置，如图 2-13 所示。

1) 合闸位置：手柄扳向上边，跳钩被锁扣扣住，主触头维持在闭合状态，如图 2-13 (a) 所示。

2) 自由脱扣位置：跳钩被释放（脱扣），手柄自动移动到中间位置，主触头断开，如图 2-13 (b) 所示。

3) 跳闸和再扣位置：手柄扳向下边，主触头断开，但跳钩又被锁扣扣住，从而完成了“再扣合”的动作，为下次合闸做好准备，如图 2-13 (c) 所示。

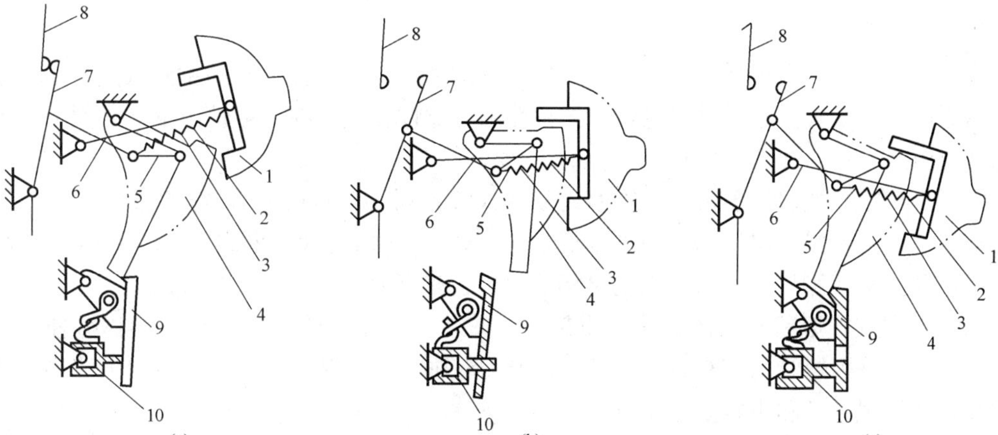

(a) (b) (c)

图 2-13 DZ20 型低压断路器的操作传动原理图

(a) 合闸位置；(b) 自由脱扣位置；(c) 跳闸和再扣位置

1—操作手柄；2—操作杆；3—弹簧；4—跳钩；5—上连杆；6—下连杆；7—动触头；8—静触头；9—锁扣；10—牵引杆

2. 万能式低压断路器

DW 系列低压断路器是安装在金属框架上的断路器，因此也称框架式断路器。框架式低压断路器为敞开式结构，其保护和操作方式较多，因此又称为万能式自动开关。万能式低压断路器灭弧能力较强，断流容量较大，其型号中的 W 即为万能式。万能式低压断路器类型很多，目前常使用的有 DW10、DW15 型，推广使用的有 DW15X、DW16、DW17、DW914 型等。

(1) DW10 型万能式低压断路器的结构。DW10 型万能式低压断路器主要由底架、触头系统、操作机构、脱扣机构等组成，如图 2-14 所示。脱扣机构有过电流脱扣器、热脱扣器、失电压脱扣器、分励脱扣器。

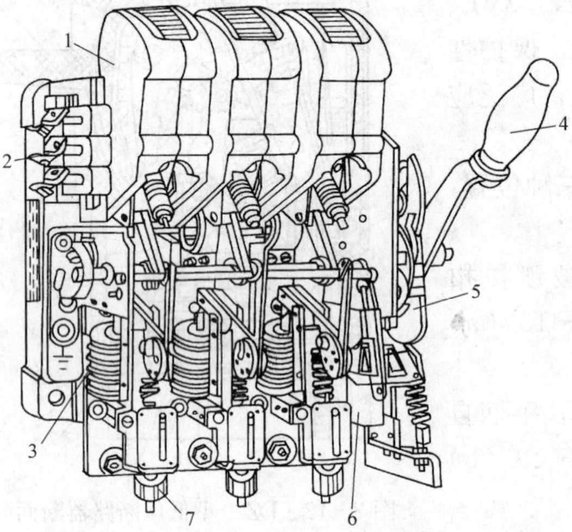

图 2-14 DW10 型万能式低压断路器结构示意图

1—灭弧罩；2—辅助触点；3—过电流脱扣器；4—操作机构；5—自由脱扣机构；6—失电压脱扣器；7—过电流脱扣器电流调节螺母

(2) DW10 型万能式低压断路器的额定电流有 200、400、600、1000、1500、2500、4000A 等。其中，200～400A 的开关采用胶木或塑料底架，200A 的只有主触头；400～600A 的开关有主触头和灭弧触头；1000～4000A 的开关采用金属底架，有主触头、辅助触点和灭弧触头。

(3) DW10 型万能式低压断路器的合闸。DW10 型万能式低压断路器除有手动合闸外，还有电动合闸装置和电磁铁合闸装置，额定电流在 1000A 以上的多采用电动合闸装置。

(三) 低压熔断器

低压熔断器主要实现低压配电系统的短路保护和过负荷保护。它的主要缺点是熔体熔断后必须更换，更换时引起短时停电，保护特性和可靠性较差，在一般情况下，必须与其他电器配合使用。

低压熔断器的类型很多，按结构形式分为 RM 系列无填料密闭管式熔断器、RT 系列有填料密闭管式熔断器、RC 系列瓷插式熔断器、RL 系列螺旋式熔断器和 NT 系列高分断能力熔断器等。RC1 型瓷插式熔断器的结构简单，价格便宜，更换熔体方便。

RL1 型螺旋式熔断器的体积小，质量小，安装面积小，价格低，更换熔体方便，运行安全可靠，而且因熔管内充有石英砂，灭弧能力较强，广泛用于 500V 以下的电路中，用于保护线路、照明设备和小容量电动机。

RM 系列熔断器的熔体用锌片冲制成变截面形状，断流能力大，具有快速灭弧和限流作用，保护性能好，运行安全可靠，广泛用于低压供配电系统中，作为电动机的保护和断路器合闸控制回路的保护。

RT0 型熔断器熔体由多条冲有网孔和变截面的紫铜片并联组成，中部焊有“锡桥”，指示器熔体为康铜丝，与工作熔体并联，如图 2-15 (a) 所示。熔管上盖板装有明显的红色熔断指示器，具有很高的分断能力和良好的安秒特性，如图 2－15（b）所示。在低压电网保护中，RT0 型熔断器与其他保护电器配合，能组成具有一定选择性的保护，广泛用于短路电流较大的低压网络和配电装置中。RT0 型熔断器结构如图 2－15 所示。

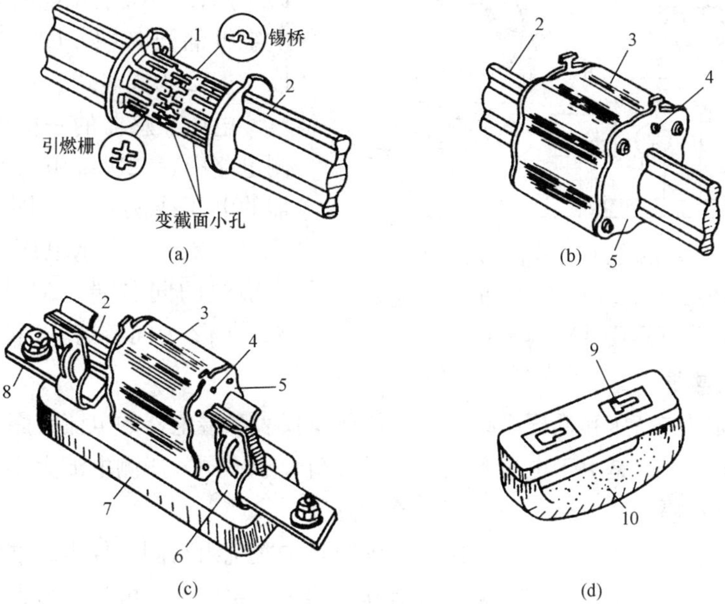

图 2－15　RT0 型低压熔断器结构图

（a）熔体；（b）熔管；（c）熔断器；（d）操作手柄

1—栅状铜熔体；2—触刀；3—瓷熔管；4—熔断指示器；5—端面盖板；6—弹性触座；7—瓷底座；8—接线端子；9—扣眼；10—绝缘拉手手柄

第三节　互　感　器

在高电压、大电流回路中，直接把测量仪表、继电器等二次元件接入一次回路是不允许的，因此在交流高压装置中的测量仪表、继电器、自动装置、控制信号等二次元件的线圈都要经过互感器接入电路。电流互感器和电压互感器统称为互感器。互感器就是一种特殊的变压器，在供配电系统中具有极其重要的作用，主要体现在以下几个方面：

（1）将一次回路高电压和大电流变为二次回路的标准值，使测量仪表和继电器标准化。

（2）不论被测量的一次回路电流或电压有多大，均可使用按照互感器额定二次侧设计的标准化仪表和继电器，这样可以减小互感器到主控制室之间的二次回路连接导线的截面。

（3）使测量仪表和继电器结构简单，降低了造价，而且测量方便、工作可靠，并有较高的测量准确度。

（4）使低压二次系统与高压一次系统实施电气隔离，且二次侧有一端必须接地，保证人身和设备的安全。

互感器就是一种特殊的变压器，在供配电系统中具有极其重要的作用，其一、二次绕组与系统的连接方式，如图 2－16 所示。

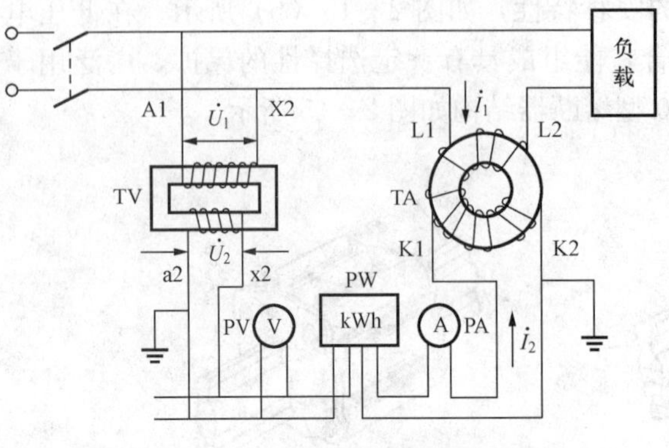

图 2-16　互感器与系统的连接方式

TA—电流互感器；TV—电压互感器；PV—电压表；PA—电流表；PW—电能表

电流互感器的一次绕组串联接入被测电路中，二次绕组与测量仪表及继电器的电流线圈串联。图 2-16 中的 L1、L2 与 K1、K2 表示电流互感器一次、二次绕组的同名端，L1 与 K1 为同名端，L2 与 K2 为同名端。

电压互感器的一次绕组并联接于被测电路中，二次绕组与测量仪表及继电器的电压线圈并联。图 2-16 中，A1、X1 与 a2、x2 表示电压互感器一次、二次绕组的同名端，A1 与 a2 为同名端，X1 与 x2 为同名端。

一、电流互感器

电流互感器用在高压和低压系统中，供给测量仪表和继电器的电流线圈。电能用户均需测量电路中的电流，但是由于电压等级不一及负荷大小不同，所测电流大小也不同。为了使测量仪表标准化及隔离高电压，而采用电流互感器。

电流互感器的一次绕组与高压一次回路串联，二次绕组与测量仪表或继电器的电流线圈串联。正常情况下负荷是恒定的，无论电流互感器一次绕组额定电流是多大，其二次绕组额定标准电流都为 5A 或 1A 。

（一）电流互感器的类型及结构原理

1. 电流互感器的结构

在供配电系统的电气装置中，由于继电保护和测量仪表对电流互感器特性有不同要求，因此必须装设误差特性和准确度等级不同的互感器。一般高压电流互感器都制成两个或两个以上铁心，每一个铁心上只有一个二次绕组。常用的电流互感器外形结构如图 2-17、图 2-18 所示。

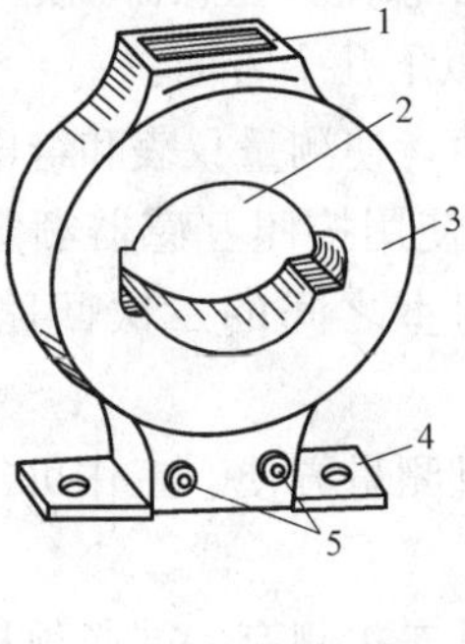

图 2-17　LMZJ1 型电流互感器结构图

1—铭牌；2—一次母线穿孔；3—铁心；4—安装板；5—二次接线端子

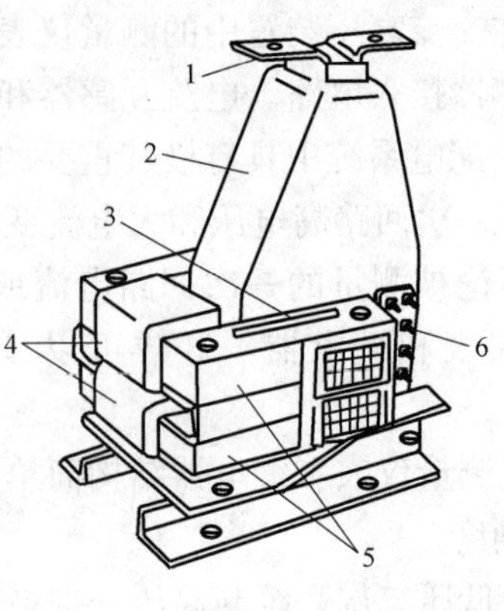

图 2-18　LQJ-10 型电流互感器结构图

1—一次接线端子；2—一次绕组；3—警告牌；4—二次绕组；5—铁心；6—二次接线端子

2. 电流互感器的类型

按一次绕组的匝数可分为单匝式和多匝式，按用途可分为测量用和保护用，按绝缘介质可分为油浸式、干式等。

电流互感器从绝缘等级和整体结构来看，凡额定电压在 6～10kV 范围时，做成户内干式结构，经常用到的单匝式有心柱穿墙式、空心母线式，多匝式有线圈型支柱式、线环型穿墙式；凡额定电压在 35kV 以上的都做成户外油浸式、多匝支柱式、串级式和户外单匝套管式。

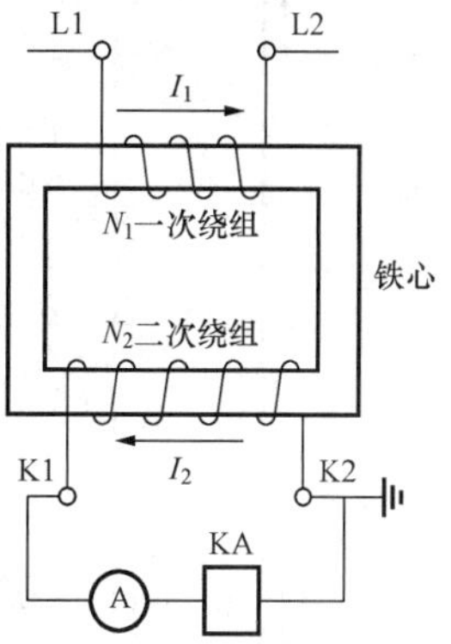

图 2-19　电流互感器的原理接线图

3. 电流互感器的变流比

电流互感器的原理接线图如图 2-19 所示。

电流互感器的额定电流比，就是一次额定电流 I_1 与二次额定电流 I_2 的比值，用 K_i 表示，有

$$K_i=\frac{I_1}{I_2}\approx\frac{N_2}{N_1} \qquad (2-1)$$

式中　K_i——电流互感器的变流比；

N_1——一次绕组匝数；

N_2——二次绕组匝数。

变流比 K_i 是电流互感器的重要参数之一。串接在电流互感器二次回路的测量仪表，其刻度包含了此倍数。由于互感器的一、二次额定电流都已标准化了，所以互感器也就标准化了，例如 100/5A。

4. 电流互感器的特点

(1) 电流互感器的一次绕组匝数很少，二次绕组匝数很多。例如，心柱式电流互感器一次绕组为一穿过铁心的直导体；母线式和套管式电流互感器本身没有一次绕组，使用时穿入母线和套管，利用母线或套管中的导体作为一次绕组。

(2) 一次绕组导体粗，二次绕组导体细，二次绕组的额定电流一般为 5A（有的为 1A）。

(3) 工作时，一次绕组串联在一次回路中，二次绕组串联在仪表、继电器的电流线圈回路中。二次回路阻抗很小，接近于短路状态。

(二) 电流互感器的接线

电流互感器的一次绕组串联于被测电流的主回路中，其二次绕组与仪表和继电器的电流线圈相串联，通常二次侧接有电流表、功率表、电能表、继电器的电流线圈等。电流互感器常用的接线方式有四种，如图 2-20 所示。

1. 一相式接线

三相对称系统，该接线用来测量相负荷平衡或相负荷不平衡度小的三相装置中的一相电流。由于流经回路的电流等于相电流，因此只在一相上装有电流互感器，如图 2-20（a）所示。

2. 两相 V 形接线

该接线又称两相不完全星形接线，用来测量相负荷平衡或相负荷不平衡的三相装置中，三相电能、电流和进行过负荷保护用，如图 2-20（b）所示。通过公共导线上的电流表中的电流，等于 A、C 两相上电流的相量和，即等于 B 相的电流，流过二次绕组的电流，反映一次回路对应的相电流，而流过公共电流线圈的电流为

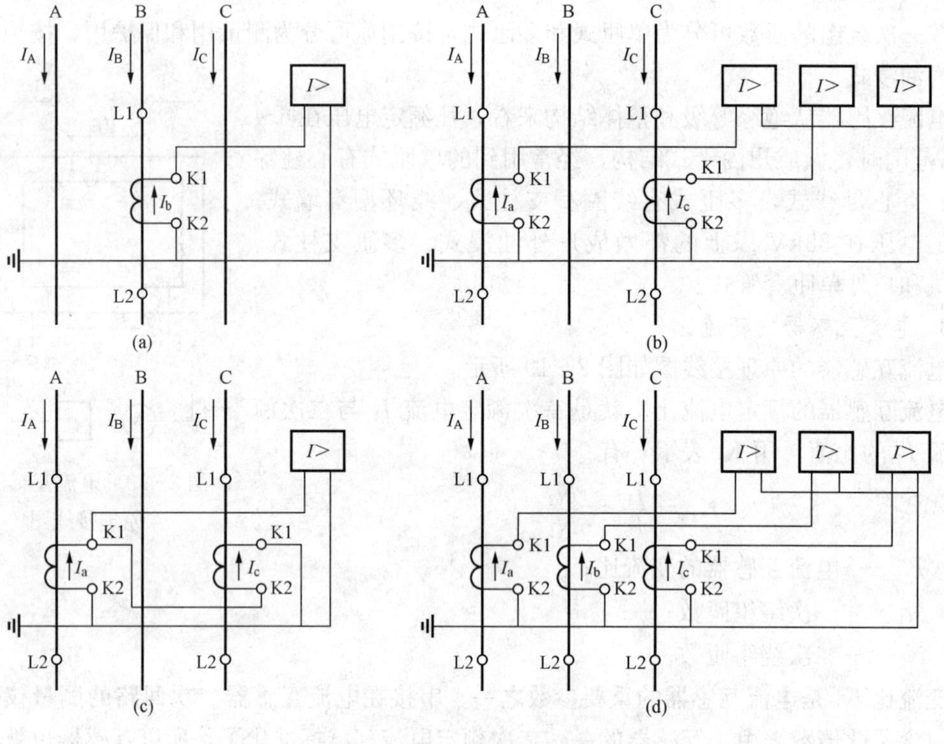

图 2-20　电流互感器四种常用接线方案

(a) 一相式接线；(b) 两相 V 形接线；(c) 两相电流差接线；(d) 三相星形接线

$$\dot{I}_a + \dot{I}_b + \dot{I}_c = 0$$

由此得

$$\dot{I}_b = -(\dot{I}_a + \dot{I}_c) \tag{2-2}$$

3. 两相电流差接线

两相电流差接线，广泛用于接入相负荷平衡或相负荷不平衡的三相电路中，用于测量仪表及过电流保护。常把电流互感器接于 A、C 两相，通过公共导线上电流表中的电流为 $\dot{I} = \dot{I}_a - \dot{I}_c$，其量值为相电流的$\sqrt{3}$倍，如图 2-20（c）所示。

4. 三相星形接线

三相星形接线，用于接入相负荷不平衡度较大的三相配电装置中，以及电压为 380/220V 的三相四线制系统和三相三线制系统装置中。流过二次绕组的电流分别对应主回路的三相电流，用于测量仪表及过电流保护，如图 2-20（d）所示。

（三）电流互感器工作特性

（1）电流互感器工作时，二次回路接近于短路工作状态。电流互感器工作时，与电力变压器的最大区别在于它是串联接入电路的，而不像电力变压器那样并联接入电路，这是由其所担负测量电路电流的任务所决定的。另外，电流互感器二次侧所接的负荷，都是测量仪表和继电器的电流线圈，二次阻抗很小，二次电流若按额定值 5A 计算，则其所消耗功率也是很小的，可以把它的外部电路看成是短路的。电流互感器在制造时，就考虑到了其二次侧长期处于短路的状态，而其二次侧工作电流却仍始终随着一次电流的变化而变化。

（2）电流互感器在工作时，二次回路不允许开路。运行中的电流互感器二次回路绝对不能断开，一旦断开，二次侧出现的高电压会危及设备及人身安全。若将在工作中的电流互感器二次侧的测量仪表断开时，必须预先将电流互感器的二次绕组或需要断开的测量仪表短接。

（3）电流互感器的二次侧有一端必须接地。当电力网上发生短路时，通过该电路电流互感器的一次电流就是短路电流，比电流互感器的额定电流大好多倍。此时，若二次侧不接地，其一、二次绕组间绝缘将被击穿，一次侧的高压串入二次侧，危及人身和测量仪表、继电器等二次设备的安全。因此电流互感器在运行中，其二次绕组应与铁心同时接地。

（4）电流互感器在连接时必须注意接线端子的极性。例如在两相电流和接线中，如果电流互感器的K1、K2端子接错，则公共线中的电流就不是相电流，而是相电流的$\sqrt{3}$倍，可能将电流表损坏。

二、电压互感器

电压互感器的结构和工作特点与电力变压器的相似，主要区别在于电压互感器的容量小，通常只有几十伏安或几百伏安。

电压互感器的一次绕组与高压一次回路并联，二次绕组与测量仪表或继电器的电压线圈并联。正常情况下负荷是恒定的，无论电压互感器一次绕组额定电压多高，其二次绕组额定标准电压都为100V或$\frac{100}{\sqrt{3}}$V。

（一）电压互感器的类型及结构原理

1. 电压互感器的类型

电压互感器按其绝缘方式可分为干式、油浸式、浇注绝缘式等，按相数可分为单相和三相，按绕组数可分为双绕组和三绕组，按安装地点可分为户内式和户外式，按用途可分为测量用和保护用，按结构原理可分为电磁感应式、电容分压式等。环氧树脂浇注绝缘式电压互感器又分为全浇注式和半浇注式两种。常用于户内配电装置中的JDZJ型电压互感器如图2-21所示。图2-22所示为电压互感器原理接线图。

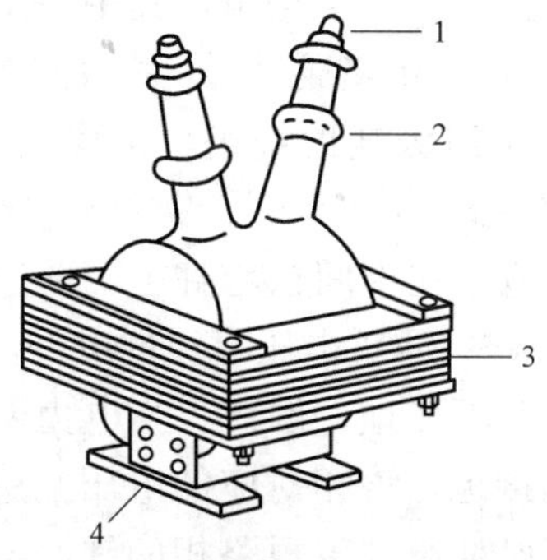

图2-21　JDZJ型电压互感器

1—一次接线端子；2—高压绝缘套管；3—铁心；4—二次接线端子

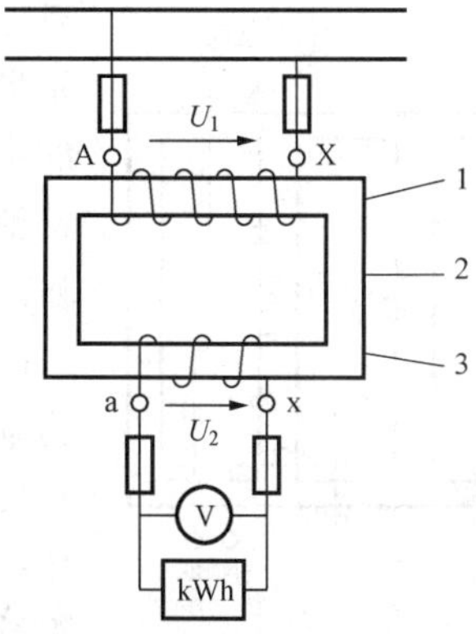

图2-22　电压互感器原理接线图

1—一次绕组；2—铁心；3—二次绕组

2. 电压互感器的变压比

电压互感器额定变压比，就是一次额定电压和二次额定电压之比，即

$$U_{N1}=\frac{N_1}{N_2}U_{N2}=K_uU_{N2}$$

$$K_u\approx\frac{U_{N1}}{U_{N2}} \tag{2-3}$$

式中 K_u——电压互感器变压比；

N_1——一次绕组匝数；

N_2——二次绕组匝数。

变压比 K_u 表示互感器特性的参数。并联在电压互感器二次回路的测量仪表可测量一次电压的近似值。由于电压互感器一、二次侧的电压都已标准化，所以电压互感器也就标准化了。

电压互感器的型号表示如下：

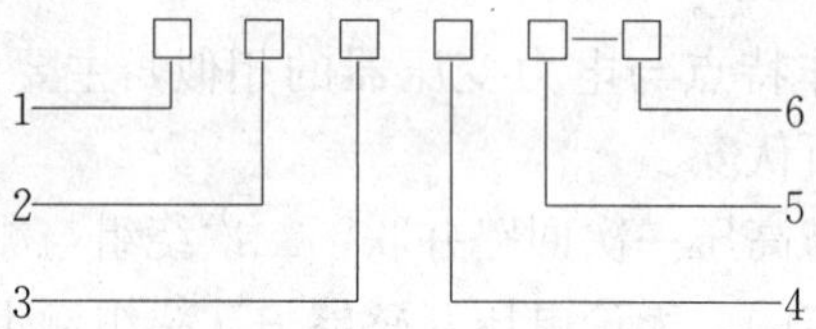

其中：

1——型号特征，J 为电压互感器；

2——相数，D 为单相，S 为三相；

3——绝缘类型，J 为油浸式，G 为干式，Z 为浇注式；

4——派生代号，B 为带补偿绕组，W 为五柱三绕组，J 为接地保护；

5——设计序号；

6——额定电压。

3. 电压互感器的结构原理

如图 2-23 所示，三相五心柱式电压互感器由五个铁心柱和两个铁轭组成磁路系统，具有三组绕组，其中一次绕组引出线端子 A、B、C，接成星形，中性点接地。两个二次绕组，其中一个二次绕组的引出线端子 a、b、c，也接成星形，中性点引出箱外并接地；另一个二次绕组为辅助绕组，接成开口三角形，将两端 ak、zk 端子引出。

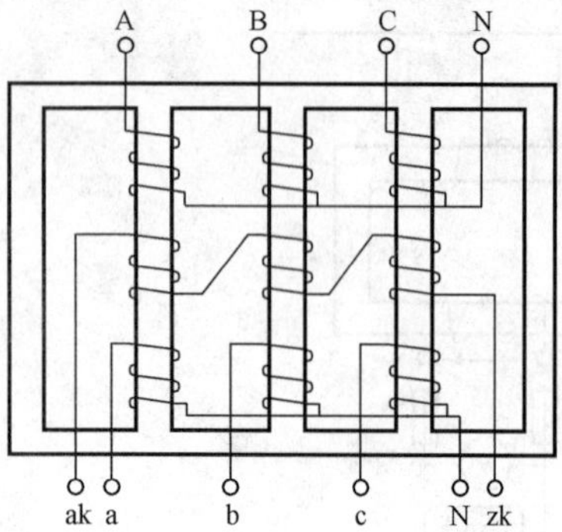

图 2-23 三相五心柱式电压互感器原理图

三个绕组对应地套在中间铁心柱上，两边的铁心柱为辅助心柱。因为 6～10kV 电压等级的电网，主变压器和发电机的中性点都不接地，因此，当电力网上发生一相接地时，如 C 相接地，该相对应的电压互感器一次绕组被短路，使磁通很难通过该短路相的铁心。此时辅助心柱可以让磁通通过，同时辅助二次绕组的开口两端 ak、zk 将出现额定电压 100V。

辅助铁心的主要作用在于电力网故障时，能够保证反映到二次侧去。在正常运行中出现

三相不平衡电压时，使不平衡磁通得到一个较好的通道，这样测量的误差值也就能减小。铁心和绕组放在装有变压器油的油箱内，绕组的端部通过固定在顶盖上的瓷绝缘套管引出。

（二）电压互感器的接线方式

在三相系统中需测定线电压及每相对地电压。测量仪表和继电器的电压线圈都用线电压，每相对地电压用于继电保护，也用于指示出中性点不接地或经消弧线圈接地的电力网中的单相接地，即用于监视此种电力网的绝缘状况。为了满足测量和保护需要，常用的电压互感器接线方式有四种，如图 2-24 所示。

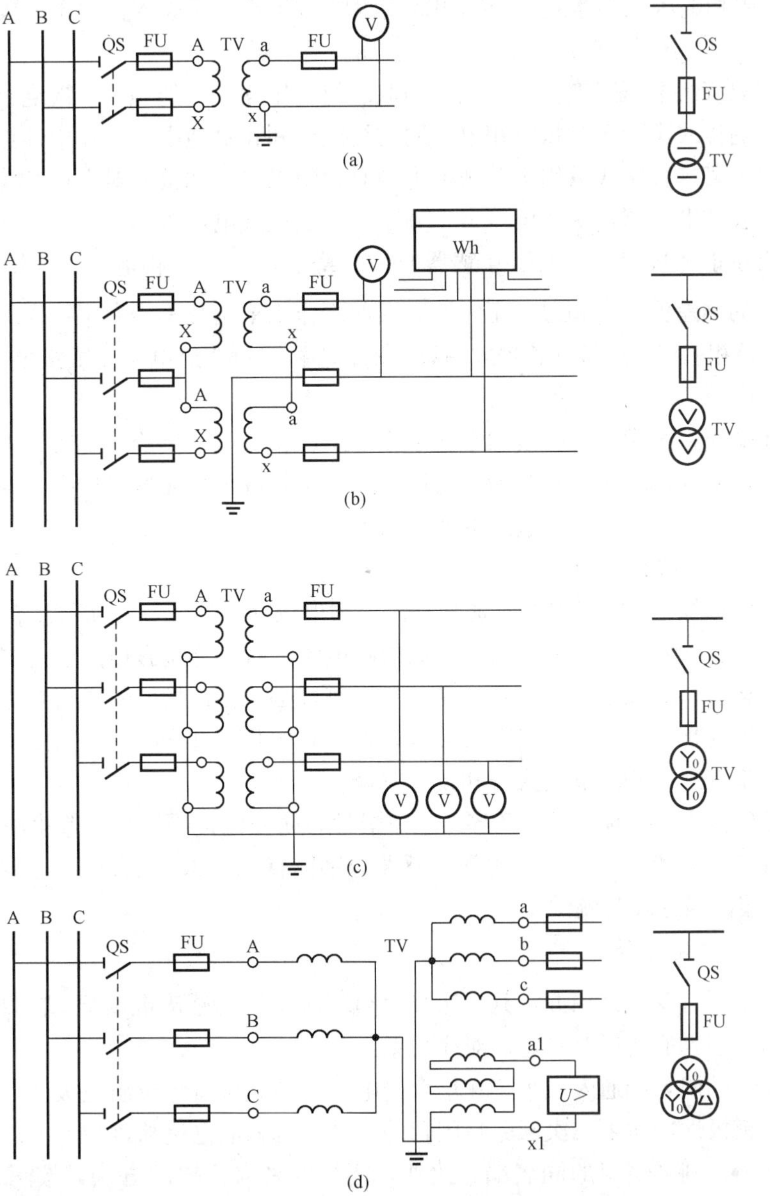

图 2-24　电压互感器四种常用接线方案

（a）一只单相电压互感器的接线；（b）两只单相电压互感器接成 V/V 形；
（c）三只单相电压互感器接成 Y_0/Y_0 形；（d）三绕组电压互感器接成 $Y_0/Y_0/\triangle$形

（1）一只单相电压互感器的接线。一只单相电压互感器的接线方式，常用在仅需要某一个线电压时，接入电压表、频率表、电压继电器等，如图 2-24（a）所示。一只单相电压互感器的接线方式应用较少。

（2）两只单相电压互感器接成 V/V 形，如图 2-24（b）所示。这种接线用两只单相电压互感器接成不完全三角形（V/V 形）接线，可以用来测量线电压，供电给测量仪表和继电器的电压线圈，广泛应用于变配电所 20kV 以上中性点不接地或经消弧线圈接地的高压配电装置中。

（3）三只单相电压互感器或一个三相双绕组电压互感器接成 Y_0/Y_0 形，如图 2-24（c）所示。

三只单相双绕组电压互感器或一只三相双绕组电压互感器的一、二次绕组接成星形且中性点直接接地的接线可用于测量三相电力网的线电压和相对地电压。在中性点不接地或经消弧线圈的装置中，这种接线只用来监视电力网对地绝缘状况和接入对电压互感器准确度要求不高的测量仪表和继电器，例如电压表、频率表、电压继电器等。

这种接线在正常状态时，电压互感器的一次绕组经常处在相电压下，即为额定电压的 $1/\sqrt{3}$，所以它的误差值大大超过了正常值，因此不作供电给功率表和电能表之用。

（4）三只单相三绕组电压互感器或一只三相五心柱式三绕组电压互感器接成 $Y_0/Y_0/\triangle$ 形，如图 2-24（d）所示。

在小接地电流系统中，该接线用来测量线电压、相电压、供给功率表、电能表及继电器的电压线圈。接成开口三角形的辅助二次绕组，用于测量单相接地时产生的零序电压，监视电力网对地绝缘状况和实现单相接地的继电保护。

（三）电压互感器的工作特性

（1）电压互感器工作时二次侧不能短路。因为电压互感器一、二次绕组都是在并联状态下工作的，若二次侧发生短路将产生很大的短路电流，有可能烧毁电压互感器，甚至危及一次系统的安全运行。所以电压互感器的一、二次侧都必须装设熔断器进行短路保护。

（2）电压互感器二次侧有一端必须接地，以防止电压互感器一、二次绕组绝缘击穿时，一次侧的高压串入二次侧，危及人身和设备安全。

（3）电压互感器接线时必须注意接线端子极性，防止因接错线而引起事故。单相电压互感器分别标有 A、X 和 a、x。三相电压互感器分别标有 A、B、C、N 和 a、b、c、n。

三、互感器的极性及其测试

1. 互感器同名端的测定

互感器的运行与变压器相似，其一次绕组与二次绕组的感应电动势 $\dot{E}_1$、$\dot{E}_2$ 的瞬时极性是不断变化的，但它们之间有一定的对应关系。

在一次绕组的同名端通入一个正在增大的电流，则该端将感应出正极性，二次绕组的同名端也感应出正极性，如果二次回路是闭合的，则将有感应电流从该端流出。根据电流的这一对应关系，可以判别绕组的同名端。此外，还可以采取这样的方法，按图 2-25 所示接线，把一、二次绕组的两个末端短接，在一侧加有效值为 U_1 的交流电压，另一侧感应出有效值为 U_2 的电压，测量两个绕组首端间的电压 U_3。若 $U_3=|U_1-U_2|$，则两个首端或末端为同名端；若 $U_3=|U_1+U_2|$，则两个首端或末端为异名端。

2. 减极性与加极性

互感器若按照同名端来标记一、二次绕组对应的首末端，这样的标记称为减极性标记法，即 L1 与 K1 为同名端；反之，则称为加极性标记法，即 L1 与 K1 为异名端，如图 2-26所示。通常采用减极性标记法。

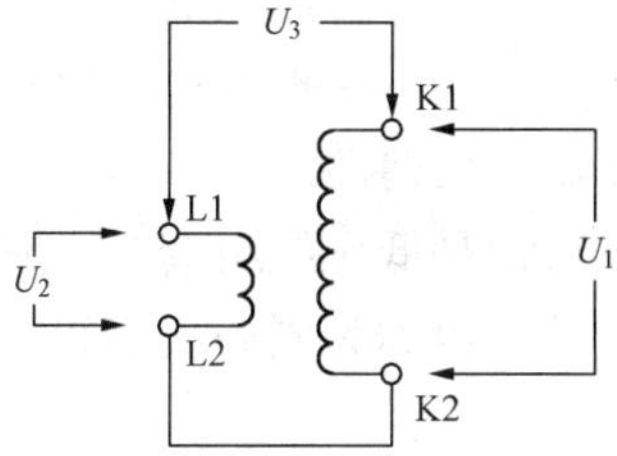

图 2-25　交流法测量极性

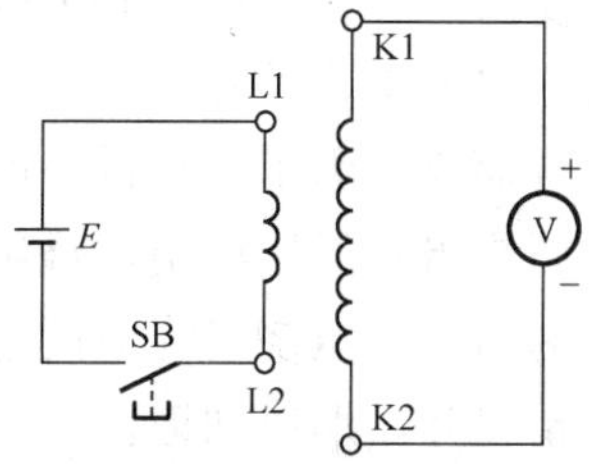

图 2-26　直流法测量极性

第四节　电力变压器

电力变压器是变电所中的主要设备。它把一种电压、电流的交流电能变换为频率相同的另一种电压、电流的交流电能，以便电能合理输送、分配和使用。供配电系统中必须有电压的变换过程，电力变压器就是完成这种电压变换任务的重要设备。

一、电力变压器的类型

电力变压器的容量数倍于发电机的容量，所以变压器的类型可按不同的条件做不同的分类：

(1) 按用途，分为升压变压器和降压变压器两种类型。

(2) 按相数，分为单相变压器和三相变压器两种类型。

(3) 按绕组接线方式，分为双绕组电力变压器和三绕组电力变压器两种类型。

(4) 按冷却方式，分为干式变压器、油浸式变压器、充气式变压器等。

(5) 按调压方式，分为有载调压和无载调压两种类型。

配电系统变电所中的电力变压器属于直接向用电设备供电的配电变压器，大多采用无载调压的普通三相油浸自冷式电力变压器和环氧树脂浇注的干式电力变压器。绕组的导体材料有铜和铝两种。目前低损耗的铜绕组变压器得到了广泛应用。环氧树脂浇注的干式电力变压器，一般安装在地下变电所或箱式变电所中，适用于居民社区、楼宇大厦等场所。随着高层楼宇的兴建，干式变压器

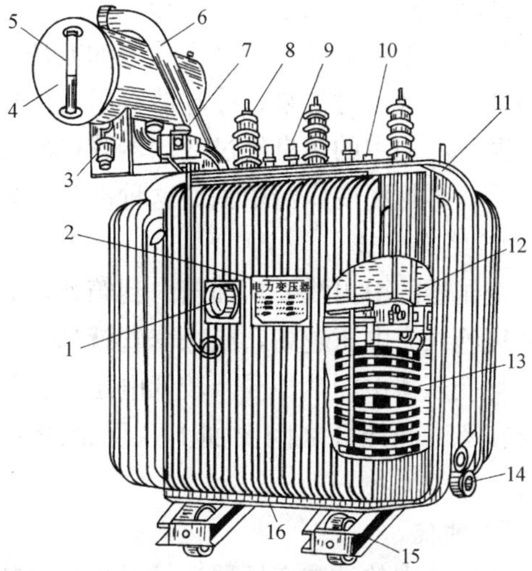

图 2-27　三相油浸式电力变压器的结构图

1—信号温度计；2—铭牌；3—吸湿器；4—油枕；5—油标；6—防爆管；7—气体继电器；8—高压套管；9—低压套管；10—分接开关；11—油箱；12—铁心；13—绕组及绝缘；14—放油阀；15—小车；16—接地端子

得到越来越广泛地应用。

二、电力变压器的结构

三相油浸式电力变压器的结构如图 2-27 所示。

1. 铁心和绕组

变压器主要由铁心和套在铁心上的绕组组成。铁心和绕组是变压器的主体。铁心用于导磁，是变压器磁路系统。铁心材料多数选择 0.35mm 或 0.5mm 厚的冷轧硅钢片，采用铁柱和铁轭交错重叠而成。为了减小铁心的损耗，铁心表面刷一层薄漆。

绕组分高压绕组和低压绕组，绕组绕成同心圆筒，通常是低压绕组套在内侧，高压绕组套在外侧。因为高、低压绕组绕成同心圆结构，所以这种绕组称为同心式绕组。在绕组的层与层之间用撑条隔开，形成油道。

2. 变压器油箱

变压器油箱是用钢板制成的椭圆形或方形的密封体，变压器的本体放在油箱内。油箱一方面作为盛油和装铁心、绕组用，另一方面作为散热用。油箱的结构随着变压器的容量不同而不同。例如，对小容量的变压器，用平板油箱便足以散热；对中等容量的变压器，则用排管式油箱，即在油箱上垂直焊有许多管子，以增加散热面积；对大容量的变压器，则要在油箱壁上装设专门的散热器。

3. 变压器散热器

散热器是用钢管制成的，每个散热器上有上、下两个集油器，钢管焊接在集油器上。集油器的法兰与变压器的外壁特设的管口相连接。散热器的作用是将绕组和铁心中由于能量损耗所产生的热量，通过变压器油的对流传递，加上散热器与空气的接触面很大，热量容易散发到周围空气中去，从而加速了变压器油的冷却。冷却油又回到油箱内冷却铁心和绕组。这样反复循环，绕组和铁心的温度就不会升高。为了加速油的冷却，在散热器上还装有风扇，这种冷却方式称为强迫空气冷却。

目前大型电力变压器采用强迫油循环冷却方式。这种冷却方式就是在变压器的本体之外专门装设一套由潜油泵、冷却器等组成的冷却装置，使油箱中的油经过潜油泵强迫地在冷却器中循环，油中的热量经过冷却器管壁冷却，从而使油的温度降低。潜油泵打出的热油经过冷却后，再打回变压器中去。这种冷却方式对变压器的冷却效果很好。

4. 绝缘套管

变压器的引出线要从油箱内到箱外，必须经过瓷质的绝缘套管，以使带电的导线与接地的油箱绝缘。电压越高，绝缘套管就越大，对电气绝缘要求也就越高。套管中充有油，但其油不与变压器中的油相同。较低电压的套管一般用简单的瓷套中间穿过一铜杆，较高电压的套管在瓷套和导杆之间要加上几层绝缘套。高压如 110kV 以上的套管，则要采用电容式套管。

5. 油枕

变压器中的油在变压器运行过程中会热胀冷缩，体积会发生变化，当变压器内部发生短路故障时，油的体积变化更大。为了给油的胀缩留有余地，所以在变压器上装有油枕。油枕的体积为变压器总油量的 2%～10%。油枕做成圆形，用连接管与油箱连接。为了观察油面，在油枕的侧壁设有油面指示器。有了油枕后，就可以使油完全充满油箱，这样油与空气的接触面就减小了，因而减轻了油氧化和受潮程度。油氧化和受潮后，油的绝缘性能就会降低或老化。因此为了保证变压器油的质量，在油枕内充氮气，使空气与油隔离起来，避免了空气对油的氧化和油的受潮。

6. 净油器

净油器也称热虹吸，是一个圆筒，筒内放有硅胶，由管道与油箱的上、下部连接，当油循环时，通过硅胶，吸收油中的潮气。

7. 防爆管

防爆管又称安全阀。变压器内部发生短路时，油急剧地分解而形成大量的气体。这时变压器的内压力急增，有可能损坏油箱，以致发生爆炸。为了避免这种情况，所以在变压器的盖上装有防爆管，防爆管的外端封以玻璃片。当变压器内部压力突然增高时，油沿管道上升冲破玻璃片喷到外面，使油箱不至于发生爆炸。

8. 气体继电器

气体继电器是保护变压器内部故障的一种器件，装在油箱与油枕的连接管上。气体继电器内部装有两对带汞触点的浮筒。在变压器内部发生故障时，由于绝缘破坏而分解出来的气体迫使浮筒的触点接通，发出信号，提醒运行人员采取消除故障的措施。发生严重故障时，另一对触点接通，切除故障变压器，防止事故继续扩大。

三、电力变压器的工作原理

电力变压器之所以能将高电压变成低电压或将低电压变成高电压，是因为构成变压器工作的基本部分是由具有较高导磁性能的铁心磁路和绕在铁心上的一次绕组和二次绕组组成的。变压器绕组及铁心均有一定的损耗，并以热能的形式散发出来，这就需要变压器的冷却系统。

大容量电力变压器在高电压的条件下运行，因此必须采取相应的绝缘措施。组成近代变压器的主要部分可分为磁路部分（即铁心）、电路部分（即绕组）、绝缘结构部分、冷却及支撑部分等。变压器的绕组、铁心和油箱属于变压器的本体。

如图 2－28 所示，假如负载端开路，一次绕组接入交流电源，此时变压器相当于一个带铁心的电抗，一次绕组通以励磁电流 $\dot{I}_0$，在铁心中产生主磁通 $\dot{\Phi}_0$，并随电源的交变频率不断地改变大小和方向。因为铁心是由良好的导磁材料硅钢片组成，所以 $\dot{I}_0$ 虽很小但能产生较大的磁通 $\dot{\Phi}_0$。交变磁通 $\dot{\Phi}_0$ 在一次绕组（匝数为 N_1）中感应出与电源电压 $\dot{U}_1$ 的数值相近、方向相反的交流电动势 $\dot{E}_1$，阻止励磁电流的增大。磁通 $\dot{\Phi}_0$ 穿过二次绕组（匝数为 N_2），感应出交流电动势 $\dot{E}_2$。一次绕组的励磁电流先产生磁场，随后磁场就在相应绕组中产生感应电动势。感应电动势的方向总是要使由它产生的电流形成的磁场来抵消通过线圈的磁通变化。如果接通负载，则在二次绕组的负荷中流过电流 $\dot{I}_2$，$\dot{I}_2$ 产生的磁通 $\dot{\Phi}_2$ 与 $\dot{\Phi}_0$ 相反。$\dot{\Phi}_2$ 通过铁心穿过一次绕组，在一次绕组中出现相应的电流 $\dot{I}_1$，$\dot{I}_1$ 又产生磁通 $\dot{\Phi}_1$ 来抵消 $\dot{\Phi}_2$。感应电动势的有效值为

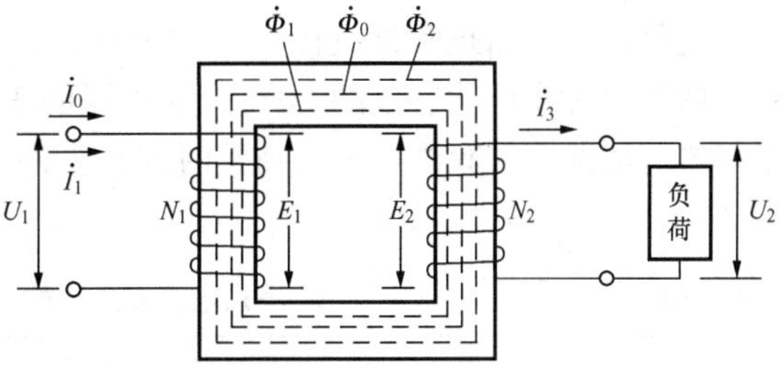

图 2－28　变压器的原理图

$$E = 4.44 f N \Phi_m \text{ (V)} \tag{2-4}$$

式中 f——交流电源的频率，Hz；

Φ_m——磁通的最大值；

N——绕组匝数。

一次和二次侧频率 f 是不变的，若不计漏磁，则通过两个绕组的磁通相等，因此感应电动势的大小与绕组的匝数成正比。考虑到由电流所引起的压降，变压器一次绕组端电压 U_1 应较其感应电动势 E_1 略大，二次侧端电压 U_2 应较 E_2 略小，可近似地认为 $U_1=E_1$，$U_2=E_2$。

变压器的电压由 U_1 变到 U_2 是因为匝数 N_1 不等于 N_2，匝数较多，电压较高；反之，匝数较少，电压较低。根据这样的原理，就可将变压器改变成升压或降压变压器，例如升压变压器 $N_2>N_1$，降压变压器 $N_2<N_1$。N_2/N_1 比值称为变压器的变压比，即

$$K_u = \frac{U_{N1}}{U_{N2}} \approx \frac{E_1}{E_2} = \frac{N_1}{N_2} \tag{2-5}$$

式中 K_u——变压器的变压比。

由于变压器的能量损耗较小，可忽略不计，因此变压器的输入功率与输出功率近似相等，即 $I_1U_1=I_2U_2$。于是可知输入电流及输出电流与一、二次绕组匝数成反比，即

$$\frac{I_{N1}}{I_{N2}} = \frac{U_{N2}}{U_{N1}} = \frac{N_2}{N_1} \tag{2-6}$$

式（2-6）说明变压器高压侧电流小，绕组导线细；低压侧电流大，绕组导线粗。在图 2-28 中只表示出一相绕组，而在电力系统中几乎都是三相变压器（也有单相的），一般都是三铁心双绕组或三绕组电力变压器。

四、电力变压器的过负荷能力

变压器在正常运行时，负荷不应超过其额定负荷。但是因变压器昼夜负荷的变化和季节性的负荷差异，变压器在不降低规定使用寿命的条件下，具有一定的短期过负荷能力。变压器的过负荷能力分为正常过负荷能力和事故过负荷能力两种。

1. 正常过负荷能力

变压器在正常运行时可连续工作 20 年。由于昼夜负荷变化和季节性负荷差异而允许的变压器过负荷，称为正常过负荷。这种过负荷，室外变压器不超过变压器容量的 30%，室内变压器不超过变压器容量的 20%。变压器的正常过负荷时间是指在不影响其寿命、不损坏变压器的情况下，允许过负荷持续时间。允许变压器正常过负荷倍数及过负荷的持续时间见表 2-1。

表 2-1 油浸式电力变压器的允许过负荷时间 （h：min）

过负荷倍数	过负荷前上层油温升（℃）					
	18	24	30	36	42	48
1.05	5：60	5：25	4：50	4：00	3：00	1：30
1.10	3：50	3：25	2：50	2：10	1：25	0：10
1.15	2：50	2：25	1：50	1：20	0：35	
1.20	2：05	1：40	1：15	0：45		
1.25	1：35	1：15	0：50	0：25		
1.30	1：10	0：50	0：30			

续表

过负荷倍数	过负荷前上层油温升（℃）					
	18	24	30	36	42	48
1.35	0∶55	0∶35	0∶15			
1.40	0∶40	0∶25				
1.45	0∶25	0∶10				
1.50	0∶15					

2. 事故过负荷能力

当电力系统或工厂变电所发生故障时，为了保证对重要负荷连续供电，规定允许变压器短时间的过负荷，称为事故过负荷。变压器事故过负荷倍数及允许时间可参照表 2-2。若过负荷的倍数和时间超过允许值时，则应按规定减小变压器的负荷。

表 2-2　电力变压器允许的事故过负荷倍数及时间

过负荷倍数	1.30	1.45	1.60	1.75	2.00	2.40	3.00
允许持续时间（min）	120	80	31	15	7.5	3.5	1.5

本章小结

本章主要讲述系统中常用的各种高低压开关设备的作用、特点、结构及基本工作原理，重点讲述了电流互感器及电压互感器的接线方式及原理、使用时的注意事项及电力变压器的结构和原理等。

习题与思考题

1. 高压隔离开关的功能是什么？
2. 高压油断路器和 SF_6 断路器各有什么特点？
3. 低压断路器与低压熔断器有何区别？
4. 低压断路器脱扣机构由哪几部分组成？各脱扣机构的主要功能是什么？
5. 电流互感器与电压互感器有何区别？
6. 互感器的主要功能是什么？使用时应注意哪些事项？
7. 电流互感器、电压互感器常用的接线方式有哪几种？
8. 电力变压器由哪几部分组成？

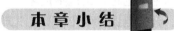

第三章　工厂电力负荷计算

第一节　工厂电力负荷及负荷曲线

一、工厂电力负荷

电力负荷通常是指用电设备或用电单位（即电能用户），也可以指用电设备或用电单位所消耗的电功率或电流值的大小。在设计工厂供配电系统时，必须先确定工厂的电力负荷，即首先进行电力负荷计算。

工厂各种用电设备在运行中负荷的大小时刻在变化，但负荷的大小不应超过其额定值。由于每台用电设备的最大负荷不会在同一时间出现，因此全厂用电设备额定总容量一定要大于全厂总的最大计算负荷。若根据全厂用电设备铭牌标出的总容量来选择各种开关电器，将会造成投资过大和浪费；反之，若负荷计算过小，则选择的开关电器可能发生过负荷，使设备发热、温度升高，加速电气设备的绝缘老化甚至过早损坏。所以进行电力负荷计算的目的是合理地选择供配电系统中的导线、开关电器、变压器等电气设备，使之得到充分利用，并安全运行。

（一）用电设备的工作制

工厂中的用电设备，按电压等级可分为高压一次设备和低压一次设备；按电流可分为直流设备和交流设备，工厂中的大多数设备为交流设备；按频率分绝大多数设备广泛采用工业频率；按工作性质分为长期连续工作制、短时工作制和断续周期工作制等。由于设备的工作制与负荷计算关系较大，现将其设备的工作性质和主要特征分析如下：

(1) 长期连续运行工作制设备。长期连续运行工作制设备长期连续运行，每次连续工作时间超过 8h 以上，且运行时负荷比较稳定，例如各种泵类用电动机、通风机、压缩机、电阻炉、照明设备、运输机械、电镀设备等，冷加工机床电动机也属于长期连续运行工作制设备。

(2) 短时工作制设备。短时工作制设备的工作时间较短，而停歇时间相对较长。例如，机床用的某些辅助电动机、气泵等设备都属于短时工作制设备。

(3) 断续周期工作制设备。断续周期工作制设备也称反复短时工作制设备，这类设备周期性地工作，时而工作时而停歇，如此反复运行，工作周期一般不超过 10min，例如吊车类用的电动机、电焊机类设备等。为了表征其断续周期的特点，通常用一个工作周期 T 里的工作时间占整个周期时间的百分比值来表示负荷的持续率，该比值的百分数称为负荷持续率 ε 或称暂载率，即

$$\varepsilon = \frac{t}{T} \times 100\% = \frac{t}{t + t_0} \times 100\% \qquad (3-1)$$

式中　T——设备的工作周期，min；

t——设备工作周期内的工作时间，min；

t_0——设备工作周期内的停歇时间，min。

（二）用电设备的容量

每台用电设备的铭牌上都标有设备的额定功率、额定电压、额定电流、效率等参数。由于各种用电设备的工作性质不同，例如有的设备属于长期连续工作制，有的设备属于反复短时工作制，因此在计算全厂设备总容量时，这些铭牌上规定的额定容量就不能简单地直接相加。首先必须将反复短时工作制的设备统一换算成同一工作制下标准的额定功率，然后才能与长期连续工作制的设备容量相加。经过换算统一规定的工作制下的额定功率称为设备的额定容量，用 P_e 表示。

确定设备额定容量的方法如下：

（1）一般长期连续工作制和短时工作制的三相用电设备容量，等于其铭牌上标出的额定容量，不需要经过转换计算，即 $P_e=\sum P_{Ni}$。

（2）断续周期工作制用电设备容量，需要换算到标准暂载率下的功率。断续周期工作制设备主要有电焊机类设备和吊车类电动机。

电焊机类设备铭牌标出负荷持续率 ε_N 有 50%、65%、75%和 100%四种。为了计算简便，一般要求设备容量统一换算到标准暂载率 $\varepsilon_{100}=100\%$，则对于 $\varepsilon_{100}=100\%$的设备容量为

$$P_e = P_N\sqrt{\varepsilon_N} = S_e\sqrt{\varepsilon_N}\cos\varphi \tag{3-2}$$

式中 P_e——设备铭牌上标出的有功额定容量，kW；

P_N——统一换算到标准暂载率下的计算功率，kW；

S_e——设备铭牌上标出的视在额定容量，kV·A；

ε_N——设备铭牌上标出规定额定容量对应的额定持续率；

$\cos\varphi$——设备铭牌上标出的额定功率因数。

例 3-1 某小批量生产车间采用 380V 线路供电，车间有 380V 电焊机 3 台，每台容量为 20kV·A，$\varepsilon_N=75\%$，$\cos\varphi=0.5$。试计算设备容量。

解 由于电焊机属于断续周期工作制设备，应将设备容量统一换算到 $\varepsilon_{100}=100\%$的容量，所以 3 台电焊机的设备容量为

$$\begin{aligned}P_e &= P_N\sqrt{\varepsilon_N} = 3S_e\sqrt{\varepsilon_N}\cos\varphi \\ &= 3\times 20\times\sqrt{0.75}\times 0.5 = 26\ (\text{kW})\end{aligned}$$

吊车类电动机铭牌标出负荷持续率 ε_N 有 15%、25%、40%和 60%四种。为了便于计算，一般要求设备容量统一换算到标准暂载率 $\varepsilon_{25}=25\%$下。对应于 $\varepsilon_{25}=25\%$的设备容量为

$$P_e = P_N\sqrt{\frac{\varepsilon_N}{\varepsilon_{25}}} = 2P_N\sqrt{\varepsilon_N} \tag{3-3}$$

例 3-2 某车间有一台吊车电动机，$\varepsilon=40\%$时的铭牌额定容量为 18kW，$\cos\varphi=0.7$，$U_N=380$V。试计算设备容量。

解
$$P_e = P_N\sqrt{\frac{\varepsilon_N}{\varepsilon_{25}}} = 2P_N\sqrt{\varepsilon_N} = 2\times 18\times\sqrt{0.40} = 22.8\ (\text{kW})$$

（3）单相用电设备等效三相设备容量的换算。单相设备接于相电压时，按最大负荷相所

接的单相设备容量 $P_{em\phi}$ 乘以 3 来计算其等效三相设备容量，即

$$P_e = 3P_{em\phi} \tag{3-4}$$

单相设备接于线电压时，按最大负荷相所接的单相设备容量 $P_{em\phi}$ 乘以 $\sqrt{3}$ 来计算其等效三相设备容量，即

$$P_e = \sqrt{3}P_{em\phi} \tag{3-5}$$

二、电力负荷曲线

表示电力负荷随时间变化情况的曲线，称为电力负荷曲线。电力负荷曲线按负荷对象可分为工厂负荷曲线、车间负荷曲线、大型设备负荷曲线，按负荷功率性质可分为有功功率负荷曲线和无功功率负荷曲线，按时间表示可分为日负荷曲线、月负荷曲线、年负荷曲线。

（一）日负荷曲线

日负荷曲线是根据变配电所的有功功率表读数和无功功率表读数用直接测量法绘制的，把一定时间间隔内仪表读数的平均值记录下来，然后在直角坐标系内逐点描绘而成，如图 3-1 所示。负荷曲线所包围的面积表示一天所消耗的电能总量。时间间隔越短，绘制的负荷曲线越能精确地反映实际负荷变化的规律。

为了计算方便，常用等效阶梯曲线来表示。阶梯曲线所包围的面积应和折线所包围的面积相等，如图 3-2 所示。

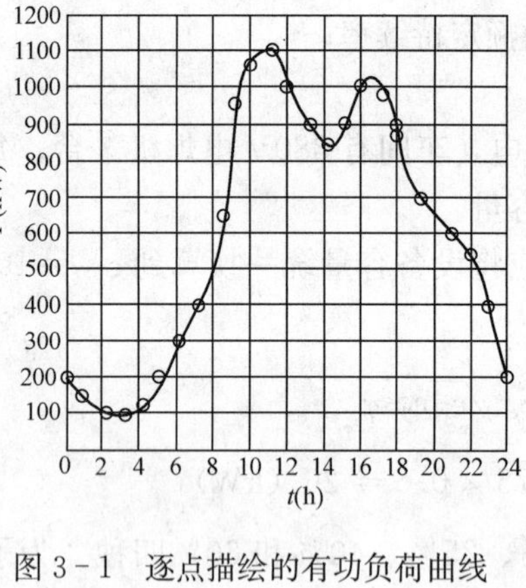

图 3-1 逐点描绘的有功负荷曲线

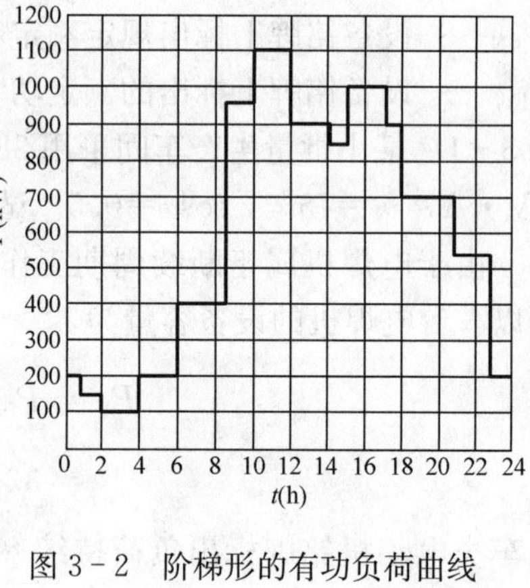

图 3-2 阶梯形的有功负荷曲线

（二）年负荷曲线

年负荷曲线反映全年 365 天 8760h 电力负荷的变换情况，一般是根据典型的冬日和夏日负荷曲线来绘制。这种曲线的负荷从大到小依次排列，反映了全年负荷变动与负荷持续时间的关系，因此称为年负荷持续时间曲线，一般简称为年负荷曲线，如图 3-3（a）所示。

另一种年负荷曲线，是按全年每日的最大半小时平均负荷来绘制，横坐标依次以全年 12 个月的日期来绘制，称为年每日最大负荷曲线，如图 3-3（b）所示。这种负荷曲线专用来确定采取经济运行方式的变压器。

有功功率随时间变化的曲线，称为有功负荷曲线；无功功率随时间变化的曲线，称为无功负荷曲线。无功负荷曲线绘制方法和有功负荷曲线绘制方法相似。

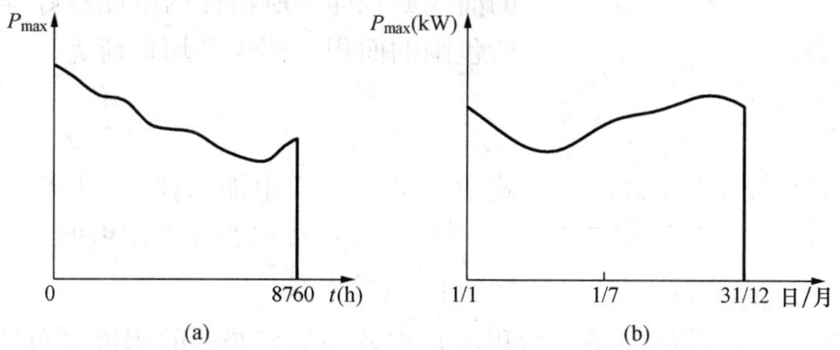

图 3-3　年负荷曲线

(a) 年负荷持续时间曲线；(b) 年每日最大负荷曲线

(三) 负荷曲线的有关参数

1. 年最大负荷 P_{max}

年最大负荷 P_{max}就是在全年中有代表的最大负荷班内，消耗电能最大的半小时平均负荷，也称为半小时最大负荷，用 P_{30}表示。

2. 年最大负荷利用小时 T_{max}

年最大负荷利用小时 T_{max}是在假想时间内，电力负荷按年最大负荷 P_{max}持续运行所耗用的电能，恰好等于该电力负荷全年实际消耗的电能，如图 3-4 所示。年最大负荷利用小时 T_{max}计算式为

$$T_{max} = \frac{W_a}{P_{max}} \tag{3-6}$$

式中　W_a——全年实际耗用的电能，kW·h；

P_{max}——年最大负荷，kW。

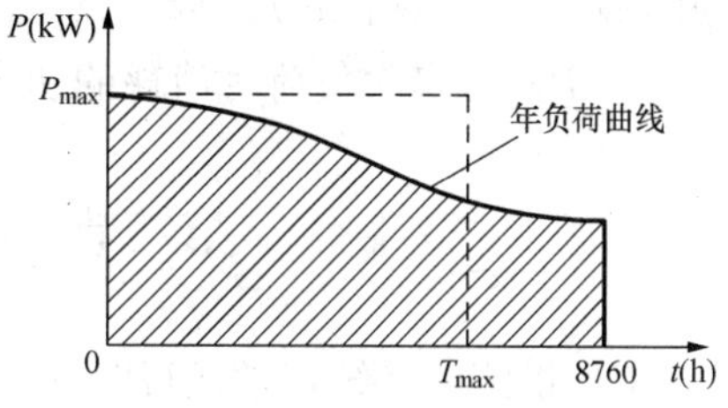

图 3-4　年最大负荷和年最大负荷利用小时

年最大负荷利用小时 T_{max}是反映电力负荷特征的一个重要参数，T_{max}越大则负荷越平稳。它与工厂的生产班制有较大关系，对不同的生产班制年最大负荷利用小时也不同，例如，一班制工厂取 T_{max}≈1800～3000h；两班制工厂取 T_{max}≈3500～4800h；三班制工厂取 T_{max}≈5000～7000h。不同类型工厂的年最大负荷利用小时也不相同，可参考附表 2。

3. 平均负荷 P_{av}

用电设备组的额定负荷分别用 P_N、Q_N、S_N、I_N 表示；负荷最大工作班的负荷曲线中的最大值，称为最大负荷，分别用 P_{max}、Q_{max}、S_{max}、I_{max}表示；曲线的平均值称为平均负荷，分别用 P_{av}、Q_{av}、S_{av}、I_{av}表示。

平均负荷 P_{av}是指电力负荷在一定时间内消耗功率的平均值，即

$$P_{av} = \frac{W_t}{t} \tag{3-7}$$

式中　P_{av}——平均有功计算负荷，kW；

W_t——在 t 时间内电能消耗量，kW·h；

t——实际用电的时间，h。

平均负荷也可以通过负荷曲线来计算，如图 3-5 所示。年负荷曲线与两坐标轴所包围

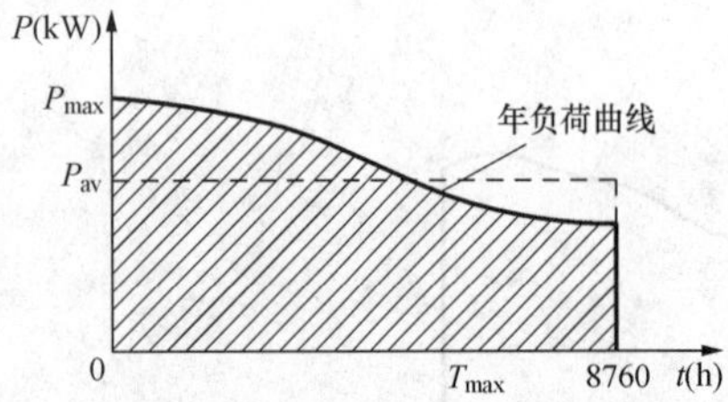

图 3-5　年平均负荷

的曲线面积即年所消耗的电能恰好等于虚线与坐标轴所包围的面积，即年平均负荷为

$$P_{av}=\frac{W_a}{8760} \tag{3-8}$$

式中　W_a——年电能消耗量，kW·h；

8760——全年 365 天用电时间，h。

4. 负荷系数

负荷系数是表征负荷曲线的不平坦程度，也就是负荷变动的程度。负荷系数 K_L 又称负荷率，是指平均负荷与最大负荷的比值，即

$$K_L=\frac{P_{av}}{P_{max}} \tag{3-9}$$

对用电设备来说，负荷系数就是设备在最大负荷时消耗的功率 P 与设备的额定容量 P_N 的比值，即

$$K_L=\frac{P}{P_N} \tag{3-10}$$

式中　K_L——负荷系数；

P——最大负荷时消耗的功率，kW。

第二节　用电设备组计算负荷的确定

工厂供配电系统正常运行时的实际负荷并不等于所有用电设备额定功率之和。为保证系统在正常条件下可靠的工作，应对各种电气元件进行合理的选择与校验。计算负荷是按发热条件选择电气设备的主要依据参数，包括各种开关电器、导线、电缆截面及电力变压器等的选择。计算负荷产生的热效应和实际变动负荷产生的最大热效应应相等。所以，根据计算负荷选择导体和电器时，在实际运行中导体及电器的最高温升就不会超过允许值。

通常把根据半小时平均负荷所绘制的曲线上的最大负荷称为计算负荷，并作为按发热条件选择电气设备的依据。如图 3-5 中的 P_{max}、Q_{max}、S_{max}、I_{max}（以下都称为计算负荷），用半小时的平均负荷表示，即 P_{30}、Q_{30}、S_{30}、I_{30}。因为导体通过电流 30min 才能达到稳定的温升，所以采用半小时的最大负荷作为计算负荷。

目前普遍采用确定计算负荷的方法，主要有需要系数法和二项式系数法，下面分别介绍这两种方法。

一、需要系数法确定计算负荷

1. 用电设备组计算负荷

机械装备制造行业的工厂，由于车间设备台数较多、设备容量大小及类型不同，因此在进行负荷计算时，应当根据设备的工作性质进行分组计算。用电设备组总容量 P_e 应该是该组各台设备容量之和。凡是工作性质相同的设备都可以编为同一个用电设备组，虽然该组设备台数较多，但是设备不一定同时启动，也不一定都满负荷运行。因此，用需要系数来确定三相用电设备组的有功计算负荷 P_{30} 时，只需将三相用电设备组总容量（不计备用容量）乘以该用电设备组的需要系数 K_d 即可。

有功功率计算负荷为

$$P_{30} = K_d P_e \tag{3-11}$$

无功功率计算负荷为

$$Q_{30} = P_{30}\tan\varphi \tag{3-12}$$

视在功率计算负荷为

$$S_{30} = \frac{P_{30}}{\cos\varphi} \tag{3-13}$$

计算电流为

$$I_{30} = \frac{S_{30}}{\sqrt{3}U_N} \tag{3-14}$$

式中　P_{30}——有功功率计算负荷，kW；

Q_{30}——无功功率计算负荷，kvar；

K_d——设备组的需要系数，见附表 1；

P_e——三相设备组设备总容量，kW；

S_{30}——视在功率计算负荷，kV·A；

I_{30}——计算电流，A；

U_N——用电设备的额定电压，kV；

$\cos\varphi$——用电设备组平均功率因数，由附表 1 查取；

$\tan\varphi$——由附表 1 查取。

例 3-3　已知某机修车间的金属切削机床组，拥有电压为 380V、11kW 的电动机 8 台，电压为 380V、15kW 的电动机 22 台，电压为 380V、4kW 的电动机 8 台。试用需要系数法确定其计算负荷 P_{30}、Q_{30}、S_{30}、I_{30}。

解　求机床组电动机设备总容量为

$$P_e = 11\times 8 + 15\times 22 + 4\times 8 = 450\ (\text{kW})$$

查附表 1，小批生产的金属冷加工机床电动机组，得 $K_d=0.16\sim0.2$，取 $K_d=0.2$，$\cos\varphi=0.5$，$\tan\varphi=1.73$。由式（3-12）～式（3-14）得

$$P_{30} = K_d P_e = 0.2\times 450 = 90\ (\text{kW})$$

$$Q_{30} = P_{30}\tan\varphi = 90\times 1.73 = 155.7\ (\text{kvar})$$

$$S_{30} = \frac{P_{30}}{\cos\varphi} = \frac{90}{0.5} = 180\ (\text{kV}\cdot\text{A})$$

$$I_{30} = \frac{S_{30}}{\sqrt{3}U_N} = \frac{180}{\sqrt{3}\times 0.38} = \frac{180}{0.66} = 273\ (\text{A})$$

2. 多组用电设备组计算负荷的确定

在多组用电设备组中，由于各组用电设备的最大负荷不同时出现，因此在确定低压干线或低压母线上计算负荷时，应该对有功计算负荷和无功计算负荷计入一个同时系数 K_Σ，有功同时系数用 $K_{\Sigma p}$ 表示，无功同时系数用 $K_{\Sigma q}$ 表示。有功功率和无功功率同时系数见表 3-1。

表 3-1 有功功率和无功功率同时系数

应用范围	有功同时系数 $K_{\Sigma p}$	无功同时系数 $K_{\Sigma q}$
各类工厂变电所低压母线	0.85～1.0	0.95～1.0
工厂车间变电所低压干线	0.80～0.90	0.93～0.97
工厂总降压变电所低压母线	0.80～0.90	0.93～0.97
各类建筑物照明	0.75～0.90	

所以，多组用电设备组计算负荷基本公式见式（3-15）～式（3-18）。

总有功计算负荷为

$$P_{30}=K_{\Sigma p}\sum P_{30i} \tag{3-15}$$

式中 $\sum P_{30i}$——所有各组设备的有功计算负荷之和，kW。

总无功计算负荷为

$$Q_{30}=K_{\Sigma q}\sum Q_{30i} \tag{3-16}$$

式中 $\sum Q_{30i}$——所有各组设备的无功计算负荷之和，kvar。

总视在计算负荷为

$$S_{30}=\sqrt{P_{30}^2+Q_{30}^2} \tag{3-17}$$

总计算电流为

$$I_{30}=\frac{S_{30}}{\sqrt{3}U_{\mathrm{N}}} \tag{3-18}$$

例 3-4 某工厂机加车间 380V 低压母线上，共接有 3 组用电设备，其中有冷加工机床电动机 20 台，每台容量为 11kW；通风机 3 台，每台容量为 2kW；电动葫芦一个，容量为 3kW（$\varepsilon=40\%$）。试确定该车间总的计算负荷。

解 1. 先求各用电设备组的计算负荷

（1）冷加工机床电动机机床组总容量为

$$P_{e(1)}=20\times 11=220\ (\mathrm{kW})$$

查附表 1，取 $K_d=0.25$，$\cos\varphi=0.5$，$\tan\varphi=1.73$，因此得

$$P_{30(1)}=K_dP_{e(1)}=0.25\times 220=55\ (\mathrm{kW})$$

$$Q_{30(1)}=P_{30(1)}\tan\varphi=55\times 1.73=95.2\ (\mathrm{kvar})$$

$$S_{30(1)}=\frac{P_{30(1)}}{\cos\varphi}=\frac{55}{0.5}=110\ (\mathrm{kV\cdot A})$$

$$I_{30(1)}=\frac{S_{30(1)}}{\sqrt{3}U_{\mathrm{N}}}=\frac{110}{\sqrt{3}\times 0.38}=\frac{110}{0.66}=167\ (\mathrm{A})$$

（2）通风机设备组的总容量为

$$P_{e(2)}=3\times 2=6\ (\mathrm{kW})$$

查附表 1，取 $K_d=0.8$，$\cos\varphi=0.8$，$\tan\varphi=0.75$，因此得

$$P_{30(2)}=K_dP_{e(2)}=0.8\times 6=4.8\ (\mathrm{kW})$$

$$Q_{30(2)}=P_{30(2)}\tan\varphi=4.8\times 0.75=3.6\ (\mathrm{kvar})$$

$$S_{30(2)}=\frac{P_{30(2)}}{\cos\varphi}=\frac{4.8}{0.8}=6\ (\mathrm{kV\cdot A})$$

$$I_{30(2)}=\frac{S_{30(2)}}{\sqrt{3}U_N}=\frac{6}{\sqrt{3}\times0.38}=\frac{6}{0.66}=9.1\ (\text{A})$$

（3）求电动葫芦设备组的计算负荷。

查附表1，取机加车间吊车组 $K_d=0.15$，$\cos\varphi=0.5$，$\tan\varphi=1.73$，电动葫芦换算为 $\varepsilon=25\%$时的设备容量为

$$P_{e(3)}=2P_N\sqrt{\varepsilon_N}=2\times3\times\sqrt{0.4}=3.8\ (\text{kW})$$

$$P_{30(3)}=K_dP_{e(3)}=0.15\times3.8=0.57\ (\text{kW})$$

$$Q_{30(3)}=P_{30(3)}\tan\varphi=0.57\times1.73=0.99\ (\text{kvar})$$

$$S_{30(3)}=\frac{P_{30(3)}}{\cos\varphi}=\frac{0.57}{0.5}=1.14\ (\text{kV}\cdot\text{A})$$

$$I_{30(3)}=\frac{S_{30(3)}}{\sqrt{3}U_N}=\frac{1.14}{\sqrt{3}\times0.38}=\frac{1.14}{0.66}=1.73\ (\text{A})$$

2. 求车间低压母线总计算负荷

查表3-1取 $K_{\Sigma p}=0.9$，$K_{\Sigma q}=0.97$，因此得

$$P_{30}=K_{\Sigma p}\Sigma P_{30i}=0.9\times(55+4.8+0.57)=54.3\ (\text{kW})$$

$$Q_{30}=K_{\Sigma q}\Sigma Q_{30i}=0.97\times(95.2+3.6+0.99)=96.8\ (\text{kvar})$$

$$S_{30}=\sqrt{P_{30}^2+Q_{30}^2}=\sqrt{54.3^2+96.8^2}$$

$$=\sqrt{2948.5+9370}=\sqrt{9068.5}=98.3\ (\text{kV}\cdot\text{A})$$

$$I_{30}=\frac{S_{30}}{\sqrt{3}U_N}=\frac{98.3}{\sqrt{3}\times0.38}=\frac{98.3}{0.66}=148.9\ (\text{A})$$

实际设计中为了便于审核，常采用表格形式，见表3-2。

表3-2　　例3-4的电力负荷计算表

序号	设备名称	台数	设备容量(kW)	K_d	$\cos\varphi$	$\tan\varphi$	计算负荷			
							P_{30}(kW)	Q_{30}(kvar)	S_{30}(kV·A)	I_{30}(A)
1	机床组	20	220	0.25	0.5	1.73	55	95.2	110	167
2	通风组	3	6	0.8	0.8	0.75	4.8	3.6	6	9.1
3	电动葫芦	1	3(ε=40%)	0.15	0.5	1.73	0.57	0.99	1.14	1.73
总计		$K_{\Sigma}=0.9$		—	—	—	54.3	96.8	98.3	148.9

二、二项式系数法确定计算负荷

1. 用电设备组计算负荷

二项式系数法不仅考虑了用电设备组的平均最大负荷，而且考虑了少数 x 台大容量设备投入运行时对总的计算负荷的影响，所以此方法适合于确定设备台数较少而容量差别较大的低压干线和分支线的计算负荷。二项式系数法的公式为

$$P_{30}=bP_e+cP_x \tag{3-19}$$

式中 bP_e——用电设备组的平均负荷，kW；

P_e——用电设备组的设备总容量，kW；

cP_x——用电设备组中 x 台容量最大的设备投入运行时，所增加的附加负荷，kW；

P_x——x 台最大容量设备的设备容量，kW；

b、c——二项式系数，见附表 1；

x——最大设备容量的台数，见附表 1。

其他的计算负荷 Q_{30}、S_{30}、I_{30} 的计算公式与前述需要系数法的计算公式相同。

例 3-5 已知某机加工车间机床组，有 380V 电动机 15kW 的 1 台，11kW 的 3 台，7.5kW 的 8 台，4kW 的 15 台，其他更小容量电动机总容量 35kW。试用二项式系数法确定其计算负荷 P_{30}、Q_{30}、S_{30}、I_{30}。

解 查附表 1，得 $b=0.14$，$c=0.4$，$x=5$，$\cos\varphi=0.5$，$\tan\varphi=1.73$，则

设备组设备平均总容量为

$$P_e = 15\times1+11\times3+7.5\times8+4\times15+35=203\ (\text{kW})$$

x 台最大容量设备的设备容量为

$$P_x = P_5 = 15\times1+11\times3+7.5\times1=55.5\ (\text{kW})$$

根据式（3-19）得

$$P_{30} = bP_e + cP_x = 0.14\times203+0.4\times55.5=50.6\ (\text{kW})$$

$$Q_{30} = P_{30}\tan\varphi = 50.6\times1.73=87.5\ (\text{kvar})$$

$$S_{30} = \frac{P_{30}}{\cos\varphi} = \frac{50.6}{0.5} = 101\ (\text{kV}\cdot\text{A})$$

$$I_{30} = \frac{S_{30}}{\sqrt{3}U_N} = \frac{101}{\sqrt{3}\times0.38} = \frac{101}{0.66} = 153\ (\text{A})$$

2. 多组用电设备计算负荷

按二项式系数法确定多组用电设备总的计算负荷时，同样应考虑各组设备的最大负荷不会同时出现的因素。因此，总的计算负荷等于只考虑一组最大的有功附加负荷作为总计算负荷的附加负荷，再加上所有各组的平均负荷。所以，总的有功和无功计算负荷分别为

$$P_{30} = \sum(bP_e)_i + (cP_x)_{max} \tag{3-20}$$

$$Q_{30} = \sum(bP_e\tan\varphi)_i + (cP_x)_{max}\tan\varphi_{max} \tag{3-21}$$

式中 $\sum(bP_e)_i$——各组有功平均负荷之和，kW；

$\sum(bP_e\tan\varphi)_i$——各组无功平均负荷之和，kvar；

$(cP_x)_{max}$——各组中最大的一个有功附加负荷，kW；

$\tan\varphi_{max}$——附加负荷 $(cP_x)_{max}$ 对应的正切值。

总的视在计算负荷 S_{30} 和总的计算电流 I_{30}，仍分别按式（3-17）和式（3-18）计算。

例 3-6 某机械加工车间 380V 低压干线上接有金属冷加工机床 49 台，其中，85kW 的 2 台，65kW 的 1 台，40kW 的 1 台，20kW 的 2 台，10kW 的 23 台，7.5kW 的 17 台，3.2kW 的 3 台；另接有桥式起重机共 3 台，其中，1 台起重机为 23.2kW，2 台起重机为 29.5kW，暂载率 $\varepsilon=15\%$；车间照明面积为 1440m^2，照明密度为 12W/m^2。试分别用需要系数法和二项式系数法求车间计算负荷。

解 1. 用需要系数法求车间计算负荷

（1）冷加工机床组设备总容量为

$$P_{e(1)} = 85\times2+65\times1+40\times1+20\times2+10\times23+7.5\times17+3.2\times3=682.1\ (\text{kW})$$

查附表 1，大批生产冷加工机床组的 $K_d=0.18\sim0.5$，取 $K_d=0.25$，$\cos\varphi=0.5$，$\tan\varphi=$

1.73，由式（3-11）可得

$$P_{30(1)}=K_dP_e=0.25\times682.1=170.53\text{（kW）}$$

$$Q_{30(1)}=P_{30}\tan\varphi=170.53\times1.73=295.02\text{（kvar）}$$

$$S_{30(1)}=\frac{P_{30}}{\cos\varphi}=\frac{170.53}{0.5}=341.06\text{（kV·A）}$$

$$I_{30(1)}=\frac{S_{30}}{\sqrt{3}U_N}=\frac{341.06}{\sqrt{3}\times0.38}=\frac{341.06}{0.66}=516.76\text{（A）}$$

（2）桥式起重机组计算负荷为

$$P_{e(2)}=2P_N\sqrt{\varepsilon_N}=2\times(23.2+29.5\times2)\times\sqrt{0.15}=53.6\text{（kW）}$$

查附表1，机修车间电动机组的 $K_d=0.1\sim0.15$，取 $K_d=0.15$，$\cos\varphi=0.5$，$\tan\varphi=1.73$，由式（3-11）可得

$$P_{30(2)}=K_dP_{e(2)}=0.15\times53.6=8.04\text{（kW）}$$

$$Q_{30(2)}=P_{30(2)}\tan\varphi=8.04\times1.73=13.91\text{（kvar）}$$

$$S_{30(2)}=\frac{P_{30}}{\cos\varphi}=\frac{8.04}{0.5}=16.08\text{（kV·A）}$$

$$I_{30(2)}=\frac{S_{30}}{\sqrt{3}U_N}=\frac{16.08}{\sqrt{3}\times0.38}=\frac{53.6}{0.66}=24.36\text{（A）}$$

（3）车间照明计算负荷为

$$P_{e(3)}=1440\times12=17\,280\text{(W)}=17.28\text{（kW）}$$

查附表1，车间厂房照明负荷组的 $K_d=0.8\sim1$，取 $K_d=1$，$\cos\varphi=1.0$，$\tan\varphi=0$，所以得

$$P_{30(3)}=K_dP_{e(3)}=1.0\times17.28=17.28\text{（kW）}$$

$$Q_{30(3)}=P_{30(3)}\tan\varphi=17.28\times0=0$$

（4）干线总计算负荷。

查表3-1，取同时系数 $K_{\Sigma p}=0.95$，$K_{\Sigma pq}=0.95$，则总有功计算负荷为

$$P_{30}=K_{\Sigma p}\sum P_{30i}=0.95\times(170.53+8.04+17.28)=0.95\times195.85=186.06\text{（kW）}$$

总无功计算负荷为

$$Q_{30}=K_{\Sigma q}\sum Q_{30i}=0.95\times(295.02+13.91+0)=0.95\times308.93=293.48\text{（kvar）}$$

总视在计算负荷为

$$S_{30}=\sqrt{P_{30}^2+Q_{30}^2}=\sqrt{186.06^2+293.48}=\sqrt{34\,618+86\,131}=347\text{（kV·A）}$$

总的计算电流

$$I_{30}=\frac{S_{30}}{\sqrt{3}U_N}=\frac{347}{\sqrt{3}\times0.38}=\frac{347}{0.66}=526\text{（A）}$$

2. 用二项式系数法求车间计算负荷

（1）冷加工机床组设备总容量。

查附表1，冷加工机床设备组的 $b=0.14$，$c=0.5$，$x=5$，$\cos\varphi=1.0$，$\tan\varphi=0$，所以得

$$bP_{e(1)}=0.14\times682.1=95.49\text{（kW）}$$

$$P_{x(1)} = 85 \times 2 + 65 + 40 + 20 = 295\ (\text{kW})$$
$$cP_{x(1)} = 0.5 \times 295 = 147.5\ (\text{kW})$$
$$P_{30(1)} = 95.49 + 147.5 = 242.99\ (\text{kW})$$
$$Q_{30(1)} = 242.99 \times 1.73 = 420.37\ (\text{kvar})$$
$$S_{30(1)} = \frac{P_{30}}{\cos\varphi} = \frac{242.99}{0.5} = 485.98\ (\text{kV·A})$$
$$I_{30(1)} = \frac{S_{30}}{\sqrt{3}U_N} = \frac{485.98}{\sqrt{3} \times 0.38} = \frac{485.98}{0.66} = 736.33\ (\text{A})$$

（2）桥式起重机组计算负荷为

$$P_{e(2)} = 2P_N\sqrt{\varepsilon_N} = 2 \times (23.2 + 29.5 \times 2) \times \sqrt{0.15} = 53.6\ (\text{kW})$$

查附表1，桥式起重机设备组的 $b=0.06$，$c=0.2$，$x=3$（因 $n<2x$，因此取 $x=2$），$\cos\varphi=0.5$，$\tan\varphi=1.73$，所以得

$$bP_{e(2)} = 0.06 \times 53.6 = 3.21\ (\text{kW})$$
$$cP_{x(2)} = 0.2 \times 29.5 \times 2 = 11.80\ (\text{kvar})$$

（3）车间照明计算负荷为

$$P_{e(3)} = 1440 \times 12 = 17\,280(\text{W}) = 17.28\ (\text{kW})$$

查附表1，车间厂房照明负荷组没有二项式系数，因此只考虑平均负荷，得 $K_d = 0.8 \sim 1$，取 $K_d=1$，$\cos\varphi=1.0$，$\tan\varphi=0$，所以得

$$P_{30(3)} = K_d P_{e(3)} = 1 \times 17.28 = 17.28\ (\text{kW})$$
$$Q_{30(3)} = P_{30(3)}\tan\varphi = 17.28 \times 0 = 0$$

（4）车间总计算负荷。

以上设备组中冷加工机床组设备，$cP_{x(1)}$ 为最大的附加负荷，所以总计算负荷为

$$P_{30} = \sum(bP_e)_i + (cP_x)_{max}$$
$$= (95.49 + 3.21 + 17.28) + 147.50 = 263.48\ (\text{kW})$$
$$Q_{30} = \sum(bP_e\tan\varphi)_i + (cP_x)_{max}\tan\varphi_{max}$$
$$= (95.49 \times 1.73 + 3.21 \times 1.73 + 17.28 \times 0) + 147.50 \times 1.73 = 425.90\ (\text{kvar})$$
$$S_{30} = \sqrt{P_{30}^2 + Q_{30}^2} = \sqrt{263.48^2 + 425.90^2} = \sqrt{69\,421.7 + 181\,390.8} = 500.80\ (\text{kV·A})$$
$$I_{30(1)} = \frac{S_{30}}{\sqrt{3}U_N} = \frac{500.80}{\sqrt{3} \times 0.38} = \frac{500.80}{0.66} = 758.8\ (\text{A})$$

第三节　工厂计算负荷的确定

工厂的计算负荷是用来按发热条件选择电源进线及有关电气设备的基本依据，也是用来计算功率因数和确定无功补偿容量的基本依据。确定计算负荷的方法有逐级计算法、需要系数法和按年产量或年产值估算法等。

一、按逐级计算法确定工厂计算负荷

工厂计算负荷的确定，可以从用电设备组的计算负荷开始，逐级向电源进线方向计算，如图 3－6 所示。

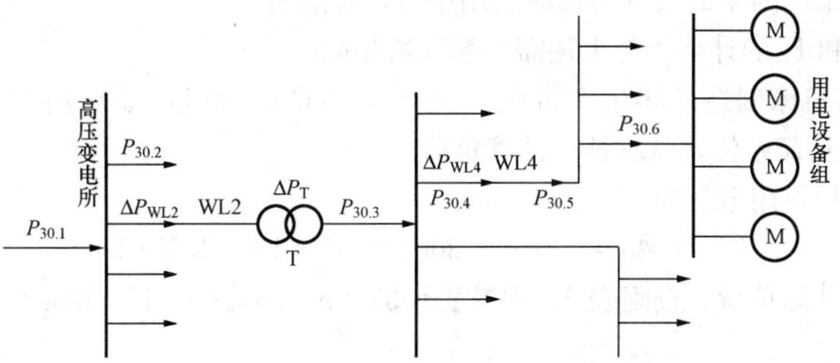

图 3-6　供配电系统中各部分负荷计算图

例如，$P_{30.5}$应为其所有出线上的计算负荷（这里均以有功功率为例）$P_{30.6}$之和，乘上同时系数 K_{Σ}。而 $P_{30.4}=P_{30.5}+\Delta P_{WL4}$，这里 ΔP_{WL4}为线路 WL4 的功率损耗。变压器低压侧计算负荷 $P_{30.3}$,则应为低压母线上所有出线的计算负荷 $P_{30.4}$之和，再乘上同时系数 K_{Σ}。变压器高压进线 WL1 首端的计算负荷 $P_{30.2}=P_{30.3}+\Delta P_T+\Delta P_{WL2}$，这里 ΔP_T 和 ΔP_{WL2}分别为变压器和线路 WL2 的功率损耗。工厂总的计算负荷 $P_{30.1}$，则为高压配电所所有出线的计算负荷 $P_{30.2}$之和，也需乘上同时系数。上述各级负荷的同时系数 K_{Σ}值，依具体情况确定，范围可为 $K_{\Sigma}=0.8\sim0.95$。

二、按需要系数法确定工厂计算负荷

将全厂用电设备的总容量 P_e（不计备用设备容量）乘上一个工厂的需要系数 K_d，即得全厂总的有功计算负荷 P_{30}。因此，确定工厂计算负荷的公式如下：

有功计算负荷为

$$P_{30}=K_dP_e \tag{3-22}$$

无功计算负荷为

$$Q_{30}=P_{30}\tan\varphi \tag{3-23}$$

视在计算负荷为

$$S_{30}=\frac{P_{30}}{\cos\varphi} \tag{3-24}$$

计算电流为

$$I_{30}=\frac{S_{30}}{\sqrt{3}U_N} \tag{3-25}$$

式中　K_d——工厂的需要系数，见附表 2；

$\cos\varphi$——工厂的功率因数，见附表 2；

$\tan\varphi$——功率因数所对应的正切值，见附表 2；

U_N——电源进线额定电压，kV。

三、按年产量或年产值估算工厂计算负荷

将工厂的年产量 A 乘以单位产品耗电量 a 就可得到工厂全年的需电量，即

$$W_a=Aa \tag{3-26}$$

在求出工厂的年需电量 W_a 后，就可按式（3-27）求出工厂的有功计算负荷：

$$P_{30}=\frac{W_a}{T_{max}} \tag{3-27}$$

式中 T_{max}——工厂的年最大有功负荷利用小时，查附表 2。

Q_{30}、S_{30}和 I_{30}的计算，与上述需要系数法相同。

例 3-7 某机床制造厂年生产机床 5000 台，生产每台机床需耗用 3000kW·h 电能，已知该厂为二级负荷单位，试求该厂计算负荷。

解 (1) 该厂年用电量为

$$W_a = Aa = 5000 \times 3000 = 15\times10^6 \text{ (kW·h)}$$

(2) 该厂的计算负荷。查附表 2，得 $T_{max}=3200h$，$\cos\varphi=0.65$，$\tan\varphi=1.17$，因此得

有功计算负荷 $$P_{30} = \frac{W_a}{T_{max}} = \frac{15\times10^6}{3200} = 4687.5 \text{ (kW)}$$

无功计算负荷 $$Q_{30} = P_{30}\tan\varphi = 4687.5\times1.17 = 5484 \text{ (kvar)}$$

视在计算负荷 $$S_{30} = \frac{P_{30}}{\cos\varphi} = \frac{4687.5}{0.65} = 7212 \text{ (kV·A)}$$

总计算电流 $$I_{30} = \frac{S_{30}}{\sqrt{3}U_N} = \frac{7212}{\sqrt{3}\times10} = 417 \text{ (A)}$$

第四节 供配电系统功率及电能损耗

一、供配电系统的功率损耗

(一) 供配电线路的功率损耗

供配电系统中线路的功率损耗包括有功功率损耗和无功功率损耗两大部分。

1. 线路的有功功率损耗

线路的电流通过线路的电阻所产生的损耗，称为线路的有功功率损耗，其计算式为

$$\Delta P_{WL} = 3I_{30}^2 R_{WL}\times10^{-3} \tag{3-28}$$

$$R_{WL} = r_0 L$$

式中 ΔP_{WL}——线路的有功功率损耗，kW；

R_{WL}——线路每相的总电阻值，Ω；

r_0——线路每千米的电阻值，Ω/km；

L——线路的距离，km；

I_{30}——线路总的计算电流，A。

2. 线路的无功功率损耗

线路的电流通过线路的电抗所产生的损耗，称为线路的无功功率损耗，其计算式为

$$\Delta Q_{WL} = 3I_{30}^2 X_{WL}\times10^{-3} \tag{3-29}$$

$$X_{WL} = x_0 L$$

式中 ΔQ_{WL}——线路的无功功率损耗，kvar；

X_{WL}——线路每相的总电抗值，Ω；

x_0——线路每千米长电抗值，Ω/km。

附表 12 列出了 LJ、TJ 型铝绞线每千米的电抗值 x_0。查 x_0 值不仅要根据导线的截面积，而且还要根据导线的线间几何均距。线间几何均距是指三相线路各相导线之间距离的几

何平均值。

如果导线为等边三角形排列，则线间几何均距 $a_{av}=a$；如果导线为水平等距离排列，则线间几何均距 $a_{av}=1.26a$。

例 3-8　有一条 10kV 高压架空线路给某机械类工厂变电所供电，已知该线路长度为 10km，线路采用 LJ-95 型铝绞线，线间距离为 1m，导线为水平排列，线路计算电流为 280A，试计算该线路的有功功率损耗和无功功率损耗。

解　已知该架空线路导线为水平排列，则 $a_{av}=1.26a=1.26\times1=1.26(\text{m})=1260(\text{mm})$，取 $a_{av}=1250\text{mm}$。

查附表 12，得 LJ-95 型铝绞线的 $r_0=0.36\Omega/\text{km}$，$x_0=0.35\Omega/\text{km}$，因此得

有功损耗　$\Delta P_{WL}=3I_{30}^2R_{WL}\times10^{-3}=3\times280^2\times0.36\times10\times10^{-3}=846.7\ (\text{kW})$

无功损耗　$\Delta Q_{WL}=3I_{30}^2X_{WL}\times10^{-3}=3\times280^2\times0.35\times10\times10^{-3}=823\ (\text{kvar})$

（二）电力变压器的功率损耗计算

1. 电力变压器的有功功率损耗计算

电力变压器的有功功率损耗由以下两部分组成：

(1) 铁心中的有功功率损耗（即铁损 ΔP_{Fe}）。铁损可由变压器的空载实验测定，变压器的空载损耗 ΔP_0 可认为是铁损，因变压器的空载电流 I_0 很小，在一次绕组中产生的有功损耗很小，可忽略不计。

(2) 变压器在负荷时产生的有功功率损耗（即铜损 ΔP_{Cu}）。铜损可由变压器的短路实验测定，变压器的短路损耗 ΔP_k 可认为就是铜损，因变压器短路时一次侧短路电压很小，空载电流 I_0 也很小，在铁心中产生的有功损耗可忽略不计。所以，变压器的有功功率损耗为

$$\Delta P_T\approx\Delta P_0+\Delta P_k\left(\frac{S_{30}}{S_{NT}}\right)^2 \tag{3-30}$$

式中　ΔP_0——变压器的空载损耗，kW，见附表 5；

ΔP_k——变压器的短路损耗，kW，见附表 5；

S_{30}——变压器低压侧的计算负荷，kV·A；

S_{NT}——变压器铭牌标出的额定容量，kV·A。

2. 电力变压器的无功功率损耗计算

电力变压器的无功功率损耗由以下两部分组成：

(1) 无功功率用来产生主磁通，也就是用来产生激磁电流或近似地认为产生空载电流 I_0 的，这部分无功功率损耗用 ΔQ_0 表示。ΔQ_0 只与绕组电压有关，与负荷无关。这部分无功功率损耗为

$$\Delta Q_0\approx\frac{S_{NT}I_0\%}{100} \tag{3-31}$$

式中　$I_0\%$——变压器空载电流占额定电流的百分值，见附表 5。

(2) 无功功率消耗在变压器一、二次绕组的电抗上。额定负荷下的这部分无功损耗用 ΔQ_N 表示，即

$$\Delta Q_N\approx\frac{S_{NT}U_k\%}{100} \tag{3-32}$$

式中　$U_k\%$——变压器的短路电压占额定电压的百分值，见附表 5。

所以，变压器的无功功率消耗为

$$\Delta Q_T=\Delta Q_0+\Delta Q_N\left(\frac{S_{30}}{S_{NT}}\right)^2\approx S_{NT}\left[\frac{I_0\%}{100}+\frac{U_{k\%}}{100}\left(\frac{S_{30}}{S_{NT}}\right)^2\right] \tag{3-33}$$

例 3-9 某厂铸造车间变电所选用一台 S7－800/10 型低损耗电力变压器，电压为 10/0.4kV，空载损耗 $\Delta P_0=1.54$kW，短路损耗 $\Delta P_k=9.9$kW，阻抗电压 $U_k\%=4.5$，空载电流的百分值 $I_0\%=1.7$。变压器二次侧的视在计算负荷 $S_{30}=650$kV·A。试求变压器的有功功率损耗和无功功率损耗。

解 变压器的有功功率损耗为

$$\Delta P_T\approx\Delta P_0+\Delta P_k\left(\frac{S_{30}}{S_{NT}}\right)^2=1.54+9.9\times\left(\frac{650}{800}\right)^2$$
$$=1.54+6.54=8.1\ (\text{kW})$$

变压器的无功功率损耗为

$$\Delta Q_T=S_{NT}\left[\frac{I_0\%}{100}+\frac{U_{k\%}}{100}\left(\frac{S_{30}}{S_{NT}}\right)^2\right]=800\times\left[\frac{1.7}{100}+\frac{4.5}{100}\times\left(\frac{650}{800}\right)^2\right]$$
$$=800\times0.048=38.4\ (\text{kvar})$$

（3）近似公式。电力变压器的功率损耗，在工程设计中，可采用简化公式来近似计算。对 SL7、S9 系列等的低损耗配电变压器来说，可采用下列近似公式计算：

有功功率损耗为

$$\Delta P_T\approx0.015S_{30} \tag{3-34}$$

无功功率损耗为

$$\Delta Q_T\approx0.06S_{30} \tag{3-35}$$

式中 S_{30}——变压器二次侧的视在计算负荷，kV·A；

ΔP_T——变压器的有功功率损耗，kW；

ΔQ_T——变压器的无功功率损耗，kvar。

二、供配电系统的电能损耗

1. 供配电线路的年电能损耗计算

供配电系统中线路的年电能损耗，应该是线路的年平均功率乘以全年时间 8760h。所以，线路上全年的电能损耗计算式为

$$\Delta W_a=3I_{30}^2R_{WL}\tau \tag{3-36}$$

式中 ΔW_a——全年的电能损耗，kW·h；

I_{30}——通过线路的计算电流，A；

R_{WL}——线路每相总的电阻值，Ω；

τ——年最大负荷损耗小时，h。

年最大负荷损耗小时 τ 是一个假想的时间，含义是当线路连续通过计算负荷所产生的电能损耗与实际负荷全年内所产生的电能损耗恰好相等时所需的时间。它与年最大负荷利用小时 T_{max} 及功率因数 $\cos\varphi$ 有关。不同功率因数 $\cos\varphi$ 下的 $\tau-T_{max}$ 关系曲线如图 3-7 所示。

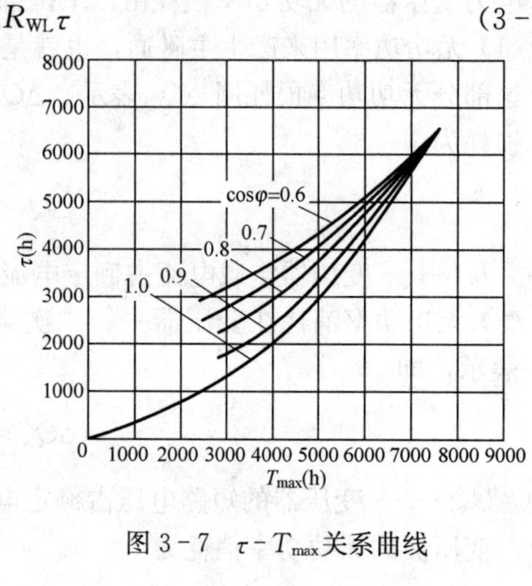

图 3-7 $\tau-T_{max}$ 关系曲线

2. 变压器年电能损耗计算

变压器的有功电能损耗包括以下两部分：

(1) 变压器铁损 ΔP_{Fe}引起的电能损耗。只要变压器外加电压和频率不变，变压器的铁损 ΔP_{Fe}是基本不变的，近似等于空载损耗 ΔP_0。因此，全年的电能损耗为

$$\Delta W_{a1}=\Delta P_{Fe}T_a\approx\Delta P_0\times 8760 \tag{3-37}$$

式中 T_a——变压器全年的运行时间，取T_a=8760h；

ΔP_0——变压器的空载损耗，kW。

(2) 变压器铜损 ΔP_{Cu}引起的电能损耗。这部分损耗与负荷电流的平方成正比，即与变压器的负荷率β的平方成正比，因此这部分电能损耗为

$$\Delta W_{a2}=\Delta P_{Cu}\beta^2\tau\approx\Delta P_k\beta^2\tau \tag{3-38}$$

式中 τ——变压器的最大负荷损耗小时，h；

ΔP_k——变压器的短路损耗，kW。

变压器的全年有功电能损耗为

$$\Delta W_a=\Delta W_{a1}+\Delta W_{a2}\approx\Delta P_0\times 8760+\Delta P_k\beta^2\tau \tag{3-39}$$

例3-10　某水泵制造厂 10/0.4kV 降压变电所中安装的 S7-630kV·A 电力变压器，该变压器的 S_{30}=450kV·A，ΔP_0=1300W，ΔP_k=8100W，$I_0\%$=2，$U_k\%$=4.5，τ=2500h，T_{GT}=8760h。试求该变压器的有功功率、无功功率损耗及全年的电能损耗。

解　(1) 有功功率损耗为

$$\Delta P_T=\Delta P_0+\Delta P_k\left(\frac{S_{30}}{S_{NT}}\right)^2=1.3+8.1\times\left(\frac{450}{630}\right)^2=5.43\ (\text{kW})$$

(2) 无功功率损耗为

$$\Delta Q_T=S_N\left[\frac{I_0\%}{100}+\frac{U_k\%}{100}\times\left(\frac{S_{30}}{S_{NT}}\right)^2\right]=630\times\left[\frac{2}{100}+\frac{4.5}{100}\times\left(\frac{450}{630}\right)^2\right]$$
$$=630\times 0.04=27.1\ (\text{kvar})$$

(3) 电能损耗为

$$\Delta W_T=\Delta P_0T_{GT}+\Delta P_k\left(\frac{S_{30}}{S_{NT}}\right)^2\tau=1.3\times 8760+8.1\times\left(\frac{450}{630}\right)^2\times 2500$$
$$=11\,388+10\,125=21.7\times 10^3\ (\text{kW}\cdot\text{h})$$

第五节　工厂功率因数及无功功率补偿

一、工厂的功率因数

(一) 工厂功率因数的类型

1. 瞬时功率因数

瞬时功率因数由装设在工厂总变配电所控制室的功率因数表（相位计）直接读出。它只用来了解和分析工厂供电系统运行中无功功率变化的情况，以便考虑采取适当的补偿措施。

2. 平均功率因数

平均功率因数是指某一规定时间内功率因数的平均值，其计算式为

$$\cos\varphi_{av}=\frac{W_p}{\sqrt{W_p^2+W_q^2}}=\frac{1}{\sqrt{1+(W_q/W_p)^2}} \tag{3-40}$$

式中 W_p——某时间内耗用的有功电能，有功电能表读出，kW·h；

W_q——某时间内耗用的无功电能，无功电能表读出，kvar·h。

3. 最大负荷时的功率因数

最大负荷时的功率因数是指在年最大负荷（即计算负荷）时的功率因数，其计算式为

$$\cos\varphi = \frac{P_{30}}{S_{30}} \tag{3-41}$$

（二）有关规程规定

在高压供电的工厂，最大负荷时的功率因数不得低于 $\cos\varphi_{av}=0.9$；其他工厂则不得低于 $\cos\varphi_{av}=0.85$。如果达不到上述要求，则必须进行无功补偿。

我国电业部门每月向工业用户收取电费时，规定要按月平均功率因数的高低来调整电费。若 $\cos\varphi_{av}>0.85$，适当少收电费；若 $\cos\varphi_{av}<0.85$，适当增收电费。此措施用以鼓励用户设法提高功率因数，从而降低电力系统的运行成本。

二、无功功率补偿

（一）无功功率补偿措施

提高功率因数的方法来自于如何减小电力系统中各个部分所需的无功功率，方法可分为两大类。

1. 提高用电设备自然功率因数

一般工业企业消耗的无功功率中，异步电动机约占70%，变压器占20%，线路等占10%，所以要合理地选择电动机和变压器，使电动机平均负荷为其额定功率的45%以上，变压器负荷率为60%以上，如能达到75%～80%时更为合适。当变压器负荷率太低时，可以利用二次侧联络线来调整负荷的分配，断开部分轻载变压器，以提高功率因数。

2. 采用电力电容器补偿

要使功率因数由 $\cos\varphi$ 提高到 $\cos\varphi'$，通常装设人工补偿装置。常用的补偿装置为并联电容器，其无功补偿的容量为

$$Q_C = P_{30}(\tan\varphi - \tan\varphi') \tag{3-42}$$

在确定了总的补偿容量 Q_C 后，就可以根据选定的并联电容器的单个容量 q_C 来确定电容器的个数，计算式为

$$n = \frac{Q_C}{q_C} \tag{3-43}$$

Q_C、q_C 查附表4。由式（3-43）计算所得的电容器个数 n，对于单相电容器来说，应取3的倍数，以便三相均衡分配。

（二）无功补偿后工厂计算负荷的确定

工厂在装设了无功补偿设备后，则在确定补偿以前的总计算负荷时，应扣除无功补偿容量。因此，补偿后总的无功计算负荷为

$$Q'_C = Q_{30} - Q_C \tag{3-44}$$

总的视在计算负荷为

$$S'_{30} = \sqrt{P_{30}^2 + (Q_{30} - Q_C)^2} \tag{3-45}$$

总的计算电流为

$$I'_{30}=\frac{S'_{30}}{\sqrt{3}U_N} \tag{3-46}$$

式中　U_N——补偿地点的系统额定电压，kV。

例 3-11　若已知工厂新建变电所低压侧有功计算负荷为 480kW，无功计算负荷为 620kvar。规定该工厂变电所高压侧的功率因数不得低于 0.9。问此变电所需要无功补偿吗？如在低压侧补偿，补偿容量需为多少？补偿后变电所高压侧的计算负荷 P_{30}、Q_{30}、S_{30}、I_{30} 又为多少？

解　（1）补偿前变电所高压侧功率因数计算。

变电所低压侧　$S_{30(2)}=\sqrt{480^2+620^2}=784\ (\text{kV}\cdot\text{A})$

变压器的损耗　$\Delta P_T\approx 0.015S_{30(2)}=0.015\times 784=11.8\ (\text{kW})$

$\Delta Q_T\approx 0.06S_{30(2)}=0.06\times 784=47\ (\text{kvar})$

高压侧的计算负荷为

$$P_{30(1)}=480+11.8=491.8\ (\text{kW})$$

$$Q_{30(1)}=620+47.0=667\ (\text{kvar})$$

$$S_{30(1)}=\sqrt{491.8^2+667^2}=828.7\ (\text{kV}\cdot\text{A})$$

高压侧的功率因数为 $\cos\varphi_1=\frac{491.8}{828.7}=0.59$，小于规定的 $\cos\varphi=0.9$，所以需要无功功率补偿。

（2）无功补偿容量的计算。

按题意在低压侧装设无功补偿电容器，使高压侧的功率因数不低于 0.9，且考虑到变压器的无功损耗远大于有功损耗，因此低压侧的功率因数一般不得低于 0.91～0.92 才能满足要求，暂按 $\cos\varphi=0.92$ 要求。

补偿前低压侧功率因数为

$$\cos\varphi_2=\frac{P_{30(2)}}{S_{30(2)}}=\frac{480}{784}=0.612$$

因此低压侧无功率补偿容量为

$$Q_C=480\times[\tan(\arccos 0.612)-\tan(\arccos 0.92)]$$

$$=480\times(1.29-0.43)=413\ (\text{kvar})$$

查附表 4，选 MGMJ0.4-12-3 型电容器，$q_C=12\text{kvar}$，$C=230\mu\text{F}$。

电容器个数为

$$n=\frac{Q_C}{q_C}=\frac{413}{12}=34\ (\text{个})$$

取 $n=36$ 个，三相均衡分配。

（3）补偿后工厂计算负荷和功率因数的计算。

低压侧补偿后的视在计算负荷：

$$S'_{30(2)}=\sqrt{480^2+(620-413)^2}=523\ (\text{kV}\cdot\text{A})$$

补偿后变压器的功率损耗为

$$\Delta P'_T\approx 0.015\times 523=7.85\ (\text{kW})$$

$$\Delta Q'_T\approx 0.06\times 523=31.4\ (\text{kvar})$$

因此补偿后工厂变电所高压侧的计算负荷为

$$P'_{30(1)} = 480 + 7.85 = 487.9\ (\text{kW})$$

$$Q'_{30(1)} = (620 - 413) + 31.4 = 238.4\ (\text{kvar})$$

$$S'_{30(1)} = \sqrt{487.9^2 + 238.4^2} = 543\ (\text{kV} \cdot \text{A})$$

$$I'_{30(1)} = \frac{543}{\sqrt{3} \times 10} = 31.35\ (\text{A})$$

无功补偿后高压侧的功率因数为 $\cos\varphi'_1 = \frac{487.9}{543} = 0.9$，所以满足规定 $\cos\varphi = 0.9$ 的要求。

本章小结

本章介绍电力负荷的概念、负荷曲线的分类及用电设备额定容量的确定，重点讲述了用电设备组计算负荷常用的两种方法：需要系数法和二项式系数法，工厂计算负荷的确定方法、逐级计算法、需要系数法和按年产量或年产值估算法；当功率因数小于电力部门规定值时，需要用并联电容器的方法提高功率因数。

习题与思考题

1. 工厂常用的用电设备有哪几类？各类设备有何工作特点？

2. 什么是用电设备的额定容量？如何计算？

3. 年最大负荷和年最大负荷利用小时有何区别？

4. 对断续周期工作制的设备为什么要统一换算到标准暂载率下的功率？

5. 电力负荷计算方法有哪几种？计算电力负荷有何意义？

6. 采用需要系数法和二项式系数法计算电力有何区别？

7. 为何要提高工厂的功率因数？提高工厂的功率因数应采取何种措施？

8. 某生产车间 380V 线路上接有金属切削冷加工机床共 35 台（其中 10kW 的 5 台，7.5kW 的 10 台，5kW 的 20 台），电焊机 2 台（每台容量为 25kV・A，$\varepsilon = 65\%$，$\cos\varphi = 0.65$），吊车 1 台（10kW，$\varepsilon = 15\%$）。试用需要系数法计算各用电设备组及 380V 供电线路上的计算负荷。

9. 已知某厂降压变电所装设一台 10/0.4kV 变压器，低压侧的计算负荷为 $P_{30} = 800\text{kW}$，$Q_{30} = 630\text{kvar}$，试计算该厂高压侧的计算负荷 P_{30}、Q_{30}、S_{30}、I_{30} 及功率因数 $\cos\varphi$。问是否需要进行无功功率补偿？如果在高压侧装设电容器，需多少无功补偿容量？

第四章 短路电流计算

第一节 短路的基本概念

电力系统运行中的相与相或者相与地之间发生的金属性非正常连接，称为短路故障。

一、系统短路主要类型

在电力系统中，产生短路的主要原因是系统中电气设备带电部分的绝缘破坏，从而导致绝缘材料的自然老化而发生短路。短路故障可分为瞬时性短路故障和永久性短路故障两大类。

1. 瞬时性短路故障

架空电力线路担负着输送电能的主要任务。架空输电线路的故障由于大气过电压或直击雷引起的绝缘子表面闪络，风力引起的短时碰线，鸟类跨接在裸露的相线之间或相线与接地物体之间兽类身体的放电，以及树枝等掉落在导线上等原因引起，在线路被继电保护装置迅速断开之后，电弧即自行熄灭，故障点的绝缘强度重新恢复。此时，如果把断开的线路再合上，就能够恢复正常供电。这类故障称为瞬时性故障。

2. 永久性短路故障

电气设备的绝缘出现破坏还可能由过电压或其他外力破坏造成。例如，导线断裂、倒杆倒塔、绝缘子击穿损坏、运行人员误操作、工程施工中机械破坏损伤设备和自然灾害引起的故障。这类故障在线路断开后仍然存在，即使再合上电源，由于故障的存在也会被再次断开。这类故障称为永久性故障。

二、系统短路后果及形式

电力系统发生短路时，系统的总阻抗会明显减小，随之产生的短路电流会急剧增加。所以在发生短路故障时，短路电流通过电气设备或载流导体，会使电气设备在发热和电动力的作用下受到损坏，为预防这种短路事故的发生，要求电气设备必须能经得起最大可能短路电流的作用。

（一）系统短路后果

1. 短路电流的热效应

当系统发生短路故障时，短路电流要超过正常工作电流的十几倍甚至几十倍，可能达到上万安甚至几十万安，导致导体和设备的温度急剧升高，从而损伤设备绝缘，甚至烧坏设备。

2. 短路电流的电动力效应

巨大的短路电流将在导体或电气设备中产生很大的电动力，会使导体或电气设备发生变形。在系统发生不对称短路时，不对称短路电流将产生不平衡的交变磁场，对周边的通信设备及弱电控制系统产生严重的干扰，影响设备的正常工作，甚至使设备产生误动作。

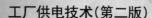

3. 短路电流产生的压降

当系统发生短路故障时，短路电流在架空输电线路上会产生很大的电压降，使系统电压水平骤降，影响电气设备的正常工作，造成中断供电、大量产品报废、设备损坏等严重后果。

4. 影响电力系统稳定运行

短路故障所造成的不良后果是多方面的，依照短路发生的地点和持续时间的不同，可能使用户供电部分或全部发生障碍，严重情况下还可能使并列运行的发电机组失去同步，导致整个系统稳定运行解列，造成大面积停电事故、设备损坏等严重的后果。

（二）系统短路的形式

在三相供电系统中，短路的形式可分为三相短路、两相短路、两相接地短路和单相短路四种形式。从电路的角度来看，当系统发生三相短路时，系统仍然是三相对称的，因此三相短路又称为对称短路。其他几种类型的短路则统称为不对称短路。几种简单故障同时发生的情况称为复杂短路故障。

供电系统中常见的短路故障，三相短路用符号 $k^{(3)}$ 表示，短路故障的或然率约占总故障率的5%，如图 4-1（a）所示；两相短路用符号 $k^{(2)}$ 表示，短路故障的或然率约占总故障率的 10%，如图 4-1（b）所示；单相短路用符号 $k^{(1)}$ 表示，发生短路故障的或然率约占总故障率的 65%，如图 4-1（c）所示；两相接地短路用符号 $k^{(1.1)}$ 表示，短路故障的或然率约占总故障率的 20%，如图 4-1（d）所示。

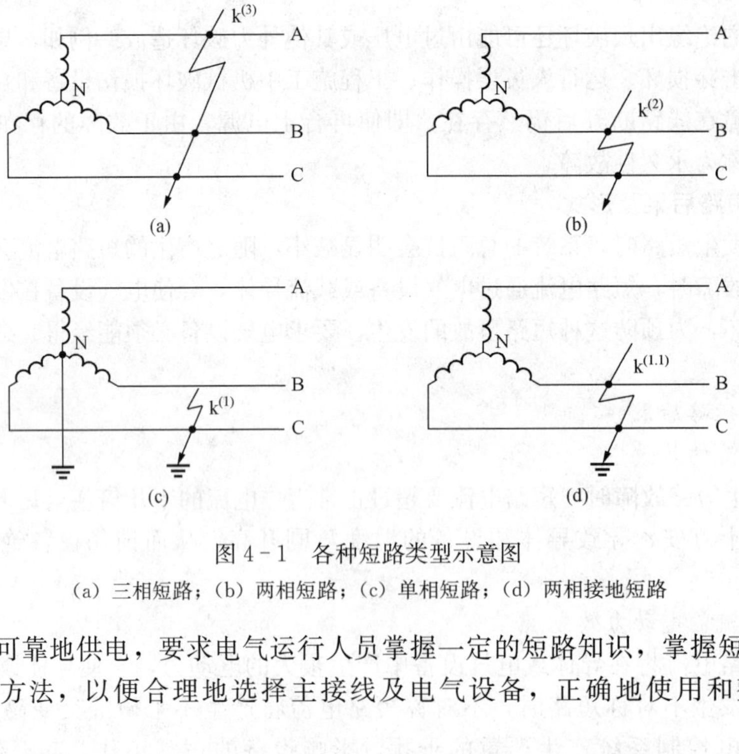

图 4-1　各种短路类型示意图

（a）三相短路；（b）两相短路；（c）单相短路；（d）两相接地短路

为了安全可靠地供电，要求电气运行人员掌握一定的短路知识，掌握短路电流的变化规律及其计算方法，以便合理地选择主接线及电气设备，正确地使用和整定继电保护装置。

同时要求电气运行人员做好预防性工作，使一切偶然发生的故障都能局限于最小范围内，不致扩大事故；一旦出现事故，采取有力措施，在极短的时间内使系统恢复正常供电。因此加强设备的维护管理，增强运行工作人员责任感是减少电力系统故障的重要措施。

第二节 无限大容量电力系统发生三相短路的物理过程及有关物理量

一、无限大容量电力系统发生三相短路的物理过程

无限大容量电力系统发生三相电路时的电路图，如图 4-2（a）所示。图中 R_{WL}、X_{WL} 分别表示线路的电阻和电抗，R_L、X_L 分别表示负荷的电阻和电抗。由于三相电路对称，为分析问题方便，用单相等效电路图来表示，如图 4-2（b）所示。

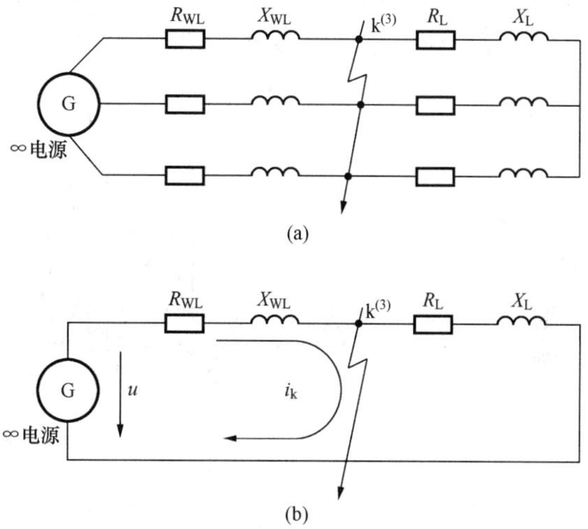

图 4-2 无限大系统发生三相短路电路图

（a）三相电路图；（b）单相等效电路图

系统正常运行时，电路中的电流取决于电源电压和电路中所有元件的总阻抗。当系统在 k 点发生了三相短路时，由于负荷阻抗和线路阻抗的一部分被短接，因此回路阻抗减小，回路电流突然增大。根据电工学可知，这样的电路中的电感、电流不能突变，因而在突然发生短路时将引起一个过渡过程，即短路的暂态过程。为了简化问题，暂不考虑发电机内部的暂态过程，而认为电源的端电压是一个具有恒定幅值和频率的对称三相电源，即

$$\left.\begin{aligned} U_a &= U_m \sin(\omega t + \alpha) \\ U_b &= U_m \sin(\omega t + \alpha - 120°) \\ U_c &= U_m \sin(\omega t + \alpha + 120°) \end{aligned}\right\}$$

由图 4-2 可以看出，三相短路发生后，电路被分成两个独立的回路，其中第一个回路仍与电源相连接；而第二个回路被短接，该回路中的电流，由原来的数值不断地衰减，直到磁场中储存的能量全部变为电阻中所消耗的热能为止。

在第一回路中，由于阻抗较被短路前有了明显的降低，所以其中电流必将增大，同时电流和电压的相位角在一般情况下也要改变，因为电路中含有电感。根据换路定律，电路中电流将发生过渡过程，其每相电流与电源电压的瞬时值，应满足微分方程

$$u = ri + L\frac{\mathrm{d}i}{\mathrm{d}t} \tag{4-1}$$

以 A 相为例，这个微分方程的解为

$$i_a = \frac{U_m \sin(\varpi t + \alpha - \varphi_k)}{Z} + c\mathrm{e}^{-rt/L} = I_{Zm} \sin(\omega t + \alpha - \varphi_k) + c\mathrm{e}^{-rt/L} \tag{4-2}$$

式中 Z——短路后每相阻抗，$Z=r+\mathrm{j}\omega L$，Ω；

φ_k——短路回路阻抗角，就是短路后电流和电压间的相角；

α——短路瞬间电压的初相角；

ω——角频率，rad/s；

c——时间常数，表示短路电流非周期分量的初始值。

式（4－2）中，等式右边第一项为短路电流的周期分量 i_p；第二项为短路电流的非周期分量 i_{np}，这一分量由短路瞬间初始值按时间常数 τ 衰减到零。短路电流非周期分量的初始值由起始条件所决定。

二、与三相短路有关的几个物理量

无限大容量电力系统发生三相短路时电流波形图，如图 4－3 所示。图中只画出非周期分量为最大值的那一相，其他两相非周期分量显然要比该相的小。由图 4－3 可以引出几个计算短路电流时常用的参数。

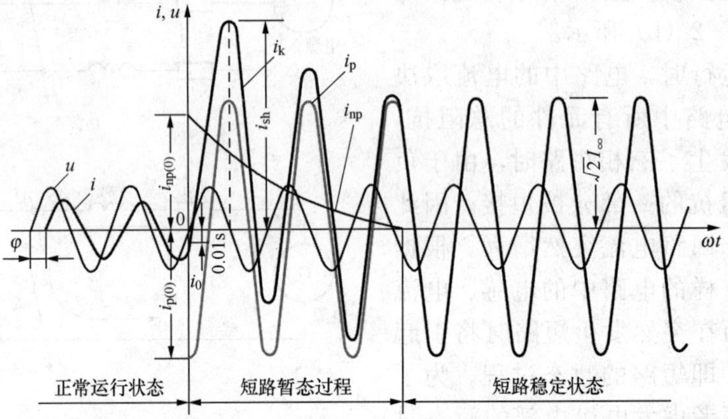

图 4－3 无限大容量电力系统发生三相短路时电压、电流波形图

（一）短路电流周期分量

短路电流周期分量是按欧姆定律由短路的电压和阻抗所决定的一个短路电流，如图 4－3 中的 i_p。在无限大容量电力系统中，由于电源电压不变，因此短路电流周期分量 i_p 的幅值也是恒定不变的。

假设短路发生在电压瞬时值 $u=0$ 时，由于系统正常工作时，电流 i 滞后于电压 u 一个相位角 φ，因此短路开始瞬间 $t=0$ 时刻，电流瞬时值 $i_0<0$。当系统发生短路后，由于短路电路中的电抗值一般远大于电阻值，所以，可将该电路看作是一个纯电感电路。短路初瞬间 $t=0$ 时刻的电压 $u=0$，则电流 $i_{p(0)}$ 要突然增大到幅值，即

$$i_{p(0)}=\sqrt{2}I'' \tag{4-3}$$

式中 I''——短路后第一个周期内短路电流周期分量的有效值，又称为次暂态短路电流有效值。

它用来作为继电保护的整定计算和校验高压开关设备的热稳定性。

（二）短路电流非周期分量

由于电路中存在着电感，所以在电路突然短路时会出现自感电动势所产生的一个短路电流，如图 4－3 中的 i_{np}，使得短路前后的电流不致突变，非周期分量的初始绝对值为

$$i_{np(0)}=|i_0-i_{p(0)}|\approx\sqrt{2}I'' \tag{4-4}$$

式中 $i_{np(0)}$——瞬时值 $t=0$ 时刻，短路电流的非周期分量瞬时值，kA；

i_0——短路开始瞬间 $t=0$ 时刻，短路电流瞬时值，kA；

$i_{p(0)}$——短路开始瞬间 $t=0$ 时刻，短路电流周期分量幅值，kA。

由于短路电路中还有电阻，所以 i_{np} 要逐渐衰减。电路中的电阻越大和电感越小，i_{np} 衰减得越快。非周期分量 i_{np} 是按指数规律衰减变化的，其表达式为

$$i_{np}=i_{p(0)}e^{-\frac{rt}{L}}\approx\sqrt{2}I''e^{-\frac{t}{\tau}} \tag{4-5}$$

$$\tau=\frac{L_{\Sigma}}{R_{\Sigma}}=\frac{X_{\Sigma}}{314R_{\Sigma}} \tag{4-6}$$

式中 τ——非周期分量的衰减时间常数；

R_{Σ}——短路电路的总电阻，Ω；

X_{Σ}——短路电路的总电抗，Ω；

L_{Σ}——短路电路的总电感，Ω。

（三）短路全电流

任一瞬间的短路全电流为短路电流周期分量 i_p 和非周期分量 i_{np} 的叠加，如图 4-3 所示，即

$$i_k=i_p+i_{np} \tag{4-7}$$

式中 i_k——短路全电流，kA；

i_p——短路电流周期分量，kA；

i_{np}——短路电流非周期分量，kA。

某一瞬间 t 的短路全电流有效值 $I_{k(t)}$，是以时间 t 为中点的一个周期内的 i_p 有效值 $I_{p(t)}$ 和非周期分量 i_{np} 在时间 t 的瞬时值 $i_{np(t)}$ 的均方根值，即

$$I_{k(t)}=\sqrt{I_{p(t)}^2+i_{np(t)}^2} \tag{4-8}$$

式中 $I_{k(t)}$——某一瞬间 t 的短路全电流有效值，kA；

$I_{p(t)}$——周期分量在时间 t 内的有效值，kA；

$i_{np(t)}$——非周期分量在时间 t 的瞬时值，kA。

（四）短路冲击电流

短路后经过半个周期（即 0.01s）时的短路电流峰值，是整个短路过程中的最大瞬时电流。这一最大的瞬时短路电流称为短路冲击电流，用 i_{sh} 表示。i_{sh} 用来校验高压开关电器和母线的动稳定性。

三相短路冲击电流有效值 I_{sh}，即短路后第一个周期短路电流的有效值，也用来校验高压开关电气设备和母线的动稳定性。

短路冲击电流 i_{sh} 计算式为

$$i_{sh}=i_{p(0.01)}+i_{np(0.01)}\approx\sqrt{2}I''(1+e^{-\frac{0.01}{\tau}}) \tag{4-9}$$

或

$$i_{sh}\approx K_{sh}\sqrt{2}I'' \tag{4-10}$$

其中

$$K_{sh}=1+e^{-\frac{0.01}{\tau}}=1+e^{-\frac{0.01R_{\Sigma}}{L_{\Sigma}}} \tag{4-11}$$

式中 K_{sh}——短路冲击电流系数。

显然，K_{sh} 的值与短路回路的 $\frac{X_{\Sigma}}{R_{\Sigma}}$ 值有关，根据短路点的不同，则 K_{sh} 也不同。在短路电流计算中，为了简化问题，一般不必求 $\frac{X_{\Sigma}}{R_{\Sigma}}$，而按以下规定考虑：

(1) 当短路发生在单机容量为 12MW 及以上的发电机出口电压时，取冲击电流系数 $K_{sh}=1.9$，此时有

$$i_{sh} \approx K_{sh}\sqrt{2}I'' = 1.9\times\sqrt{2}\times I'' = 2.7I'' \quad (4-12)$$

$$I_{sh} \approx \sqrt{1+2(K_{sh}-1)^2}I'' = \sqrt{1+2(1.9-1)^2}I'' = \sqrt{2.62}I'' = 1.62I'' \quad (4-13)$$

(2) 当短路发生在其他各短路点时，取冲击电流系数 $K_{sh}=1.8$，此时有

$$i_{sh} \approx K_{sh}\sqrt{2}I'' = 1.8\times\sqrt{2}\times I'' = 2.55I'' \quad (4-14)$$

$$I_{sh} \approx \sqrt{1+2(K_{sh}-1)^2}I'' = \sqrt{1+2(1.8-1)^2}I'' = \sqrt{2.28}I'' = 1.51I'' \quad (4-15)$$

(3) 在变压器容量为 1000kV·A 及电压为 1000V 以下的低压系统中，取短路电流冲击系数为 $K_{sh}=1.3$，此时有

$$i_{sh} \approx K_{sh}\sqrt{2}I'' = 1.3\times\sqrt{2}\times I'' = 1.84I'' \quad (4-16)$$

$$I_{sh} \approx \sqrt{1+2(K_{sh}-1)^2}I'' = \sqrt{1+2(1.3-1)^2}I'' = \sqrt{1.18}I'' = 1.09I'' \quad (4-17)$$

（五）短路稳态电流

三相短路稳态电流有效值，既用来校验电气设备与载流导体的热稳定度和判断母线短路容量是否超过允许值，也作为选择限流电抗器的依据。低压电路的短路稳态电流就是短路电流非周期分量衰减完毕以后的短路全电流，一般在短路后 0.2s 达到稳定状态的短路电流，称为短路稳态电流，用 I_∞ 表示。

在无限大容量电力系统中，短路电流周期分量有效值习惯上用 I_k 表示，在短路全过程中始终是恒定不变的，因此有

$$I''^{(3)} = I_{0.2}^{(3)} = I_\infty^{(3)} = I_k^{(3)} \quad (4-18)$$

式中 $I_k^{(3)}$——三相短路电流周期分量有效值，kA；

$I''^{(3)}$——三相次暂态短路电流，kA；

$I_{0.2}^{(3)}$——非周期分量经过 0.2s 衰减完后的短路电流，kA；

$I_\infty^{(3)}$——三相短路稳态电流，kA。

第三节 三相短路电流计算的基本条件

电力系统发生短路时影响短路电流的因素极多。在电气工程设计中为了简化主要问题，一般都采用了假设条件，使短路电流的计算尽量简化。

（一）短路计算简化的原则

(1) 抓住短路电流计算的主要问题，在保证工程要求准确度的前提下，忽略影响短路电流计算的次要因素，力求使计算简洁明了。

(2) 短路电流计算的目的，主要是用于选择各种高压开关设备，校验各种高压开关设备的动、热稳定性和整定继电保护装置。

（二）短路电流计算基本假设条件

在短路电流实用计算中，一般情况下采用以下基本假设条件就能够满足工程上的要求：

(1) 在系统发生短路过程中，认为发电机不发生摇摆，并忽略发电机电动势间的相

角差。

(2) 电力负荷只做近似估算，对于小容量负荷一般可忽略不计，对于集中的大容量负荷，一般可用一个固定的电抗值来表示。

(3) 系统中各元件的电阻及分布电容可忽略不计，这种假定在一般情况下都是允许的。只有当系统中各元件的总电阻值 R_{Σ} 远大于总电抗值 X_{Σ} 时，才需要考虑计算电阻值的影响。

(4) 认为三相系统在故障前是对称的，各元件参数是恒定不变的。

(5) 变压器的励磁电流 $I_0\%$忽略不计，因此，变压器阻抗可用其漏抗 $U_k\%$来表示。

采用上述基本假设条件，是为了简化短路电流计算，是后续短路电流计算的前提。但是决不能把这些假设条件看成是一成不变的，在某些特定条件下，有些次要问题也会上升为主要问题。

(三) 电气元件的表示方法

采用上述基本假设条件后，系统各主要元件电抗值计算，就可采用等值电路图来分析。

1. 短路电流计算电路图

在进行短路电流计算之前，应根据短路电流计算的目的，收集有关计算资料，例如，电力系统电气主接线图，系统运行方式，系统出口断路器断流容量，发电机、变压器、电抗器和电力线路等各元件的技术参数。

2. 单线图表示

短路电流计算电路图是采用单线图，并去掉小容量开关设备等所得的简化电路。在此图中画出与计算短路电流有关的元件，并注明各元件的有关技术数据。例如，高压网络中应注明发电机的额定容量、额定电压、次暂态电抗值等参数。

图中首先在所对应的元件旁，用分式的分子表示各元件的顺序号，如用 1、2、3 等数字表示，分式的分母标注对应各元件顺序号的电抗值。

3. 绘制等值电路图

将计算电路图中各元件用其等值电抗代替作出系统电抗图，即等值电路图。由于短路电流计算是对各短路点分别进行的，因此，各短路点的位置不同，等值电路图也有所区别，应根据短路点的位置作出相应的等值电路图。当然，短路点位置的选择取决于短路电流计算的目的。

4. 网络化简

在等值电路图中，各元件的电抗值应为统一基准值下的标么值或有名值。用有名值计算时，也可折算到同一电压下的实际值；在电压等级少、电路简单的情况下，用有名值计算较为方便。在作对某一短路点的等值电路图时，没有短路电流流过的元件不必画出。

为了计算短路点的短路电流，需将等值电路图化简，以求出短路回路的总电抗 X_{Σ}，即等值电源对短路点的总电抗的有名值或标幺值。

5. 化简的方法

化简方法主要是电抗的串联、并联、星形-三角形变换，用等效发电机原理把多个有源支路用一个等效有源支路来代替。此外，在网络简化中，常常可以发现对短路点具有局部或全部的对称关系，电路中存在着等电位的点，把这些点直接联系起来，其间被短接的电抗去掉，可以使网络大大简化而不影响短路电流计算的结果。

第四节　三相短路电流计算

一、有名值法

有名值法是因其短路计算中的阻抗都采用有名单位欧姆而得名。当供配电系统中发生短路时，其中一部分阻抗被短接，网路阻抗发生变化，所以在进行短路电流计算时，先对各电气设备的参数进行计算。如果各种电气设备的电阻和电抗及其参数用有名值表示，则称为有名值法。在低压系统中，短路电流计算通常采用有名值法计算较为方便，简单明了。

（一）短路点确定

短路电流计算得是否合理，首先是看短路点的选择是否合理，这与短路电流计算目的有关。

1. 用来选择检验高压开关电器及载流导体

短路点应选择为使电器和导体可能通过最大短路电流的点，一般情况下应选择高压母线作为短路点，用符号 $k_1^{(3)}$ 表示短路点。

2. 用来选择校验低压开关电器及载流导体

短路点应选择为使电器和导体可能通过最大短路电流的点，则应选择低压母线作为短路点，用符号 $k_2^{(3)}$ 表示短路点。

3. 限流电抗器

如果线路有限流电抗器存在，则选择校验该线路设备的短路点，应该选择在限流电抗器之后作为短路点，用符号 $k_3^{(3)}$ 表示短路点。

（二）有名值法计算的公式

1. 三相短路电流周期分量有效值

在无限大容量电力系统中发生三相短路时，其三相短路电流周期分量有效值 $I_k^{(3)}$，计算式为

$$I_k^{(3)}=\frac{U_c}{\sqrt{3}Z_\Sigma}=\frac{U_c}{\sqrt{3}\times\sqrt{R_\Sigma^2+X_\Sigma^2}} \tag{4-19}$$

式中　U_c——短路点的计算电压，kV；

Z_Σ——短路回路中的总阻抗，Ω；

R_Σ——短路回路中的总电阻，Ω；

X_Σ——短路回路中的总电抗，Ω。

由于线路首端发生短路最为严重，因此按线路首端电压考虑，短路计算电压 U_c 值为线路额定电压的 5%。按我国的电压标准规定，U_c 值取 0.4、0.69、3.15、6.3、10.5、37、115、230、346kV 等。

在高压电力网的短路电流计算中，通常总电阻远比总电抗小。因此往往只计算总电抗 X_Σ，不计算总电阻 R_Σ。在低压电力网短路电流计算中，如果 $R_\Sigma>\frac{X_\Sigma}{3}$ 以上，则需计入总电阻 R_Σ。如果不计总电阻，则三相短路电流的周期分量有效值为

$$I_k^{(3)}=\frac{U_c}{\sqrt{3}X_\Sigma} \tag{4-20}$$

式中 $I_k^{(3)}$——三相短路电流周期分量有效值，kA；

U_c——短路点的计算电压，kV；

X_Σ——短路回路中的总电抗，Ω。

2. 三相短路容量

$$S_k^{(3)}=\sqrt{3}U_c I_k^{(3)} \tag{4-21}$$

式中 $S_k^{(3)}$——三相短路容量，MV·A。

S_k 并不代表实际短路容量，因为短路时电压一般都有所降低，它只不过是短路电流的另一种表示形式。参数 S_k 在选择高压开关等电气设备时是有用的。

（三）求系统各元件电抗值

1. 电力系统电抗值

电力系统电抗值为

$$X_s=\frac{U_c^2}{S_{oc}} \tag{4-22}$$

式中 U_c——短路点的计算电压，kV；

S_{oc}——系统出口断路器的断流容量，MV·A。

2. 发电机的电抗值

发电机的电抗值为

$$X_G=X_G^{*''}\frac{U_c^2}{S_G} \tag{4-23}$$

式中 $X_G^{''*}$——发电机次暂态电抗的标幺值；

S_G——发电机的视在功率，MV·A。

3. 电力变压器电抗值

变压器的阻抗电压为

$$U_k\%\approx\frac{\sqrt{3}I_N X_T}{100U_c}\approx\frac{S_{NT}X_T}{100U_c^2}$$

所以得出

$$X_T=U_k\%\frac{U_c^2}{100S_{NT}} \tag{4-24}$$

式中 $U_k\%$——电力变压器的短路电压百分值，见附表 5；

S_{NT}——电力变压器的额定容量，kV·A；

U_c——短路点的计算电压，kV。

4. 电力线路的电抗值

电力线路的电抗值为

$$X_{WL}=x_0 L \tag{4-25}$$

式中 x_0——导线单位长度的电抗值，Ω/km，见附表 12；

L——线路的长度，km。

5. 阻抗等效换算

用有名值法计算短路电路的阻抗值时，如电路内含有电力变压器，则电路内各元件的阻抗都应该统一换算到短路点的计算电压值。阻抗等效换算的条件是元件的功率损耗不变。因此，由 $\Delta P=\dfrac{U^2}{R}$ 和 $\Delta Q=\dfrac{U^2}{X}$ 的关系可知，元件的阻抗值是与电压平方成正比的。因此，阻抗换算的公式为

$$R'=R\left(\frac{U'_c}{U_c}\right)^2 \tag{4-26}$$

$$X'=X\left(\frac{U'_c}{U_c}\right)^2 \tag{4-27}$$

式中 R——换算前元件的总电阻，Ω；
R'——换算后元件的电阻，Ω；
X——换算前元件的总电抗，Ω；
X'——换算后元件的电抗，Ω；
U_c——换算前元件的短路点的计算电压，kV；
U'_c——换算后元件的短路点计算电压，kV。

实际上只有在计算低电压侧的短路电流时，高压侧的线路阻抗才需要进行换算。而电力系统和电力变压器的阻抗，由于它们的计算公式中均含有 U_c^2，因此在计算其阻抗时将 U_c 直接作为短路点的短路电流计算电压就相当于已经换算了。

（四）短路电流计算步骤

对供配电系统来说，首先采用阻抗值串联或并联方法化简等值电路图，求出每个短路点以前总的电抗 X_Σ 值；然后按照求三相短路电流计算公式，分别计算不同短路点的三相短路电流和三相短路容量的数值，即 $I_k^{(3)}$、$I''^{(3)}$、$I_{0.2}^{(3)}$、$I_\infty^{(3)}$、$i_{sh}^{(3)}$、$I_{sh}^{(3)}$、$S_k^{(3)}$。

例 4-1 用有名值法计算图 4-4 所示电路图中各元件的电抗值。

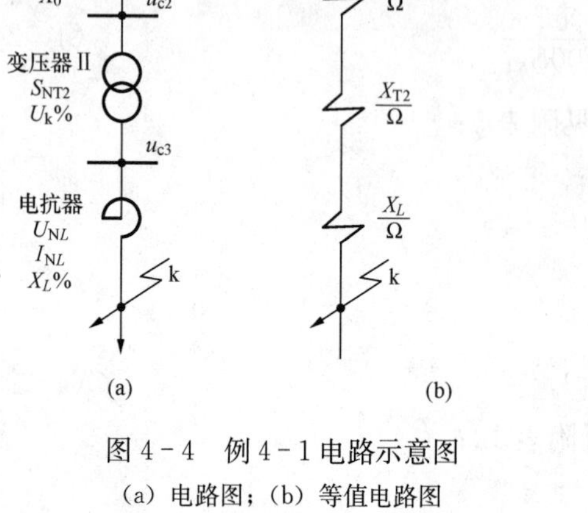

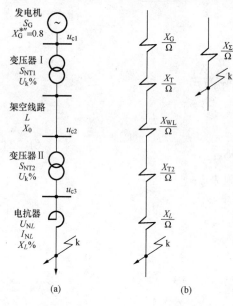

图 4-4 例 4-1 电路示意图
（a）电路图；（b）等值电路图

解 该电路有三个不同的电压等级，一个短路点。求各元件电抗时，必须将电压统一折算到短路点的同一电压等级。

（1）发电机的电抗值为

$$X_G=X_G^{*''}\frac{U_{c1}^2}{S_G}\frac{U_{c2}^2}{U_{c1}^2}\frac{U_{c3}^2}{U_{c2}^2}=X_G^{*''}\frac{U_{c3}^2}{S_G}\ (\Omega)$$

（2）电力变压器的电抗值为

$$X_{T1}=\frac{U_{k1}\%}{100}\frac{U_{c2}^2}{S_{NT1}}\frac{U_{c3}^2}{U_{c2}^2}=\frac{U_{k1}\%}{100}\frac{U_{c3}^2}{S_{NT1}}\ (\Omega)$$

（3）架空线路的电抗值为

$$X_{WL}=x_0L\frac{U_{c3}^2}{U_{c2}^2}\ (\Omega)$$

（4）电力变压器的电抗值为

$$X_{T2}=\frac{U_{k2}\%}{100}\frac{U_{c3}^2}{S_{NT2}}\ (\Omega)$$

（5）电抗器的电抗值为

$$X_L = \frac{X_L\%}{100}\frac{U_{NL}}{\sqrt{3}I_{NL}}\ (\Omega)$$

(6) 短路点总电抗值为

$$X_\Sigma = X_G + X_{T1} + X_{WL} + X_{T2} + X_L\ (\Omega)$$

例 4－2　某供电系统如图 4－5 所示，已知：无限大容量电力系统出口断路器的断流容量为 $S_{oc}=300$MV·A；采用 10km 长架空输电线路送到某厂降压变电所，所内装有两台 S9－1000/10 型电力变压器并列运行。试用有名值法计算该变电所 10kV 母线上 k_1 点和 380V 母线上 k_2 点的三相短路电流和短路容量。

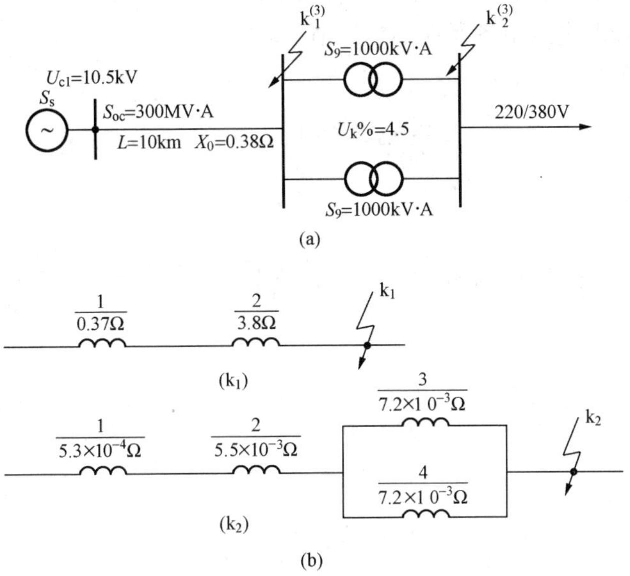

图 4－5　例 4－2 短路电流计算电路图

(a) 短路电流计算图；(b) 短路电流等值电路图

解　1. 求 k_1 点的三相短路电流及三相短路容量（取基准电压）

(1) 求 $k_1^{(3)}$ 点短路电路中各元件的电抗值。

电力系统的电抗为

$$X_S = \frac{U_{c1}^2}{S_{oc}} = \frac{10.5^2}{300} = 0.37\ (\Omega)$$

架空线路的电抗值为

$$X_{WL} = x_0 L = 0.38 \times 10 = 3.8\ (\Omega)$$

计算 k_1 点总电抗为

$$X_{\Sigma 1} = X_s + X_{WL} = 0.37 + 3.8 = 4.17\ (\Omega)$$

(2) 计算 k_1 点的三相短路电流和短路容量。

三相短路电流周期分量有效值为

$$I_{k1}^{(3)} = \frac{U_{c1}}{\sqrt{3}X_{\Sigma 1}} = \frac{10.5}{\sqrt{3}\times 4.17} = \frac{10.5}{7.22} = 1.45\ (\text{kA})$$

三相次暂态短路电流和短路稳态电流为

$$I''^{(3)}=I_{0.2}^{(3)}=I_{\infty}^{(3)}=I_{k1}^{(3)}=1.45\ (\text{kA})$$

三相短路冲击电流瞬时值和有效值为

$$i_{sh1}^{(3)}=2.55I''^{(3)}=2.55\times1.45=3.7\ (\text{kA})$$

$$I_{sh1}^{(3)}=1.51I''^{(3)}=1.51\times1.45=2.2\ (\text{kA})$$

三相短路容量为

$$S_{k1}^{(3)}=\sqrt{3}U_cI_{k1}^{(3)}=\sqrt{3}\times10.5\times1.45=26.37\ (\text{MV·A})$$

2. 求 k_2 点的三相短路电流和三相短路容量（取 $U_{c2}=0.4\text{kV}$）

(1) 计算 k_2 点短路电路中各元件的电抗值

电力系统的电抗为

$$X_s=\frac{U_{c2}^2}{S_{oc}}=\frac{0.4^2}{300}=\frac{0.16}{300}=5.3\times10^{-4}\ (\Omega)$$

架空线路的电抗为

$$X_{WL}=x_0L\left(\frac{U_{c2}}{U_{c1}}\right)^2=0.38\times10\times\left(\frac{0.4}{10.5}\right)^2=\frac{0.608}{110.25}=5.5\times10^{-3}\ (\Omega)$$

电力变压器的电抗为

$$X_{T1}=X_{T2}=\frac{U_k\%U_{c2}^2}{100S_{NT}}=\frac{4.5\times0.4^2}{100\times1}=\frac{0.72}{100}=0.0072=7.2\times10^{-3}\ (\Omega)$$

化简为

$$X_T=\frac{X_{T1}X_{T2}}{X_{T1}+X_{T2}}=\frac{0.0072\times0.0072}{0.0072+0.0072}=3.6\times10^{-3}\ (\Omega)$$

计算总电抗为

$$X_{\Sigma2}=X_s+X_{WL}+X_T=5.3\times10^{-4}+5.5\times10^{-3}+3.6\times10^{-3}=9.63\times10^{-3}\ (\Omega)$$

(2) 计算 k_2 点的三相短路电流和短路容量

三相短路电流周期分量有效值为

$$I_{k2}^{(3)}=\frac{U_{c2}}{\sqrt{3}X_{\Sigma2}}=\frac{0.4}{\sqrt{3}\times0.0092}=\frac{0.4}{0.016}=25\ (\text{kA})$$

三相次暂态短路电流和短路稳态电流为

$$I''^{(3)}=I_{0.2}^{(3)}=I_{\infty}^{(3)}=I_{k2}^{(3)}=25\ (\text{kA})$$

三相短路冲击电流瞬时值和有效值为

$$i_{sh2}^{(3)}=1.84I''^{(3)}=1.84\times25=46\ (\text{kA})$$

$$I_{sh2}^{(3)}=1.09I''^{(3)}=1.09\times25=27.3\ (\text{kA})$$

三相短路容量为

$$S_{k2}^{(3)}=\sqrt{3}U_{c2}I_{k2}^{(3)}=\sqrt{3}\times0.4\times25=17.3\ (\text{MV·A})$$

在工程设计中，一般只将短路电流的计算结果列于短路电流计算表中，见表 4-1。

表 4-1　例 4-2 短路电流计算表

短路点	短路电流（kA）					短路容量（MV·A）
	$I_k^{(3)}$	$I_{0.2}^{(3)}$	$I_\infty^{(3)}$	$i_{sh}^{(3)}$	$I_{sh}^{(3)}$	$S_k^{(3)}$
k_1	1.45	1.45	1.45	3.7	2.2	26.37
k_2	25	25	25	46	27.3	17.3

二、标幺值法

（一）标幺值的概念

工程上一般习惯于把额定值选为该物理量的标幺值，所以，如果该物理量处于额定标准状态下，其标幺值为 1.00（幺）。标幺值的名称即由此而得来。

1. 标幺值

当用标幺值表示一个量时，就是把这个量和另一个称为基准值的量进行比较，所谓标幺值就是该量为基准值的倍数。

$$标幺值 = \frac{实际值(有名单位表示的量)}{基准值(与实际值同单位)}$$

即

$$pu^* = \frac{r}{b} \tag{4-28}$$

式中　pu^*——标幺值；

r——实际值；

b——基准值。

例 4-3　某发电机端电压 $U_G=10.5\text{kV}$，若选择电压的基准值 $U_b=10\text{kV}$，则发电机电压的标幺值应为多少？

解

$$U_G^* = \frac{U_G}{U_b} = \frac{10.5}{10} = 1.05$$

若选择电压的基准值为 $U_b=10.5\text{kV}$，则发电机电压的标幺值应为

$$U_G^* = \frac{U_G}{U_b} = \frac{10.5}{10.5} = 1.00$$

2. 标幺值的含义

从例 4-3 中可以看出，标幺值本身是没有单位的量，它所表示的就是某物理量对基准值的倍数。

在例 4-3 中，第一种情况表示发电机端电压（$U_G=10.5\text{kV}$）是基准电压（$U_b=10\text{kV}$）的 1.05 倍；第二种情况表示发电机端电压（$U_G=10.5\text{kV}$）是基准电压（$U_b=10.5\text{kV}$）的 1.0 倍。

上述两种情况虽然标幺值不同，但是它们所表示的物理量都是一样的，两者的区别是基准值选择的不同。因此，当我们说一个物理量的标幺值时，必须同时说明是以什么作为基准值，否则只谈标幺值是没有意义的。

3. 标幺值法优点

标幺值法有以下三个优点：

（1）易于比较电力系统各元件的参数和特性。

（2）便于判断电气设备参数的好坏。

（3）可以使短路电流计算工作简化。

（二）常用基准值的确定

1. 常用四个参数的物理量

额定电压U_N、额定电流I_N、视在功率S_N和相电抗X_N，这四个参数相互间必须满足功率方程式，即

$$S_N=\sqrt{3}U_N I_N \tag{4-29}$$

$$U_N=\sqrt{3}I_N X_N \tag{4-30}$$

$$I_N=\frac{S_N}{\sqrt{3}U_N} \tag{4-31}$$

$$X_N=\frac{U_N}{\sqrt{3}I_N}=\frac{U_N^2}{S_N} \tag{4-32}$$

2. 四个参数的基准值

为了求取U_N、I_N、S_N和X_N四个参数的标幺值，相应的也要确定这四个参数的基准值。S_b、U_b、I_b和X_b这四个基准值相互间也要满足功率方程式和欧姆定律，即

$$S_b=\sqrt{3}U_b I_b \tag{4-33}$$

$$U_b=\sqrt{3}I_b X_b \tag{4-34}$$

$$I_b=\frac{S_b}{\sqrt{3}U_b} \tag{4-35}$$

$$X_b=\frac{U_b}{\sqrt{3}I_b}=\frac{U_b^2}{S_b} \tag{4-36}$$

式中 S_b——基准容量，MV·A；

U_b——基准电压，kV；

I_b——基准电流，kA；

X_b——基准电抗，Ω。

3. 基准参数的标幺值

基准容量 $$S_b^*=\frac{S_N}{S_b} \tag{4-37}$$

基准电压 $$U_b^*=\frac{U_N}{U_b} \tag{4-38}$$

基准电流 $$I_b^*=\frac{I_N}{I_b} \tag{4-39}$$

基准电抗 $$X_b^*=\frac{X_N}{X_b}=\frac{x_0 L}{X_b} \tag{4-40}$$

例 4-4 现有一条额定电压为 10kV 高压架空线路，长度为$L=1.35$km，每千米长的电抗值为$x_0=0.4\Omega/\text{km}$。试求当基准容量为$S_b=100$MV·A、基准电压为$U_b=10.5$kV 时，基准电抗的标幺值X_b^*为多少。

解

$$X_b=\frac{U_b^2}{S_b}=\frac{10.5^2}{100}=\frac{110.25}{100}=1.10\ (\Omega)$$

$$X_b^*=\frac{X_N}{X_b}=\frac{x_0 L}{X_b}=\frac{0.4\times 1.35}{1.10}=\frac{0.54}{1.10}=0.49$$

在工程计算中，一般习惯取基准容量 $S_b=100\text{MV}\cdot\text{A}$，基准电压 U_b 为各电压等级的平均电压，即 $U_b=U_C$，基准电压等于或近似等于 1.05 倍电力网额定电压的数值。这时各级电力网的基准电压、基准电流、基准电抗、基准容量即常用的基准值见表 4-2。

表 4-2　常用的基准值

基准容量	$S_b=100$（MV·A）								
基准电压（kV）	3.15	6.3	10.5	37	63	115	230	346	525
基准电流（kA）	18.3	9.16	5.50	1.56	0.92	0.502	0.251	0.167	0.110
基准电抗（Ω）	0.099	0.397	1.10	13.7	39.55	132	529	1190	2756

（三）系统中常用元件电抗标幺值

（1）电力系统的电抗标幺值为

$$X_s^* = \frac{X_s}{X_b} = \frac{S_b}{S_{oc}} = \frac{S_b}{S_s} \tag{4-41}$$

式中　S_b——基准容量，MV·A；

S_{oc}——系统出口断路器断流容量，MV·A；

S_s——系统短路容量，MV·A。

（2）发电机的电抗标幺值为

$$X_G^* = X_G^{*\prime\prime}\frac{S_b}{S_{NG}} = X_G^{*\prime\prime}\frac{100}{S_{NG}} \tag{4-42}$$

式中　$X_G^{*\prime\prime}$——发电机次暂态电抗标幺值；

S_{NG}——发电机额定功率，MV·A。

（3）电力变压器的电抗标幺值为

$$X_T^* = \frac{U_k\%U_cS_b}{100S_{NT}U_b} = \frac{U_k\%S_b}{100S_{NT}} \tag{4-43}$$

式中　$U_k\%$——电力变压器的短路电压百分数；

S_{NT}——电力变压器的额定容量，MV·A。

（4）电力线路的电抗标幺值为

$$X_{WL}^* = \frac{X_{WL}}{X_b} = x_0L\frac{S_b}{U_c^2} \tag{4-44}$$

式中　L——线路的长度，km；

x_0——线路每千米长的电抗值，Ω/km。

（5）限流电抗器的电抗标幺值为

$$\begin{aligned}X_L^* &= \frac{X_L\%}{100}\frac{U_{NL}^2}{U_c^2}\frac{S_b}{S_{NL}}\\ &= \frac{X_L\%}{100}\frac{U_{NL}^2}{U_c^2}\frac{S_b}{\sqrt{3}U_{NL}I_{NL}} = \frac{X_L\%U_{NL}S_b}{100\sqrt{3}U_c^2I_{NL}}\end{aligned} \tag{4-45}$$

式中　$X_L\%$——电抗器电抗百分数；

I_{NL}——电抗器额定电流，kA；

U_{NL}——电抗器额定电压，kV。

（四）短路电流计算公式

(1) 三相短路电流周期分量有效值的标幺值为

$$I_k^{*(3)}=\frac{I_k^{(3)}}{I_b}=\frac{U_c}{\sqrt{3}X_\Sigma^* I_b}=\frac{1}{X_\Sigma^*} \tag{4-46}$$

式中 I_k^*——三相短路电流周期分量有效值的标幺值；

X_Σ^*——短路点总电抗的标幺值。

(2) 三相短路电流周期分量有效值为

$$I_k^{(3)}=I_k^{*(3)}I_b=\frac{I_b}{X_\Sigma^*} \tag{4-47}$$

求出 $I_k^{(3)}$ 后，就可以利用前面的公式求出 $I''^{(3)}$、$I_{0.2}^{(3)}$、$I_\infty^{(3)}$ 和 $i_{sh}^{(3)}$、$I_{sh}^{(3)}$ 等。

(3) 三相短路容量为

$$S_k^{(3)}=\sqrt{3}U_c I_k^{(3)}=\frac{\sqrt{3}U_c I_b}{X_\Sigma^*}=\frac{S_b}{X_\Sigma^*} \tag{4-48}$$

例 4-5 试用标幺值法计算例 4-2 所示供电系统，求短路点 k_1、k_2 的三相短路电流和短路容量，如图 4-6 所示。

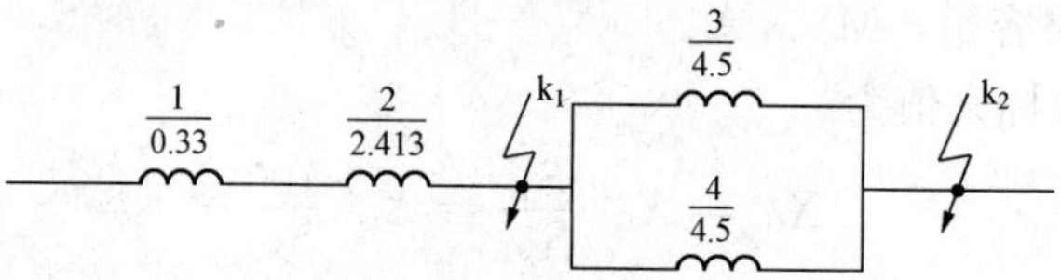

图 4-6 例 4-5 等值电路图

解 1. 计算短路点 k 的基准电流

取 $S_b=100\text{MV}\cdot\text{A}$，$U_{c1}=10.5\text{kV}$，$U_{c2}=0.4\text{kV}$。

k_1 点基准电流为

$$I_{b1}=\frac{S_b}{\sqrt{3}U_{c1}}=\frac{100}{\sqrt{3}\times 10.5}=5.5\ (\text{kA})$$

k_2 点基准电流为

$$I_{b2}=\frac{S_b}{\sqrt{3}U_{c2}}=\frac{100}{\sqrt{3}\times 0.4}=144.3\ (\text{kA})$$

2. 计算各元件电抗标幺值

电力系统的电抗标幺值为

$$X_s^*=\frac{S_b}{S_{oc}}=\frac{100}{300}=0.33$$

架空线路的电抗标幺值为

$$X_{WL}^*=x_0L\frac{S_b}{U_{c1}^2}=0.38\times 10\times\frac{100}{10.5^2}=\frac{380}{110.25}=3.45$$

电力变压器的电抗标幺值为

$$X_{T1}^*=X_{T2}^*=\frac{U_k\%S_b}{100S_{NT}}=\frac{4.5\times 100}{100\times 1}=4.5$$

化简
$$X_T^* = \frac{X_{T1}^* X_{T2}^*}{X_{T1}^* + X_{T2}^*} = \frac{4.5 \times 4.5}{4.5 + 4.5} = \frac{20.25}{9} = 2.25$$

短路点总电抗标幺值为

$$X_{\Sigma 1}^* = X_s^* + X_{WL}^* = 0.33 + 3.45 = 3.78$$

$$X_{\Sigma 2}^* = X_s^* + X_{WL}^* + X_T^* = 0.33 + 3.45 + 2.25 = 6.03$$

3. 计算 k_1 点三相短路电流及短路容量

三相短路电流周期分量有效值为

$$I_{k1}^{(3)} = \frac{I_{b1}}{X_{\Sigma 1}^*} = \frac{5.5}{3.78} = 1.46\ (kA)$$

短路稳态电流及次暂态电流为

$$I''^{(3)} = I_{0.2}^{(3)} = I_{\infty}^{(3)} = I_{k1}^{(3)} = 1.46\ (kA)$$

短路冲击电流瞬时值及有效值为

$$i_{sh1}^{(3)} = 2.55 I'' = 2.55 \times 1.46 = 3.72\ (kA)$$

$$I_{sh1}^{(3)} = 1.51 I'' = 1.51 \times 1.46 = 2.20\ (kA)$$

三相短路容量为

$$S_{k1}^{(3)} = \sqrt{3} U_{c1} I_{k1}^{(3)} = \sqrt{3} \times 10.5 \times 1.46 = 26.55\ (MV \cdot A)$$

4. 计算 k_2 点三相短路电流及短路容量

三相短路电流周期分量有效值为

$$I_{k2}^{(3)} = \frac{I_{b2}}{X_{\Sigma 2}^*} = \frac{144.3}{6.03} = 23.93\ (kA)$$

短路稳态电流及次暂态电流为

$$I''^{(3)} = I_{0.2}^{(3)} = I_{\infty}^{(3)} = I_{k2}^{(3)} = 23.93\ (kA)$$

冲击电流瞬时值及有效值为

$$i_{sh2}^{(3)} = 1.84 I'' = 1.84 \times 23.93 = 44\ (kA)$$

$$I_{sh2}^{(3)} = 1.09 I'' = 1.09 \times 23.93 = 26\ (kA)$$

三相短路容量为

$$S_{k2}^{(3)} = \sqrt{3} U_{c2} I_{k2}^{(3)} = \sqrt{3} \times 0.4 \times 23.93 = 16.58\ (MV \cdot A)$$

例 4－5 短路电流计算见表 4－3。

表 4－3　例 4－5 短路电流计算表

短路点	短路电流（kA）					短路容量（MV·A）
	$I_k^{(3)}$	$I_{0.2}^{(3)}$	$I_{\infty}^{(3)}$	$i_{sh}^{(3)}$	$I_{sh}^{(3)}$	$S_k^{(3)}$
k_1	1.46	1.46	1.46	3.72	2.20	26.55
k_2	23.93	23.93	23.93	44	26	16.58

（五）系统的运行方式

在工厂供电系统中进行短路电流计算时，往往采用最小运行方式较合适，求出三相短路电流周期分量的有效值 $I_k^{(3)}$，供给继电保护装置整定和校验灵敏度。计算供配电系统短路电流，与系统的运行方式有很大的关系。系统的运行方式可分为以下两种。

1. 最大运行方式

电力系统中发电机投入运行台数多，双回输电线路及并列运行的变压器均全部投入运行。此时，系统的总短路阻抗最小、短路电流最大，这种运行方式称为系统最大运行方式。

2. 最小运行方式

电力系统中，并列运行的发电机、电力变压器及双回输电线路分列运行，此时，系统的总短路阻抗变大，短路电流相应地减小，这种运行方式称为系统最小运行方式。

例 4-6 某变电所计算参数如图 4-7 所示。用标幺值法分别计算最大运行和最小运行方式时，短路点 k 的三相短路电流及短路容量。

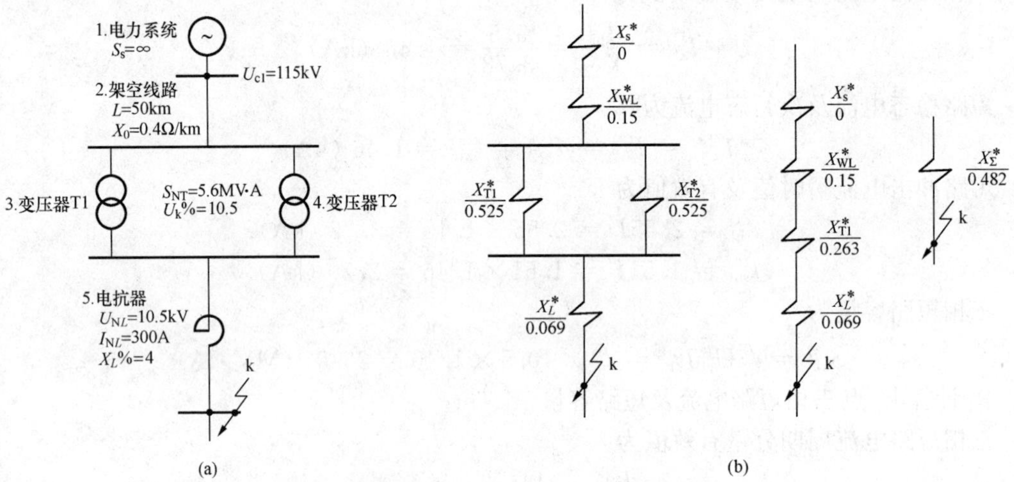

图 4-7 例 4-6 最大运行方式电路图

(a) 短路电流计算图；(b) 化简等值电路图

解 1. 最大运行方式时三相短路电流及短路容量

(1) 计算各元件电抗的标幺值

取 $S_b=100MV\cdot A$，$U_{c1}=115kV$，$U_{c2}=10.5kV$。

电力系统的电抗标幺值为

$$X_s^*=\frac{S_b}{S_s}=\frac{100}{\infty}=0$$

架空线路的电抗标幺值为

$$X_{WL}^*=x_0L\frac{S_b}{U_{c1}^2}=0.4\times50\times\frac{100}{115^2}=\frac{2000}{13\ 225}=0.15$$

电力变压器的电抗标幺值为

$$X_{T1}^*=X_{T2}^*=\frac{U_k\%S_b}{100S_{NT}}=\frac{10.5\times100}{100\times20}=\frac{1050}{2000}=0.525$$

限流电抗器的电抗标幺值为

$$X_L^*=\frac{X_L\%}{100}\frac{U_{NL}}{U_{c2}^2}\frac{S_b}{\sqrt{3}I_{NL}}$$

$$=\frac{4}{100}\times\frac{10}{10.5^2}\times\frac{100}{\sqrt{3}\times0.3}=\frac{4000}{57\ 286}=0.069$$

化简等值电路的电抗标幺值为

$$X_T^*=\frac{X_{T1}^*X_{T2}^*}{X_{T1}^*+X_{T2}^*}=\frac{0.525\times0.525}{0.525+0.525}=\frac{0.276}{1.05}=0.263$$

总电抗标幺值为

$$X_{\Sigma}^{*}=X_{s}^{*}+X_{WL}^{*}+X_{T}^{*}+X_{L}^{*}$$
$$=0+0.15+0.263+0.069=0.482$$

(2) 计算短路点 k 的三相短路电流及短路容量

基准电流为

$$I_{b}=\frac{S_{b}}{\sqrt{3}U_{c}}=\frac{100}{\sqrt{3}\times 10.5}=5.5\ (kA)$$

三相短路电流周期分量有效值为

$$I_{k}^{(3)}=\frac{I_{b}}{X_{\Sigma}^{*}}=\frac{5.5}{0.482}=11.41\ (kA)$$

短路稳态电流及次暂态电流为

$$I''^{(3)}=I_{0.2}^{(3)}=I_{\infty}^{(3)}=I_{k}^{(3)}=11.41\ (kA)$$

短路冲击电流瞬时值及有效值为

$$i_{sh}^{(3)}=2.55I''=2.55\times 11.41=29\ (kA)$$
$$I_{sh}^{(3)}=1.51I''=1.51\times 11.41=17.23\ (kA)$$

三相短路容量为

$$S_{k}^{(3)}=\sqrt{3}U_{c}I_{k}^{(3)}=\sqrt{3}\times 10.5\times 11.41=207.5\ (MV\cdot A)$$

2. 最小运行方式时三相短路电流及短路容量

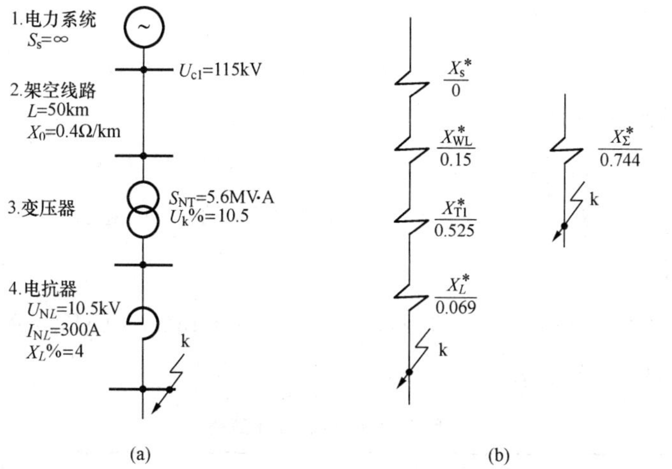

图 4-8　例 4-6 最小运行方式电路图

(a) 短路电流计算图；(b) 化简等值电路图

(1) 计算各元件电抗的标幺值

取 S_b=100MV·A，U_{c1}=115kV，U_{c2}=10.5kV。

电力系统的电抗标幺值为

$$X_{s}^{*}=\frac{S_{b}}{S_{s}}=\frac{100}{\infty}=0$$

架空线路的电抗标幺值为

$$X_{WL}^{*}=x_0L\frac{S_b}{U_{c1}^2}=0.4\times50\times\frac{100}{115^2}=\frac{2000}{13\ 225}=0.15$$

电力变压器的电抗标幺值为

$$X_{T1}^{*}=\frac{U_k\%S_b}{100S_{NT}}=\frac{10.5\times100}{100\times20}=\frac{1050}{2000}=0.525$$

限流电抗器的电抗标幺值为

$$X_{L}^{*}=\frac{X_L\%}{100}\frac{U_{NL}}{U_{c2}^2}\frac{S_b}{\sqrt{3}I_{NL}}=\frac{4}{100}\times\frac{10}{10.5^2}\times\frac{100}{\sqrt{3}\times0.3}=\frac{4000}{57\ 286}=0.069$$

总电抗标幺值为

$$X_{\Sigma}^{*}=X_s^{*}+X_{WL}^{*}+X_{T1}^{*}+X_L^{*}=0+0.15+0.525+0.069=0.744$$

(2) 计算短路点 k 的三相短路电流及短路容量

基准电流为

$$I_b=\frac{S_b}{\sqrt{3}U_c}=\frac{100}{\sqrt{3}\times10.5}=5.5\ (\text{kA})$$

三相短路电流周期分量有效值为

$$I_k^{(3)}=\frac{I_b}{X_{\Sigma}^{*}}=\frac{5.5}{0.744}=7.39\ (\text{kA})$$

短路稳态电流及次暂态电流

$$I''^{(3)}=I_{0.2}^{(3)}=I_{\infty}^{(3)}=I_k^{(3)}=7.39\ (\text{kA})$$

短路冲击电流瞬时值及有效值为

$$i_{sh}^{(3)}=2.55I''=2.55\times7.39=18.85\ (\text{kA})$$

$$I_{sh}^{(3)}=1.51I''=1.51\times7.39=11.16\ (\text{kA})$$

三相短路容量

$$S_k^{(3)}=\sqrt{3}U_cI_k^{(3)}=\sqrt{3}\times10.5\times7.39=134.39\ (\text{MV}\cdot\text{A})$$

例 4－6 短路电流计算见表 4－4。

表 4－4　　例 4－6 短路电流计算表

运行方式	短路电流（kA）					短路容量（MV·A）
	$I_k^{(3)}$	$I_{0.2}^{(3)}$	$I_{\infty}^{(3)}$	$i_{sh}^{(3)}$	$I_{sh}^{(3)}$	$S_k^{(3)}$
最大运行方式	11.41	11.41	11.41	29	17.23	207.5
最小运行方式	7.39	7.39	7.39	18.85	11.16	134.39

三、两相短路电流计算

在无限大容量电力系统中发生两相短路时，其两相短路电流周期分量有效值为

$$I_k^{(2)}=\frac{U_c}{2Z_{\Sigma}} \tag{4-49}$$

其他两相短路电流 $I^{(2)}$、$I_{\infty}^{(2)}$、$i_{sh}^{(2)}$ 和 $I_{sh}^{(2)}$ 均可按前面对应的三相短路电流计算公式计算。

由于 $$I_k^{(2)}=\frac{U_c}{2Z_\Sigma},\ I_k^{(3)}=\frac{U_c}{\sqrt{3}Z_\Sigma}$$

因此 $$\frac{I_k^{(2)}}{I_k^{(3)}}=\frac{\sqrt{3}}{2}=0.866$$

或 $$I_k^{(2)}=0.866I_k^{(3)} \tag{4-50}$$

第五节 三相短路电流的效应

电力系统发生严重的三相短路时，强大的短路电流所产生的热量和电动力效应，将使电气设备和载流导体受到破坏，短路点的电弧将烧毁电气设备，短路点附近的电压会显著地降低，严重时将造成中断供电。为合理选择电气设备，保证在短路情况下能可靠地工作，必须用短路电流的电动力效应和热效应校验各种高压电气设备。

一、短路电流的电动力效应

当短路电流通过配电装置时，电气设备或载流导体在电场力的作用下，相互间存在的作用力称为电动力，用 F 表示。

正常工作时，由于工作电流不大，电动力不易察觉。当系统发生短路时，在通过短路冲击电流的瞬间，产生的电动力为最大，使电气设备和载流导体变形或遭到破坏，所以要求电气设备必须具有足够的承受电动力的能力，即电动稳定性。

1. 三相电动力

在系统发生三相短路时，三相短路冲击电流瞬时值最大，其在中间相所受电动力最大，即

$$F^{(3)}=\sqrt{3}(i_{sh}^{(3)})^2\frac{l}{a}\times10^{-7} \tag{4-51}$$

式中 $F^{(3)}$——三相电动力，N/A^2；

a——两导体间的轴线距离，m；

l——载流导体的两相邻支持点间距离，m。

2. 短路动稳定校验

校验配电装置中的电气设备和载流导体时，对不同的设备或导体应采用不同的校验条件。

(1) 一般的电气设备的短路动稳定校验条件为

$$i_{max}\geqslant i_{sh}^{(3)} \tag{4-52}$$

或 $$I_{max}\geqslant I_{sh}^{(3)} \tag{4-53}$$

式中 i_{max}——电气设备通过极限电流的峰值，kA；

I_{max}——电气设备通过极限电流的有效值，kA。

(2) 绝缘子的短路动稳定校验条件为

$$F_{al}\geqslant F_c^{(3)} \tag{4-54}$$

式中 F_{al}——绝缘子最大允许载荷，可查阅有关设计手册或产品样本；

$F_c^{(3)}$——短路时作用在绝缘子上的计算力。

若手册或产品样本中给出的是绝缘子的抗弯破坏载荷值，则应将抗弯破坏载荷值乘以

0.6 作为 F_{al}。

$F_c^{(3)}$ 与母线的放置方式有关，如果母线在绝缘子上水平放置时［见图 4-9（a）］，则 $F_c^{(3)}=F^{(3)}$；如果母线在绝缘子上竖直放置时［见图 4-9（b）］，则 $F_c^{(3)}=1.4F^{(3)}$。

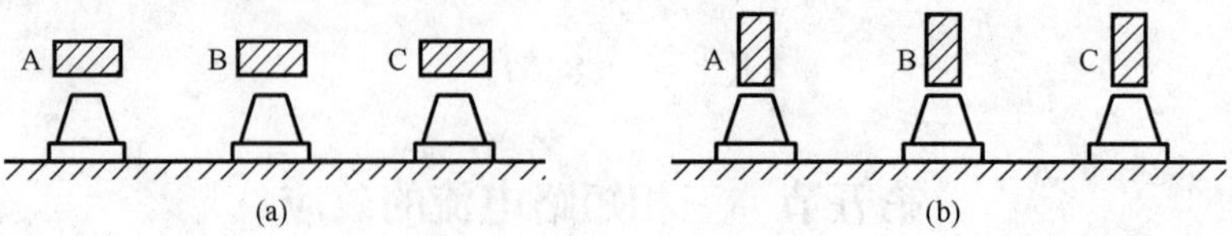

图 4-9 母线的放置方式

（a）水平放置；（b）竖放置

3. 短路点附近大容量电动机反馈冲击电流的影响

当短路点附近所接交流电动机的额定电流之和超过系统短路电流的 1% 时，按 GB 50054—2011《低压配电设计规范》规定要求，在这种情况下应计入电动机反馈冲击电流的影响。由于短路时电动机的端电压急剧下降，使电动机定子电动势高于外施加电压，而向短路点反馈冲击电流，如图 4-10 所示。

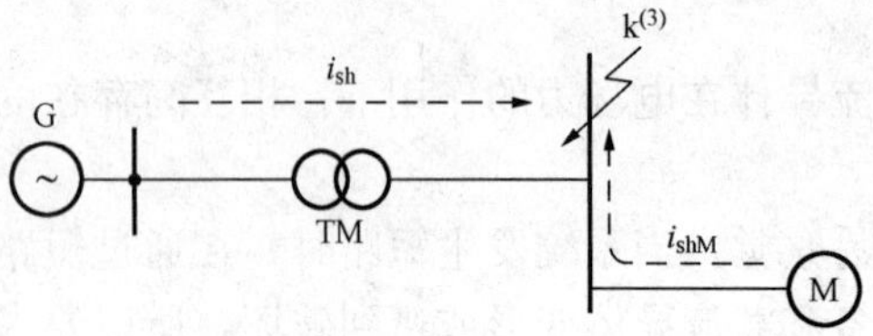

图 4-10 大容量电动机对短路点反馈冲击电流

当大容量电动机端口处发生三相短路时，电动机所反馈的冲击电流按式（4-55）计算。

$$i_{shM}=\sqrt{2}\frac{E_M^{*}{}''}{X_M^{*}{}''}K_{shM}I_{NM}=CK_{shM}I_{NM} \tag{4-55}$$

式中 $E_M^{*}{}''$——电动机次暂态电动势标幺值；

$X_M^{*}{}''$——电动机次暂态电抗标幺值；

I_{NM}——电动机的额定电流，A；

K_{shM}——电动机短路冲击电流系数；

C——电动机反馈的冲击倍数，查表 4-5。

其中，对 3～10kV 电动机，取 $K_{shM}=1.4～1.7$；对低压 380V 电动机，取 $K_{shM}=1$。

表 4-5 电动机 $E_M^{*}{}''$、$X_M^{*}{}''$、C 的值

电动机类型	$E_M^{*}{}''$	$X_M^{*}{}''$	C
异步电动机	0.9	0.2	6.5
同步电动机	1.1	0.2	7.8
同步补偿机	1.2	0.16	10.6
综合性负载	0.8	0.35	2.2

二、短路电流的热效应

（一）短路时导体的发热过程

系统发生短路时，由于短路电流大、发热量大、时间短，因此短路产生的热量来不及散发出去，这时可认为全部热量都用来升高导体温度。导体达到的最高温度与导体发生短路前的温度、短路电流的大小及通过短路电流的时间有关。导体的最高允许温度见表 4-6。

表 4-6　常用载流导体的最高允许温度

导体材料及种类		导体最高允许温度（℃）	
		正常工作时	短路时
硬导体	铜	70	320
	铜（镀锡）	85	200
	铝	70	220
	钢	70	300
油浸纸绝缘电缆	铜芯	60	250
	铝芯	60	250

按照电气设备和导体的允许发热条件，每种电气设备和载流导体都有在正常负荷和短路时的最高允许温度的要求。如果电气设备和载流导体在短路时的发热温度不超过短路时的最高允许温度，则认为是满足短路热稳定的要求。

（二）短路时导体中产生的热量

1. 导体的热量

在工程计算中，通常采用等效方法来计算导体的发热量 Q_K，即短路稳态电流在假想时间 t_{ima} 内所产生的热量等于短路电流在实际短路持续时间 t_k 内所产生的热量相等，因此得

$$Q_K = \int_0^{t_k} I_k^2 R dt = I_\infty^2 R t_{ima} \tag{4-56}$$

式中　t_{ima}——短路电流假想时间，s；

t_k——短路电流持续时间，s。

2. 短路电流假想时间

短路电流假想时间为

$$t_{ima} = t_k + 0.05\left(\frac{I''}{I_\infty}\right)^2 \tag{4-57}$$

在无限大容量电力系统中由于三相次暂态电流等于短路稳态电流，所以有

$$t_{ima} = t_k + 0.05 \tag{4-58}$$

式中　0.05——短路电流非周期分量衰减时间常数，s。

3. 短路电流持续时间

短路电流持续时间 t_k 等于继电保护装置的动作时间 t_{op} 与断路器的分闸时间 t_{oc} 之和，即

$$t_k = t_{op} + t_{oc} \tag{4-59}$$

式中　t_k——短路电流持续时间，s；

t_{op}——继电保护装置的动作时间，s；

t_{oc}——断路器的分闸时间，s。

4. 断路器的分闸时间

断路器的分闸时间为

$$t_{oc} = t_{gu} + t_{hu} \tag{4-60}$$

$$t_k = t_{op} + t_{gu} + t_{hu} \tag{4-61}$$

式中　t_{gu}——断路器固有分闸时间，s；

t_{hu}——断路器电弧持续时间，s。

对于电弧的持续时间 t_{hu}，可查产品样本或设计手册。当断开容量时，对于快速及中速

动作的断路器，$t_{oc}=0.1\sim0.15s$；对于低速动作的断路器，$t_{oc}=0.18\sim0.26s$。

5. 保护装置动作时间

继电保护装置本身的动作时间 t_{op}，等于启动机构、延时机构、执行机构动作时间的总和。若主保护装置无延时机构，则 t_{op} 等于启动机构与执行机构动作时间之和，一般 $t_{op}=0.05\sim0.06s$。

6. 短路热稳定校验条件

对一般的电气设备，短路热稳定校验条件为

$$I_t^2 t \geqslant I_\infty^{(3)2} t_{ima} \tag{4-62}$$

式中 I_t^2——电气设备的热稳定试验电流，kA；

t——电气设备的热稳定试验时间，s。

例 4-7 用标幺值法计算图 4-11 中短路点 $k_1^{(3)}$ 三相总短路电流及 $k_2^{(3)}$ 点的三相短路电流和短路容量。

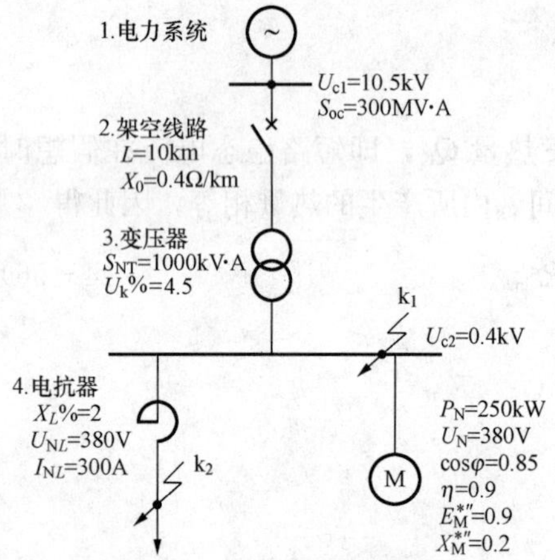

图 4-11 短路计算电路图

解 1. 计算 k_1 点的三相短路电流

(1) 计算各元件电抗的标幺值

取 $S_b=100MV\cdot A$，$U_{c1}=10.5kV$，$U_{c2}=0.4kV$。

电力系统的电抗标幺值为

$$X_s^* = \frac{S_b}{S_{oc}} = \frac{100}{300} = 0.33$$

架空线路的电抗标幺值为

$$X_{WL}^* = x_0 L \frac{S_b}{U_{c1}^2} = 0.4 \times 10 \times \frac{100}{10.5^2} = \frac{400}{110.25} = 3.63$$

电力变压器的电抗标幺值为

$$X_T^* = \frac{U_k\% S_b}{100 S_{NT}} = \frac{4.5 \times 100}{100 \times 1} = 4.5$$

限流电抗器的电抗标幺值为

$$X_L^* = \frac{X_L\%}{100} \frac{U_{NL}}{U_{c2}^2} \frac{S_b}{\sqrt{3} I_{NL}}$$

$$= \frac{2}{100} \times \frac{0.38}{0.4^2} \times \frac{100}{\sqrt{3} \times 0.3} = \frac{76}{8.3} = 9.15$$

总电抗标幺值为

$$X_{\Sigma 1}^* = X_s^* + X_{WL}^* + X_T^* = 0.33 + 3.63 + 4.5 = 8.46$$

(2) 求短路点 k_1 三相总短路电流

基准电流为

$$I_b = \frac{S_b}{\sqrt{3} U_c} = \frac{100}{\sqrt{3} \times 0.4} = 144.3\ (kA)$$

三相短路电流周期分量有效值为

$$I_{k1}^{(3)} = \frac{I_b}{X_\Sigma^*} = \frac{144.3}{8.46} = 17\ (kA)$$

短路稳态电流及次暂态电流为

$$I''^{(3)} = I_{0.2}^{(3)} = I_\infty^{(3)} = I_{k1}^{(3)} = 17\ (kA)$$

短路冲击电流瞬时值及有效值为

$$i_{sh1}^{(3)}=1.84I''=1.84\times17=31.28\ (\text{kA})$$

$$I_{sh1}^{(3)}=1.09I''=1.09\times17=18.53\ (\text{kA})$$

(3) 计算电动机反馈冲击电流

通过上面计算可知380V母线短路冲击电流 $i_{k1}^{(3)}=31.28\text{kA}$，下面计算接于380V母线电动机的反馈冲击电流。

电动机额定电流为

$$I_{NM}=\frac{P_{NM}}{\sqrt{3}U_N\cos\varphi\eta}=\frac{250\times10^3}{\sqrt{3}\times380\times0.85\times0.9}=\frac{250\ 000}{503.49}=497=0.497\ (\text{kA})$$

计算电动机反馈冲击电流。由于电动机额定电流 $I_{NM}=0.497\geqslant0.01I_k^{(3)}=0.17\text{kA}$，因此需要计算电动机反馈冲击电流的影响，该电动机反馈冲击电流值为

$$i_{shM}=\sqrt{2}\frac{E_M^{*}{}''}{X_M^{*}{}''}K_{shM}I_{NM}=\sqrt{2}\times\frac{0.9}{0.2}\times1\times0.497=3.16\ (\text{kA})$$

短路点 k_1 三相总短路冲击电流瞬时值为

$$i_{\Sigma k1}^{(3)}=i_{sh1}^{(3)}+i_{shM}=31.28+3.16=34.44\ (\text{kA})$$

2. 计算短路点 k_2 三相短路电流及短路容量

(1) 计算 k_2 点总电抗标幺值为

$$X_{\Sigma2}^{*}=X_s^{*}+X_{WL}^{*}+X_T^{*}+X_L^{*}=0.33+3.63+4.5+9.15=17.61$$

(2) 计算 k_2 三相短路电流及短路容量

三相短路电流周期分量有效值为

$$I_{k2}^{(3)}=\frac{I_b}{X_\Sigma^{*}}=\frac{144.3}{17.6}=8.20\ (\text{kA})$$

短路稳态电流及次暂态电流为

$$I''^{(3)}=I_{0.2}^{(3)}=I_\infty^{(3)}=I_{k2}^{(3)}=8.2\ (\text{kA})$$

短路冲击电流瞬时值及有效值为

$$i_{sh2}^{(3)}=1.84I''=1.84\times8.2=15.09\ (\text{kA})$$

$$I_{sh2}^{(3)}=1.09I''=1.09\times8.2=8.94\ (\text{kA})$$

三相短路容量为

$$S_{k2}^{(3)}=\sqrt{3}U_{c2}I_{k2}^{(3)}=\sqrt{3}\times0.4\times8.2=5.68\ (\text{MV}\cdot\text{A})$$

例4-7短路电流计算见表4-7。

表4-7　　例4-7短路电流计算表

短路点	短路电流（kA）						短路容量（MV·A）	
	$I_k^{(3)}$	$I_{0.2}^{(3)}$	$I_\infty^{(3)}$	$i_{sh}^{(3)}$	$I_{sh}^{(3)}$	$i_{shM}^{(3)}$	$i_{\Sigma sh}^{(3)}$	$S_k^{(3)}$
k_1	17	17	17	31.28	18.53	3.16	34.44	—
k_2	8.2	8.2	8.2	15.09	8.94	—	—	5.68

本章小结

本章主要阐述了供配电系统中短路电流计算的基本知识，系统中发生短路的原因和形式，短路电流计算的基本假设条件，短路电流计算的方法和步骤，短路电流计算图和短路点的确定原则，等值电路化简的方法及原则；重点讲述有名值和标幺值两种短路电流计算方法，分析了无限大容量电力系统发生短路过程几个电气参数的物理量。

习题与思考题

1. 短路故障分哪几种类型？哪种形式为最严重的短路？

2. 永久性短路故障与瞬时性短路故障有何区别？

3. 无限大容量电力系统发生短路过程中为什么要产生短路电流周期分量和非周期分量？

4. 短路电流计算采用有名值法和标幺值法各有何特点？

5. 现有一条额定电压为35kV高压架空线路，长度为$L=2$km，每千米长的电抗值为$x_0=0.4\Omega/\text{km}$。试求当基准容量为$S_b=100\text{MV}\cdot\text{A}$、基准电压为$U_b=37$kV时，基准电抗的标幺值$X_b^*$。

6. 某电力系统35kV电力网经20km长架空线路，参数如图4-12所示。供某厂总降压变电所两台10MV·A电力变压器，最大运行方式为两台主变压器并列运行，10kV母线上有若干条引出线。试计算$k_1^{(3)}$、$k_2^{(3)}$、$k_3^{(3)}$点的三相短路电流和短路容量。（采用标幺值法计算）

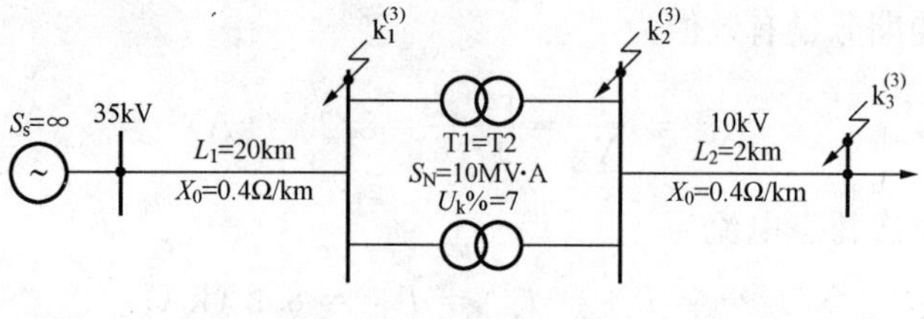

图4-12 习题6图

7. 试选择某变电所高压配电装置出线上的铝母线。已知额定电压为$U_N=10$kV，额定工作电流为$I_{30}=948$A，$T_{max}=5000$h，$i_{sh}^{(3)}=44$kA，$I_k^{(3)}=I_\infty^{(3)}=20$kA，继电保护装置动作时间为$t_{op}=0.1$s，断路器的动作时间为$t_{oc}=0.2$s，$\theta_0=25$℃。该母线水平放置，档数为2档，母线档距$L=1$m，相邻两母线的轴线距离为$a=0.15$m。试按经济电流密度选择铝母线，并校验动稳定和热稳定。

8. 试选择并校验某变电所10kV进线上电流互感器。已知线路上最大工作电流$I_{30}=195$A，$i_{sh}^{(3)}=30$kA，$I_k^{(3)}=I_\infty^{(3)}=12$kA，保护装置动作时间$t_{op}=0.25$s，断路器的断路时间$t_{oc}=0.5$s，电流互感器是三相式的，每相有两个副绕组，互感器到控制室的控制电缆长度为$L_1=50$m。

第五章　变配电所结构及电气设备选择

第一节　变配电所的基本知识

电力系统变电所是通过电力变压器，将各级电压的电力网连接起来，作为各类工厂电能供应的中心，是工厂变电所的上一级供电系统。

一、变电所任务及类型

工厂变电所是接受来自电力系统变电所的电能，经过变压器变换电压，再重新分配电能的任务；配电所是接受来自电力系统的电能，经过高压配电装置汇总电能，再重新分配电能的任务。变电所和配电所的区别就在于变电所比配电所多个变换电压的过程。

（一）变电所的类型

按变电所在系统中的地位和作用可以分为下面几种类型。

1．枢纽变电所

枢纽变电所是指连接系统各个部分或汇集多个电源的 110kV 及以上的变电所。枢纽变电所接线比较复杂，引出线回路数较多，变电容量大，电力网最高电压及中压侧电压均有功率交换，有时不直接给用户供电。

2．中间变电所

中间变电所除供给本所用电负荷外，系统中还有穿越功率通过高压侧母线，起功率交换的作用。

3．支接变电所

支接变电所是指输电线路上引出分支线接到的变电所。

4．终端变电所

终端变电所处于线路的终端。这种变电所无系统潮流穿越，主要进行地方性的局部变电。

（二）中小容量的变电所

工业企业专用的变电所一般属于支接变电所或网络终端的变电所。按变压器的安装地点分类，分为工厂总降压变电所和车间变电所。地方变电所电源进线电压一般为 110～220/35～60kV。工厂总降压变电所通常将地方变电所电源进线电压 35～60/6～10kV 的电压，6～10kV 供给车间变电所或中小容量工厂变电所，最后再次降压变为用电设备使用的电压。车间变电所根据用电负荷的状况和周围环境的具体情况来确定，可分为如下几种类型。

1．车间附设变电所

变电所的一面或几面墙与车间的墙共用，且变压器室的门和通风窗向车间外开。图 5－1 中的 1 和 2 是车间内附设式变电所，3 和 4 是车间外附设式变电所。

2．露天变电所

露天变电所变压器安装于户外露天地面上，如图 5－1 中的 5 所示。如果变压器的上方

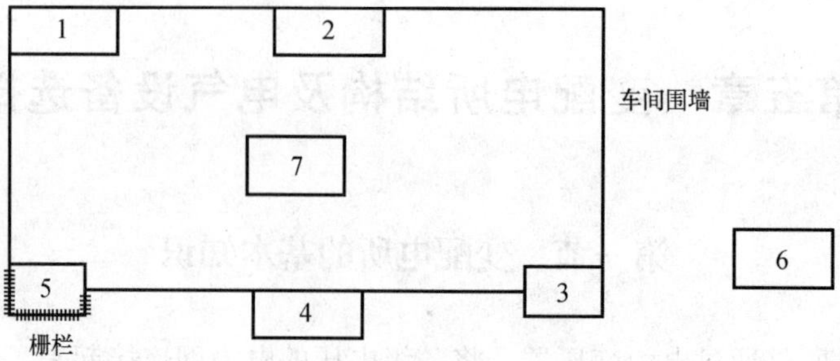

图 5-1　车间变电所类型

1、2—内附设式变电所；3、4—外附设式变电所；5—露天或半露天变电所；6—独立式变电所；7—车间内变电所

设有顶板或屋檐，则称为半露天变电所。露天变电所简单经济，可用于周围环境条件适当的场所。

3. 独立式变电所

独立式变电所为一独立建筑物，如图 5-1 中的 6 所示。独立式变电所一般适用于负荷小而分散的场合，并且需远离易燃、易爆和有腐蚀性的物质。

4. 车间内变电所

车间内变电所是位于车间内部的变电所，且变压器室的门向车间内开，如图 5-1 中的 7 所示。

5. 杆上变电台

杆上变电台是将变压器安装在室外电杆的横担上面。杆上变电台一般只用于容量在 315kV·A 及以下的变压器，且多用于居民生活区供电。

6. 地下变电所

地下变电所是整个变电所的高、低压配电装置都装设在地下的设施内。地下变电所的建筑费用较高，但不占地面、不碍观瞻，一般只用于有特殊需要的场合。

7. 移动变电所

移动变电所是指整个变电所的高、低压电气设备，按接线顺序依次相互连接组合成套装置，安装在可移动的列车上，因此也称列车变电所。移动变电所主要适用于临时现场施工作业供电。

8. 箱式变电所

箱式变电所也称组合式变电所，其构造大体上是一个箱体结构。由电器生产制造厂，将高、低压开关设备，按一定接线顺序组合的成套配电装置。箱内设有高压开关小室、变压器小室及低压配电开关小室三个部分。

上述车间附设式变电所、独立式变电所、车间内变电所及地下变电所，称为户内式变电所；而露天及半露天变电所、箱式变电所、移动变电所及杆上变电所，统称为户外式变电所。

二、变配电所所址的选择

变配电所所址的选择应考虑以下原则：

(1) 尽量靠近电源侧，电源的进出线要方便，特别是采用架空进出线时，重点应考虑进出线方便条件。

(2) 尽量靠近负荷中心，以便减少线路电压损耗、电能损耗和有色金属消耗量。

(3) 尽量远离灰尘污垢和化学腐蚀性气体的场所，若无法远离时则应设在污染源的上风侧。

(4) 避免设在有剧烈振动和低洼积水场所，与易燃易爆场所保持规定的安全距离，交通运输要方便。

(5) 高压配电所应尽量与车间变电所的厂房合建在一起。

(6) 不应妨碍工厂或车间的发展，并适当考虑今后扩建发展的可能，留有扩建发展的余地。

以上各条变配电所所址选择原则，往往不可兼得，但应力求兼顾。

第二节　变配电所电气主接线

电气主接线是变电所电气部分的主体，合理选择电气主接线方案是构成电力系统的重要环节。电气主接线方案的确定与供配电系统的电气设备布置、设备选择、继电保护整定、控制方式、测量仪表及运行的可靠性、倒闸操作的灵活性、维护检修的安全性及经济性等各方面有着密切的关系，因此，设计电气主接线方案时必须全面分析诸多有关因素。电气主接线图通常以单线图表示，使其简单清晰。

一、设计电气主接线方案的基本要求

1. 保证供电可靠性和电能质量

电气主接线设计应根据负荷的等级，满足负荷在各种运行方式下供电连续性的要求。中断供电将给电能用户造成重大经济损失，因此电气主接线方案必须保证电能质量。电能质量，就是保证电压和频率为额定值。

2. 保证供电的安全性

电气主接线设计应符合国家标准和有关技术规范的要求，能充分保证运行操作灵活方便。灵活方便就是设备投入、分断或检修某些设备时要方便，确保运行人员和设备的安全。

3. 电气主接线设计应力求简单

电气主接线设计要考虑各种运行方式下，采用各种不同接线方式和措施。对于电气主接线不应有多余设备，布置要明显对称，倒闸操作次序要少，避免发生误操作，提高运行的可靠性。

4. 投资少、运行费用要低

在满足可靠性的前提下，应尽量降低投资和运行费用，以求得良好的经济性；保证技术的先进性和科学性。经济性是设计电气主接线的重要原则之一，要从整体经济利益考虑。但必须保证供电可靠性，再求得经济性。

5. 电气主接线的设计应考虑将来的发展和扩建的可能性

确定电气主接线方案时，应留有发展扩建余地，要考虑最终接线的实现，以及在场地和施工等方面的可行性。

电气主接线设计应根据系统和用户的具体情况，正确处理好技术可靠性和经济性两个主要方面的关系。在保证供电可靠性的基础上，再求得经济性，使得设计切合实际，技术先

进，科学合理，经济实用。

二、工厂总降压变电所电气主接线

（一）单母线接线

在电气主接线中，母线的文字符号用 WB 表示。母线是连接电气设备的中间环节，起着汇集和分配电能的作用。母线可以方便地把电源进线和多路引出线经开关电器连接在一起，使接线简单明了，运行方便，以保证供电的可靠性和灵活性。母线的接线方式可分为单母线接线方式、单母线分段接线方式、双母线接线方式、双母线分段接线方式等。

1. 单母线接线方式

电气主接线的基本环节是由电源进线、开关设备、母线及引出线构成，每组母线由 A、B、C 三相构成。当有一条电源回路进线接于一组母线时，称为单母线接线方式，如图 5－2 所示。

在单母线接线回路中，所有引出线回路接在同一组母线 WB 上，隔离开关 QS 一般是作为隔离电源用，当断路器 QF 检修时，两侧的隔离开关 QS 断开，保证检修人员的工作安全。引出线侧的隔离开关 QS 只有在引出线末端没有电源时方可不装。

高压断路器 QF 是用来接通或切断该电源回路，当任一引出线回路需要停电检修时，可将该回路高压断路器 QF 断开，则该回路断电后再将隔离开关 QS 断开，检修人员可以从明显的断开隔离点看出该回路已停电，保证了检修工作的安全。

单母线接线方式比较简单，配电装置的经济造价比较低。单母线接线方式的缺点是供电可靠性不高，操作灵活性较差。当母线 WB 或隔离开关 QS 本身发生故障需要检修时，均须使全所停电。单母线接线方式适用于单电源进线的中、小型容量变电所及其对供电可靠性要求不高的电能用户使用。

2. 单母线分段接线方式

单母线分段是将一条母线分成几段，中间用母线分段联络断路器分开，如图 5－3 所示。图 5－3 中是将一条母线分为两段，即第Ⅰ段母线和第Ⅱ段母线。电源进线有两条回路，每一回路连接到每一段母线上，并把引出线回路均匀分配到每段母线上。两段母线中间用隔离开关 QS 和断路器 QF 连接，形成单母线分段的联络方式。隔离开关 QS 及断路器 QF 称为母线联络用开关，简称母联开关。

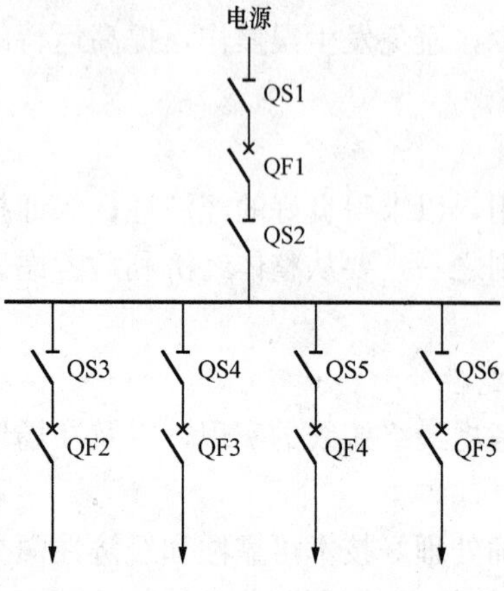

图 5－2　单母线接线方式

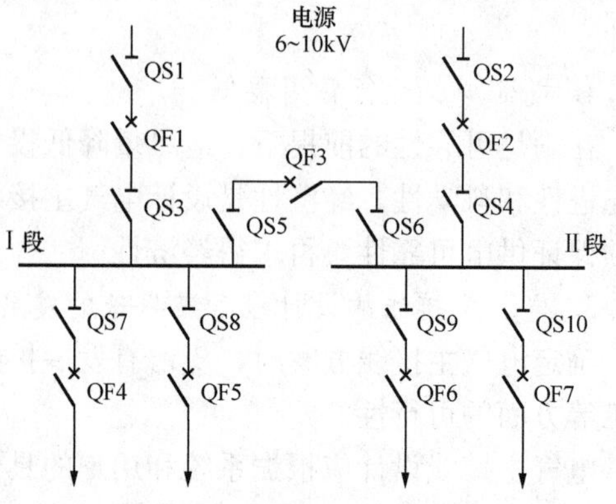

图 5－3　单母线分段接线方式

当任一段母线发生故障时，停电检修故障母线，而另一段母线继续供电。这种接线方式减小了母线故障范围，提高了供电的可靠性和灵活性。因此，单母线分段接线方式可靠性比单母线接线方式供电可靠性提高很多。

单母线分段断路器 QF 也可以用隔离开关 QS 来代替，但代替后只要某段母线发生故障需停电检修时，必须全所停电，将隔离开关 QS 断开，使故障段母线停电检修；而另一段母线再恢复供电。这时倒闸操作复杂，而且有短时停电，因而还是采用高压断路器 QF 操作灵活，但用 QS 可以降低投资。

单母线分段接线方式，可以采用分段运行，也可以不分段运行，这种接线方式主要适用于双回路电源进线比较重要的负荷。

（二）双母线接线方式

1. 双母线接线方式

双母线接线方式如图 5－4 所示。

单母线分段接线的缺点是每一回路固定地接到一组母线上，因此当一段母线故障时，该段母线上所带负荷都要停电。因此，当回路数较多并且容量较大时就要少输送电能。在图 5－4 中若母线 WB1 发生故障，则母线 WB1 上的回路全部停电，只有当母线 WB1 修复后才能恢复供电，这段时间是比较长的。为了缩短时间增加灵活性，而采用双母线接线方式。

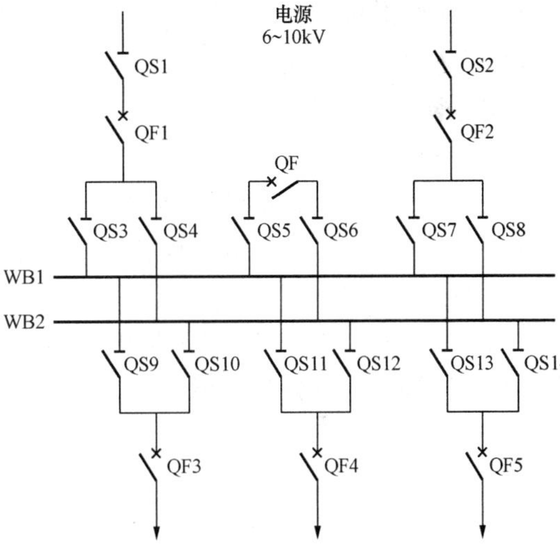

图 5－4　双母线接线方式

双母线接线是指每一条回路都通过一组高压断路器和两组隔离开关分别接到两组母线上。双母线接线方式比较灵活，其接线方式有以下几种：

（1）固定连接接线方式。固定连接接线方式如图 5－5 所示。一部分电源和用电回路接到母线 WB1 的 QF 上，而另一部分

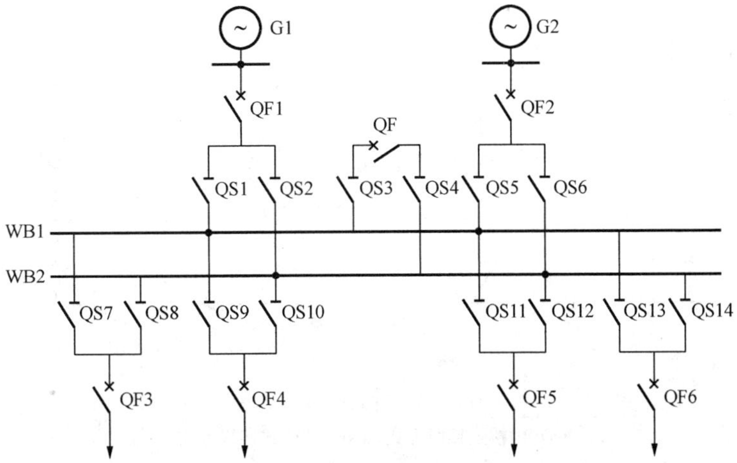

图 5－5　双母线固定连接运行方式

电源和另一部分用电回路接到母线 WB2 上，两组母线由母线联络断路器 QF 连接，使两组母线并联运行，这种接线方式相当于单母线分段接线方式。但比单母线分段接线方式实用：即当一组母线发生故障时，可将该组母线上电源和用户回路接到另一组母线上，而不必等故障消除后才恢复供电，这就大大地缩短了停电时间。

（2）一组母线工作另一组母线备用。这种运行方式是将全部电源及供电回路都接到一组母线上，而另一组母线作为备用。其特点是：因有备用母线，可以轮流检修母线，而不中断配电装置工作和影响用户供电；检修任一个母线隔离开关时只断开这条回路；工作母线上发生短路时可迅速恢复供电。其缺点是：当工作母线发生短路故障时全部停电，这个缺点和单母线接线相同，但停电时间比单母线接线的短。

上述两种接线方式中，第二种接线方式相对第一种接线方式使用比较广泛；第二种接线方式对检修母线有利，可以进行设备的试验、负荷的同期调整等操作。

通过上面分析可看出双母线接线方式优点很多，而且操作比较灵活。双母线接线缺点是：用隔离开关数目多，其不但作为隔离电器，又作为操作电器，因而切换时易产生误操作，增加了故障的机会；双母线接线造价高，布置结构较复杂，占地面积较大，一般出线回路数较多时才采用双母线接线方式。

2. 双母线操作顺序

双母线操作顺序比较严格。

（1）线路投入运行。先闭合母线隔离开关，再闭合线路隔离开关，最后闭合断路器。

（2）线路切除运行。先切断断路器，再切断线路隔离开关，最后切断母线隔离开关。

（三）桥式接线方式

当线路只有两台变压器和两回输电线路时可采用桥式接线，桥式接线所需的断路器数目较多。桥式接线方式可分为内桥式接线方式和外桥式接线方式两种类型。桥式接线方式如图 5－6 所示。

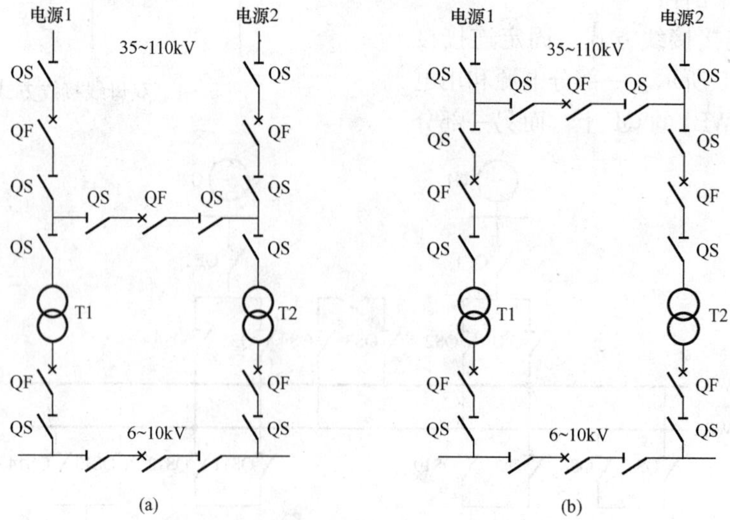

图 5－6　桥式接线方式

（a）内桥式接线方式；（b）外桥式接线方式

1. 内桥式接线方式

在运行中变压器不经常切换，输电线路比较长时，采用内桥式接线比较合适。内桥式接线方式适用于电压为35kV及以上的电源线路较长，变压器不需要经常操作的系统中。内桥式接线方式如图5-6（a）所示。

2. 外桥式接线方式

在运行中变压器经常切换、输电线路比较短时，采用外桥式接线较合适。因为切换变压器时，必须将一条输电线也切除，需断开变压器隔离开关后再投入线路侧断路器，恢复输电线的运行。这样操作太复杂，因此经常操作的变压器应采用外桥式接线。外桥式接线方式适用于电压为35kV及以上的电源线路较短，变压器需要经常操作的系统中。外桥式接线方式如图5-6（b）所示。

三、中、小型工厂变电所电气主接线

中、小型工厂变电所或车间变电所，通常是将6～10kV高压降为用电设备所需的低压220/380V。

1. 单台变压器的变电所电气主接线

对于户外式变电所，高压侧可以用户外高压跌落式熔断器，如图5-7所示。跌落式熔断器可以接通和断开变压器的空载电流。在检修变压器时，断开跌落式熔断器可以起隔离开关的作用；在变压器发生故障时，又可作为保护元件自动断开变压器。其低压侧必须装设能带负荷操作的低压断路器。这种接线的供电可靠性不高，只能适用小容量的三级负荷。

对于户内式变电所，高压侧可选用隔离开关和高压熔断器组合，如图5-8所示。隔离开关用来检修变压器时切断变压器与高压侧电源，隔离开关仅能用来切断变压器的空载电流。停电时先切除变压器低压侧的负荷，然后断开隔离开关。高压熔断器能在变压器故障时熔断而断开电源。为了加强变压器低压侧的保护，变压器低压侧出口处总开关尽量采用低压断路器。

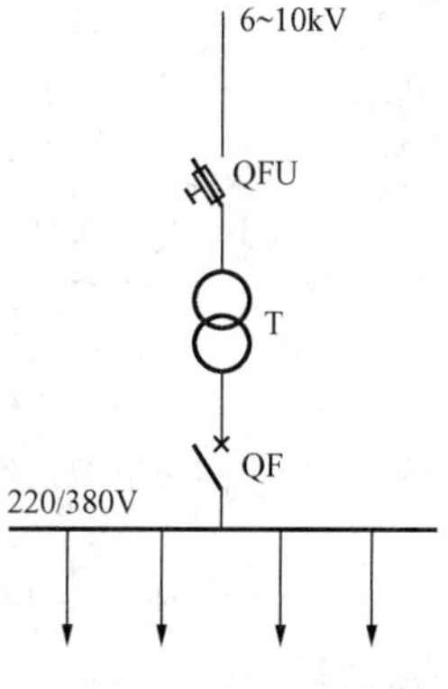

图5-7 户外式变电所电气主接线

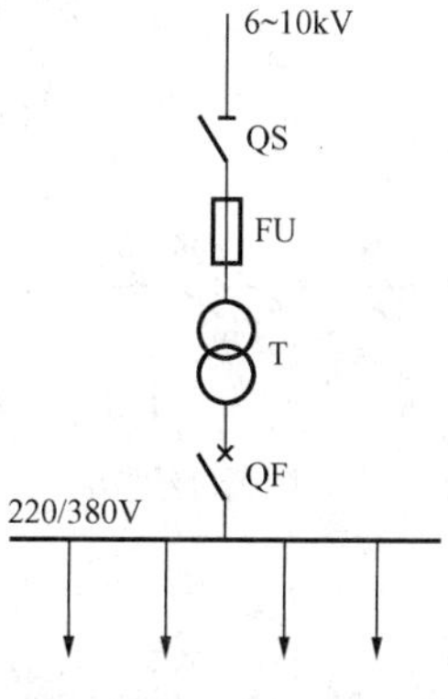

图5-8 车间变电所电气主接线

变压器高压侧选用负荷开关和高压熔断器，如图5-9所示。负荷开关作为正常运行时操作变压器之用，熔断器作为短路时保护变压器之用。当熔断器不能满足断电保护配合条件时，高压侧应选用高压断路器。

变压器高压侧选用隔离开关和高压断路器，如图5-10所示。高压断路器作为正常运行时接通或断开变压器并在变压器故障时切除电源之用。隔离开关作为变压器、断路器检修时隔离电源用，所以要装设在断路器之前。

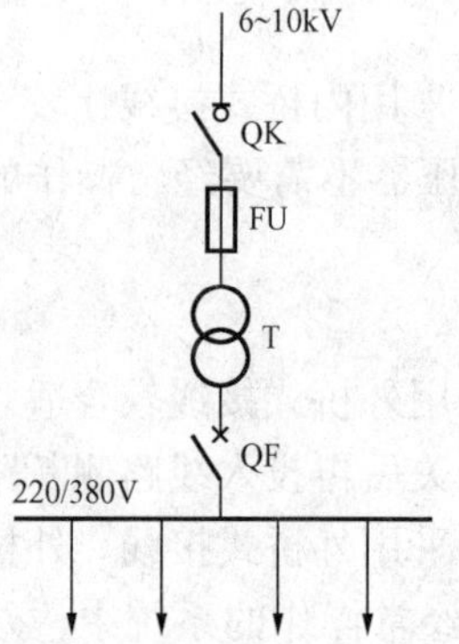

图 5－9　变电所电气主接线

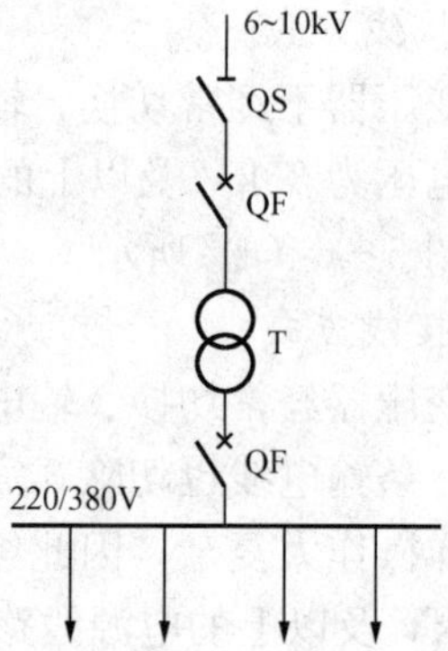

图 5－10　变电所电气主接线

2. 两台变压器的变配电所电气主接线

双电源进线的变电所电气主接线如图 5－11 所示。其工作电源一路引至本厂或车间的低压母线，备用电源则引至邻近车间 220/380V 配电网。如要求带负荷切换或自动切换时，在工作电源的进线上，均需装设低压断路器。

高压侧单母线的接线方式如图 5－12 所示。对供电可靠性要求较高，季节性负荷或昼夜负荷变化较大，以及负荷比较集中的中小变电所应设两台以上变压器，并考虑今后发展需要（如增加高压电动机回路），则应采用高压侧单母线、低压侧单母线分段的接线方式。

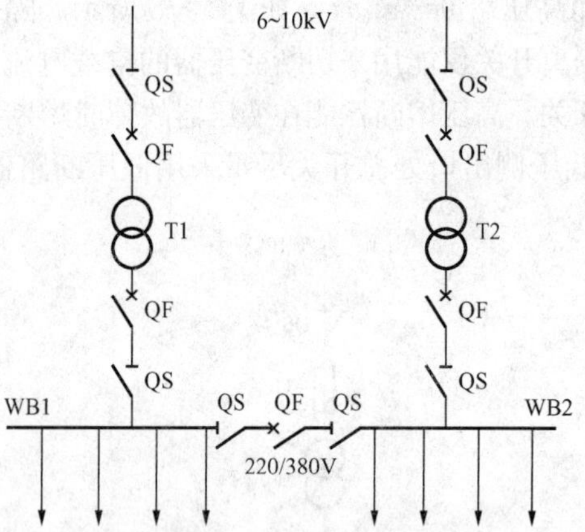

图 5－11　高压侧无母线接线方式

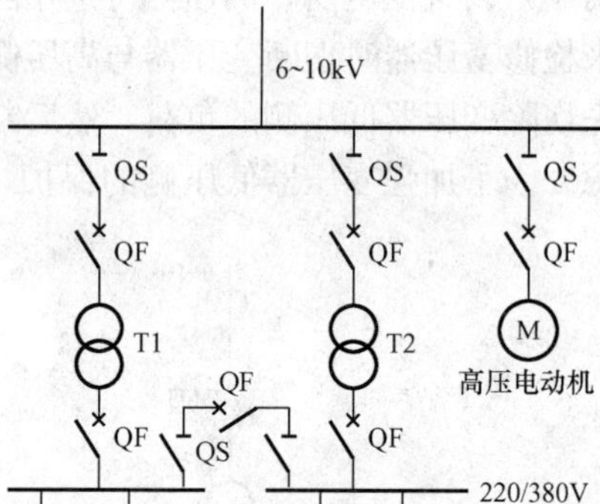

图 5－12　高压侧单母线接线方式

第三节　变配电所的总体结构

一、变配电所的总体结构

为了安全进行运行维护，有关设计规范对变配电所的结构有很多规定和要求。在 GB 50053—2013《20kV 及以下变电所设计规范》中也有具体规定。为了加快设计进度，提高设计质量，国家建设部编写了《全国通用建筑标准设计电气装置标准图集》，其中 88D263、88D264、86D265 和 86D266 是适用于 6～10/0.4kV、1600kV·A 以下的各种类型变电所的标准图，可供设计参考或选用。

（一）变压器装置的结构

1. 户外变压器装置的结构

图 5－13 所示为露天变电所变压器台的结构示意图。该变电所为一路架空进线，高压侧装有可带负荷操作的 RW10－10（F）型跌落式熔断器和避雷器。

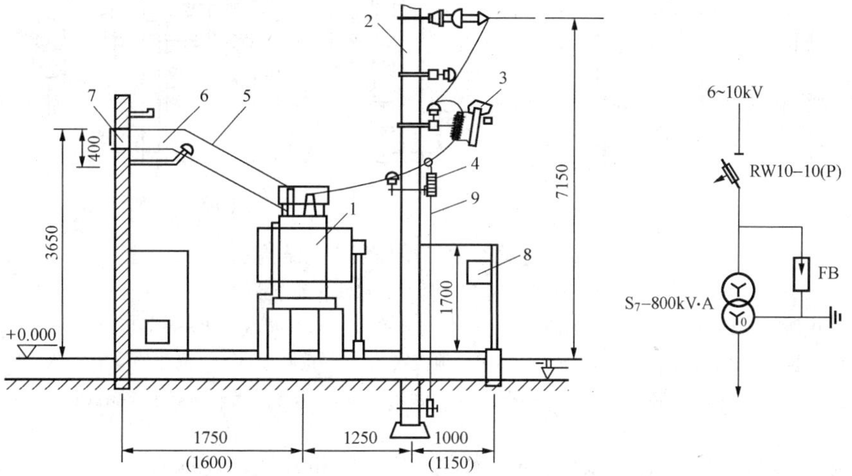

图 5－13　露天变电所变压器台的结构示意图

1—电力变压器；2—电杆；3—跌落式熔断器；4—避雷器；
5—低压母线；6—中性线；7—穿墙隔板；8—围墙；9—接地线

图 5－13 中标出了变压器中心线与电杆及围墙的距离、围墙的高度、低压母线、中性线的安装高度等。图中避雷器、变压器的 0.4kV 中性点及变压器外壳均接地，并将变压器的接地保护中性线（PEN 线）引入低压配电室内。

当变压器容量为 315kV·A 及以下、环境条件正常且满足供电可靠性要求时，可采用杆上变电台。设计时可参考电气装置标准图集 86D265《杆上变电台》。

2. 室内变压器装置的结构

变压器室的结构形式，取决于变压器的形式、容量、放置方式、电气主接线方案及进出线的方式等。变压器室的布置方式，按变压器推进方向分为宽面推进式和窄面推进式两种。图 5－14 所示为室内变电所变压器室的结构示意图。该变压器高压侧为高压负荷开关-熔断器（或隔离开关-熔断器）。本变压器室的特点是：高压电缆左侧进线，窄面推进式，室内地坪不抬高，低压母线右侧出线。

变压器室的建筑应为一级耐火等级，其门窗材料都应该是阻燃或不燃的。门的大小应按变压器推进面的外廓尺寸加 0.5m 考虑，门要向外开。新设计的变压器室尺寸，宜按变压器容量增大一级考虑。变压器不设采光窗，只设通风窗，而且窗上应设有防止小动物入侵装置。通风窗的面积应根据变压器的容量、进风温度等因素确定，变压器在夏季的出风温度不宜高于 45℃，进出风温差不宜高于 15℃。

（二）高、低压配电室的结构

1. 高压配电室的结构

高压配电室的结构，主要取决于高压开关柜的形式和数量。高压配电室的高度与开关柜的高度及进出线方式有关；高压配电室的长度则与开关柜的数量及布置方式有关。此外，还

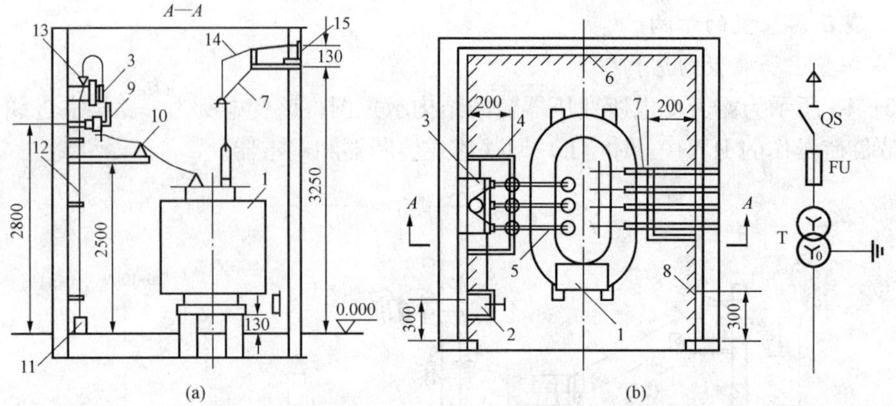

图 5-14 室内变电所变压器室的结构示意图

(a) 单列布置；(b) 面对面双列布置

1—电力变压器；2—负荷开关操作机构；3—负荷开关；4—高压母线支架；5—高压母线；6—接地保护线（PE 线）；7—中性线；8—临时接地接线柱；9—熔断器；10—高压绝缘子；11—电缆保护接地；12—高压电缆；13—电缆头；14—低压母线；15—穿墙隔板

应留有足够的操作维护通道，以保证运行维护的安全和方便；还应预留适当数量的开关柜位置，供负荷增加时使用。图 5-15 所示为高压配电室断面图。

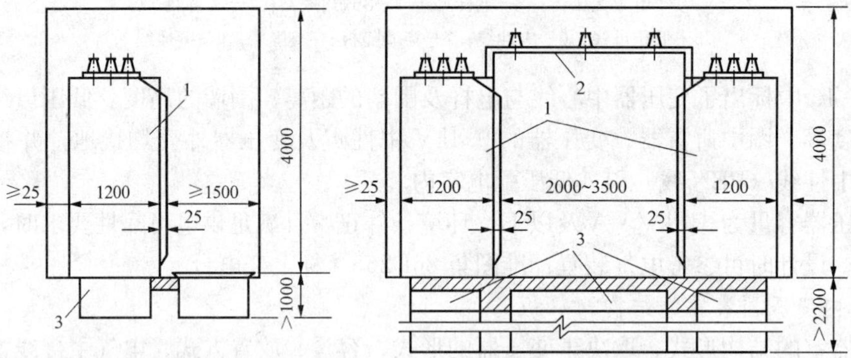

图 5-15 高压配电室断面图

(a) 单列布置；(b) 双列布置

1—高压开关柜；2—高压母线桥；3—电缆沟

2. 低压配电室结构

图 5-16 所示为低压配电室断面图，室内装有 PGL 型低压配电屏。图中示出变压器母线从离地面不低于 3.4m 处穿过绝缘隔板 1 进入低压配电室，经过墙上的隔离开关 2 和电流互感器 3 后直接接于配电屏母线 4 上。屏前操作通道不小于 1.5m，屏后通道不小于 1m。PGL 型低压配电屏高 2.2m，低压配电室高 4m。为便于布线和检修，在配电屏的下面及后面地下均设有电缆沟。高、低压配电室的耐火等级应分别不低于二级和三级。

（三）电容器室的结构

高压电容器应安装在单独的高压电容器室内，而低压电容器装置一般可设置在低压配电室内。高、低压电容器室的耐火等级应分别不低于二、三级。室内应有良好的自然通风，通风量应根据电容器允许温度，按夏季排风温度不超过电容器所允许的最高环境温度计算。当自然通风不能满足排热要求时，可增设机械排风，且在室内装设温度指示装置。

二、变配电所的总体布置

（一）总体布置的要求

1. 便于运行维护

有人值班的变配电所，一般应设置值班室，值班室应尽量靠近高、低压配电室，且有门直通。

2. 保证运行的安全

值班室内不得有高压设备。高压电容器组一般应装设在单独的房间内。变配电所各室的大门都应朝外开。所有带电部分离墙和离地的尺寸，以及各室的维护操作通道的宽度，均应符合有关规程要求，以确保安全运行。

3. 最小安全距离

最小安全距离见表 5－1～表 5－3。长度大于 7m 的配电室应设两个出口，并尽量布置在配电室的两端。低压配电屏的长度大于 6m 时，其屏后通道应设两个出口。

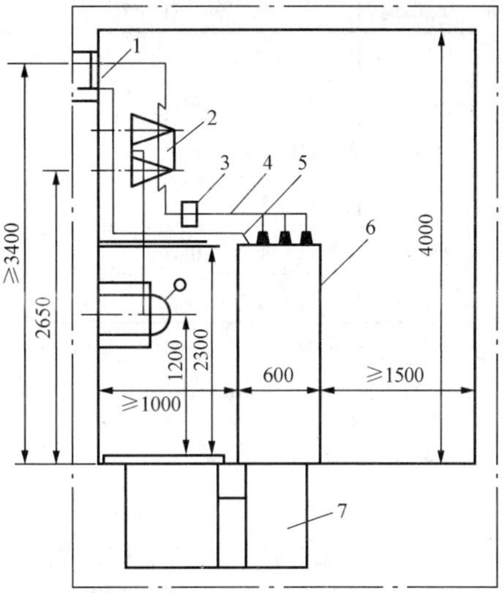

图 5－16　低压配电室断面图

1—穿墙绝缘隔板；2—隔离开关；3—电流互感器；4、5—低压母线；6—低压配电屏；7—电缆沟

4. 便于进出线

高压架空进线时，高压配电室宜位于进线侧；低压配电室宜靠近变压器室。开关柜下面一般要设置电缆沟。

5. 节约土地与建筑费用

高压配电所应尽量与车间变电所合建。高压开关柜数量较少时，可以与低压配电屏装设在同一配电室内，但其裸露带电导体之间的净距不应小于 2m。

6. 留有扩建和发展的余地

高、低压配电室内均应留有适当数量开关柜的备用位置。变压器室应考虑有更换大一级容量变压器的可能。既要考虑到变配电所留有扩建的余地，又要不妨碍车间或工厂今后的扩建发展。

表 5－1　变压器外廓与墙壁和门间的最小净距　(mm)

变压器容量（kV·A）	100～1000	1250 及以上
外廓与后壁、侧壁净距	600	800
变压器外廓与门净距	800	1000

表 5－2　高压配电室内各种通道最小宽度　(mm)

开关柜布置方式	柜后维护通道	柜前操作通道	
		固　定　式	手　车　式
单排布置	800	1500	单车长度＋1200
双排面对面布置	800	2000	双车长度＋900
双排背对背布置	1000	1500	单车长度＋1200

表 5-3　　配电屏前、后通道最小宽度　　(mm)

形　式	布　置　方　式	屏前通道	屏后通道
固定式	单排布置	1500	1000
	双排面对面布置	2000	1000
	双排背对背布置	1500	1500
抽屉式	单排布置	1800	1000
	双排面对面布置	2300	1000
	双排背对背布置	1800	1000

注　1. 固定式开关柜为靠墙布置时，柜后与墙净距应大于 50mm，侧面与墙净距应大于 200mm。
2. 通道宽度在建筑物的墙面遇有柱类局部凸出时，凸出部位的通道宽度可减小 200mm。

（二）总体布置的方案

变配电所总体布置的方案应因地制宜，合理设计，对几种可行的方案进行技术经济比较。

图 5-17 所示为典型的高压配电所及其附设 2 号车间变电所的平面图和断面图。读者可根据上述对变配电所总体布置的要求，仔细阅读体会。

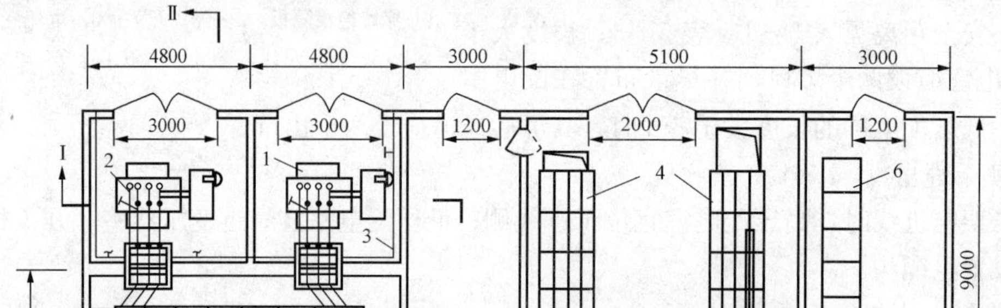

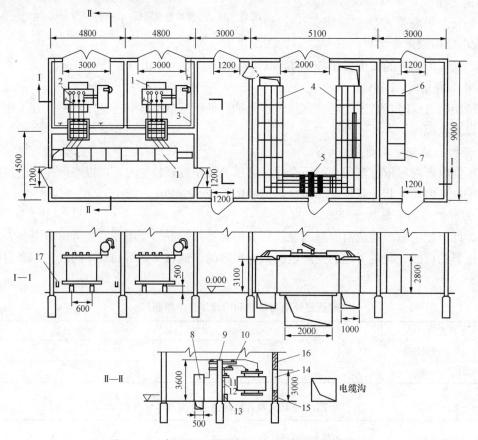

图 5-17　高压配电所及车间变电所平面图和断面图

1—电力变压器；2—中性线；3—保护线；4—高压开关柜；5—分段隔离开关及母线桥；6—高压电容器柜；7—电压互感器；8—低压配电屏；9—低压母线及支架；10—高压母线及支架；11—电缆头；12—电缆；13—电缆保护管；14—大门；15—进风口；16—出风口；17—中性线及其固定钩

如果工厂没有总降压变电所和高压配电所，则其高压开关柜的数量较少，高压配电室也相应较小，但其布置方案可与图 5-18 相类似。

图 5-18 所示为工厂高压配电所与附设式车间变电所合建的平面布置方案。粗线表示墙，缺口表示门。图 5-18（a）、（c）、（e）中的变压器装在室内；图 5-18（b）、（d）、（f）中的变压器是露天安装的。

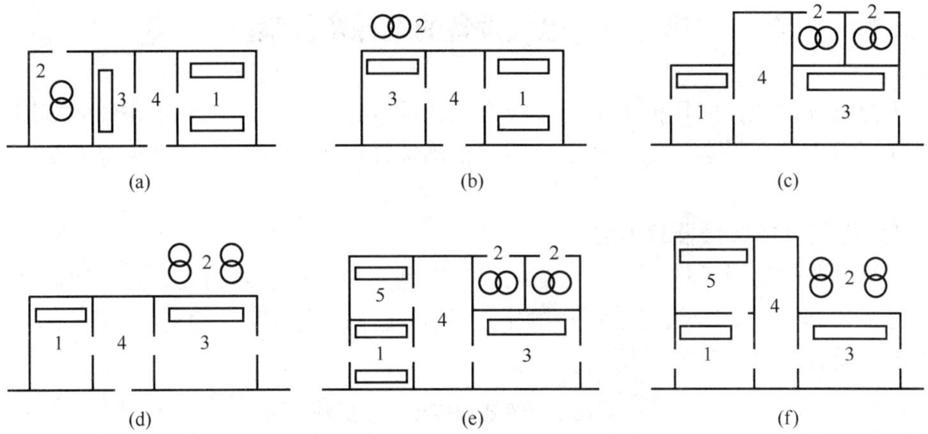

图 5-18　配电所与变电所平面布置方案

（a）户内型，有值班室，一台变压器；（b）户外型，有值班室，一台变压器；（c）户内型，有值班室，两台变压器；（d）户外型，有值班室，两台变压器；（e）户内型，有值班室和高压电容器室，两台变压器；（f）户外型，有值班室和高压电容器室，两台变压器

1—高压配电室；2—变压器室或户外变压器装置；3—低压配电室；4—值班室；5—高压电容器室

第四节　箱式变电所

箱式变电所也称组合式变电所，其构造大体上是一个箱式结构，设有高压开关小室、变压器小室及低压配电开关小室三个部分，额定电压为 10、35kV，可安装 1250kV·A 及以下变压器。箱式变电所特点是占地面积小，施工速度快，与智能住宅小区环境相协调，便于标准化，广泛用于工厂、车站、商业建筑、住宅、地下设施等场所。

箱式变电所结构与各种接线设备所需空间有关，可满足六种负荷开关、真空开关等任意组合的需要，设计有整体式和分单元拆装式两种。

箱式变电所的进出线方式可为四种，即架空线进出、电缆进出、架空进电缆出和电缆进架空出。

箱式变电所高压用电设备采用高压负荷开关串接熔断器的方案，这种方案在国内外城网配电领域里得到了广泛应用，特别是作为箱式变电所高压受电保护方案尤为适宜。作为公共箱式变电所时，低压出线视变压器容量而定，一般不超过四回，最多不超过六回，也可以一路总出线到邻近的配电室再进行分支供电。作为独立用户用箱式变电所时，可以采用一回路供电。

关于箱式变电所的过电压保护，目前大多箱式变电所内都装有避雷器，作为所内变压器和其他高压用电设备的过电压保护。

国内箱式变电所低压侧主开关大致采用 DZ10 型、DW10 型和 DW15 型三种自动开关；低压侧支路上的电器大致有 RM、RT 系列熔断器和 DZ、DW 系列自动开关。在箱式变电所变压器容量为 200～630kV·A 时采用 DW10 或 DW15 作为低压主开关；当变压器容量超过 800kV·A 时，应尽量选用 DW15 开关。

第五节 电气设备的选择及校验

变电所的电气设计，应根据电气主接线方式、系统运行环境、负荷工作性质等因素综合考虑，做到技术先进，科学评定，经济合理，正确选择电气设备，确保供配电系统安全可靠运行。

一、高压电气设备选择校验项目

各类电气设备的选择条件虽然不完全相同，但是它们有很多共同之处。例如，高压电气设备按额定参数选择，如按额定电压、额定电流来选择；按短路动稳定和热稳定条件来校验。高压电气设备选择校验项目见表 5-4。

表 5-4 高压电气设备选择校验项目

设备名称	额定电压（kV）	额定电流（A）	开断能力（kA）	短路电流校验		环境条件
				动稳定	热稳定	
高压断路器	√	√	√	√	√	√
高压隔离开关	√	√	—	√	√	√
高压负荷开关	√	√	√	√	√	√
高压熔断器	√	√	√	—	—	√
电流互感器	√	√	—	√	√	√
电压互感器	√	—	—	—	—	√
支柱绝缘子	√	—	—	√	—	√
母线	—	√	—	√	√	√
低压刀开关	√	√	√	—	—	√
低压断路器	√	√	√	—	—	√

注 表中的符号“√”表示必须校验的参数，“—”表示不需校验的参数。

（一）按正常的工作电压和额定电流选择

1. 根据额定电压选择

选择电气设备的额定电压 U_N 应符合电气设备安装地点电力网的额定电压 U_{NW}，即

$$U_N \geqslant U_{NW} \tag{5-1}$$

2. 根据额定电流选择

电气设备的额定电流 I_N 应大于或等于正常工作时的最大负荷电流 I_{30}，即

$$I_N \geqslant I_{NW} \tag{5-2}$$

3. 温度校正系数

制造厂生产的电气设备，设计时取周围空气温度 40℃作为计算值，若安装地点最高温

度高于 $\theta_N=40$℃，则高压电气设备每降低 1℃，允许电流可比额定值增加 0.5%，但增加总量不得超过 20%。则其允许电流应进行校正：

$$I_{al}=K_\theta I_N=\sqrt{\frac{\theta_{al}-\theta_0'}{\theta_{al}-40}}I_N \tag{5-3}$$

式中　K_θ——温度校正系数；

θ_{al}——电器的长期允许温度，℃；

θ_0'——周围空气实际温度，℃；

I_{al}——长期允许工作电流，A。

（二）按短路条件校验

（1）开关电器的动稳定校验：

$$i_{max}\geqslant i_{sh}^{(3)}$$

或

$$I_{max}\geqslant I_{sh}^{(3)} \tag{5-4}$$

式中　i_{max}、I_{max}——通过极限电流的峰值和有效值，kA；

$i_{sh}^{(3)}$、$I_{sh}^{(3)}$——三相短路冲击电流瞬时值和有效值，kA。

（2）开关电器的热稳定校验：

$$I_t^2 t\geqslant I_\infty^2 t_{ima}$$

或

$$I_t\geqslant I_\infty\sqrt{\frac{t_{ima}}{t}} \tag{5-5}$$

式中　I_t——电气设备生产厂给定 t 秒内的热稳定电流，kA；

I_∞——三相短路稳态电流，kA；

t——电器给定的热稳定试验时间，s；

t_{ima}——短路电流假想时间，s。

假想时间是指在此时间内短路稳态电流所产生的热量等于短路变化电流在实际短路时间内所产生的热量，也等于继电保护装置动作时间加断路器动作时间。

短路电流作用的计算时间，取离短路点最近的继电保护装置的主保护动作时间 t_{op} 与断路器动作时间 t_{oc} 之和。

二、高压开关电器选择校验方法

（一）高压断路器选择校验方法

（1）根据高压断路器的安装地点的电力网电压和电流，确定所选断路器的额定电压、额定电流。

（2）根据高压断路器安装地点供电系统的短路电流进行动稳定、热稳定校验。

（3）按高压断路器安装地点发生三相短路电流周期分量有效值或短路容量校验断路器的开断能力。断路器的开断电流和切断容量应满足

$$I_{Nbr}>I_k^{(3)}$$

或

$$S_{Nbr}>S_k^{(3)} \tag{5-6}$$

式中　I_{Nbr}——断路器的额定切断电流，kA；

$I_k^{(3)}$——断路器安装地点三相短路时周期分量的有效值，kA；

S_{Nbr}——断路器的额定断流容量，MV·A；

$S_k^{(3)}$——断路器安装地点发生三相短路时的短路容量，MV·A。

（4）按安装地点和工作环境选择电气设备类型。

户外安装的高压电器受温度、覆冰厚度、风速、湿度、粉尘、辐射、海拔高度、地震烈度等影响很大。因此为了适应不同的工作环境，生产厂家制造的各种电器又分为普遍型、范围型、高原型、防污型、封闭型等，以便供给用户选择。

例 5-1 选择某变电所容量为 6300kV·A、电压为 35/10kV 降压变压器的 10kV 侧断路器。已知 10kV 侧母线短路电流 $I_{k\text{-}2}^{(3)}=I_\infty^{(3)}=15kA$，$I_{sh}^{(3)}=23kA$，$i_{sh}^{(3)}=38kA$，$S_k^{(3)}=130MV\cdot A$，继电保护装置动作时间 $t_{op}=0.5s$，断路器动作时间 $t_{oc}=0.2s$，采用电动操作机构。

解 （1）根据变压器额定容量计算断路器最大工作电流，即

$$I_{NW}=\frac{S_{NT}}{\sqrt{3}U_N}=\frac{6300}{\sqrt{3}\times10}=364\text{（A）}$$

（2）短路电流假想时间为

$$t_{ima}=t_{op}+t_{oc}+0.05=0.5+0.2+0.05=0.75\text{（s）}$$

（3）断路器的选择与校验。根据已知条件，查附表 6，可选择 SN10-10Ⅰ/600 型高压少油断路器，其校验结果见表 5-5。

表 5-5　10kV 高压断路器选择及校验结果

序号	项　目	计算参数		选择 SN10-10Ⅰ/600 型		校验结果
		参数	数　据	参数	数　据	
1	工作电压（kV）	U_{NW}	10	U_N	10	合　格
2	工作电流（A）	I_{NW}	364	I_N	600	合　格
3	断流能力（kA）	$I_k^{(3)}$	15	I_{Nbr}	20.2	合　格
4	动稳定（kA）	$i_{sh}^{(3)}$	38	i_{max}	52	合　格
5	热稳定（kA^2/s）	$I_\infty^2 t_{iam}$	$15^2\times0.75=169$	$I_t^2 t$	$20.2^2\times4=1632$	合　格

（二）高压隔离开关、负荷开关、熔断器的选择

1. 高压隔离开关的选择

通常隔离开关的选择与高压断路器选择方法相同，应根据其额定电压、额定电流、工作环境等确定，并作短路时动、热稳定的校验。隔离开关区别于断路器的就是由于隔离开关没有灭弧装置，不能带负荷操作，所以不校验断流能力。

例 5-2 试选择某总降压变电所 10kV 侧高压隔离开关。已知 10kV 侧计算电流为 $I_{30}=210A$，短路电流为 $I_k^{(3)}=I_\infty^{(3)}=11kA$，$I_{sh}^{(3)}=16.6kA$，$i_{sh}^{(3)}=28kA$，$S_k^{(3)}=113MV\cdot A$，继电保护装置动作时间 $t_{op}=0.5s$，断路器动作时间 $t_{oc}=0.2s$，采用电动操作机构。

解 根据已知条件选择隔离开关。

（1）短路电流假想时间为

$$t_{ima}=t_{op}+t_{oc}+0.05=0.5+0.2+0.05=0.75\text{（s）}$$

（2）隔离开关型号选择。根据已知条件，查附表 7，选择 GN19-10/400 型高压隔离开关。技术参数如下：额定电压 $U_N=10kV$，额定电流 $I_N=400A$，极限通过电流峰值 $i_{max}=31.5kA$，热稳定试验电流 $I_{t(4)}=12kA$，操作机构型号为 CS6-1T 型。

(3) 选择 GN19－10/400 型高压隔离开关，校验结果见表 5－6。

表 5－6　**10kV 侧隔离开关选择校验结果**

序号	项　目	安装地点计算参数		选择 GN19－10/400 型		校验结果
		参数	计算数据	参数	选择数据	
1	工作电压（kV）	U_{NW}	10	U_N	10	合　格
2	工作电流（A）	I_{NW}	210	I_N	400	合　格
3	动稳定（kA）	$i_{sh}^{(3)}$	28	i_{max}	31.5	合　格
4	热稳定（kA^2/s）	$I_{\infty}^2 t_{iam}$	$11^2 \times 0.75 = 90.75$	$I_t^2 t$	$12^2 \times 4 = 576$	合　格

注　表中选择参数大于或等于计算参数，表示选择校验结果合格。

2. 高压负荷开关的选择

高压负荷开关的选择校验方法与高压隔离开关的选择校验方法相同。根据负荷开关的使用情况，选择时应根据其额定电压、额定电流及短路电流时动稳定、热稳定校验的数值确定负荷开关的型号。高压负荷开关因不能切断短路电流，所以在选择时不需要校验切断容量。

3. 高压熔断器的选择

高压熔断器选择应按额定电压、发热情况、开断能力和保护选择性四项条件进行。熔断器的极限断开电流应大于所要切断的最大短路电流。在选择一般没有限流作用的高压熔断器时，则采用三相短路次暂态电流有效值。根据保护动作选择性的要求来校验熔体的额定电流，以保证装设回路中前、后保护动作的时间配合，供电网络中靠近电源处应比远离电源处的熔断器慢熔断，可以起后备保护作用。

保护电压互感器的高压熔断器只需按工作电压和开断能力两项进行选择。

例 5－3　试选择某降压变电所 10kV 侧电压互感器回路高压熔断器。已知 10kV 侧计算电流为 $I_{30}=200A$，短路电流为 $I_k^{(3)}=I_{\infty}^{(3)}=12kA$，$I_{sh}^{(3)}=15kA$，$i_{sh}^{(3)}=25kA$，$S_k^{(3)}=80MV\cdot A$。

解　根据已知参数，查附表 9，选择 RN2－10/0.5 型高压熔断器作为电压互感器回路短路保护。最大开断容量 500MV·A，最大开断电流有效值 28kA，校验结果见表 5－7。

表 5－7　**10kV 侧电压互感器回路熔断器选择校验结果**

序号	项　目	计 算 参 数		选 RN2－10/0.5 型		校验结果
		参　数	数　据	参　数	数　据	
1	工作电压（kV）	U_{NW}	10	U_N	10	合　格
2	最大开断电流（kA）	$I_k^{(3)}$	12	I_{Nbr}	28	合　格

根据熔断器选择条件，不必校验动稳定和热稳定。

三、互感器的选择

互感器分为电流互感器和电压互感器两种。互感器的准确度等级别分为 0.2、0.5、1、3 级等。准确度级等的选择可按互感器的应用而定，通常 0.2 级互感器主要用于实验室精密测量；0.5 级互感器用作计算电费测量；1 级互感器用来供给发电厂、变电所配电盘上的测量仪表；一般的测量仪表和继电保护则采用 3 级。

（一）电流互感器选择

1. 电流互感器选择原则

（1）一次额定电压选择，应满足安装地点额定电压条件即 $U_{N1} \geqslant U_{NW}$。

（2）一次额定电流选择，一般取为线路最大工作电流 I_{NW} 或变压器额定电流的（1.2～1.5）I_{NT} 倍。

（3）准确度级别或二次负荷选择。

电流互感器的二次负荷是测量仪表或继电器，通常其数值很小，只有几瓦或几十瓦，用以小截面导线连接电流互感器和测量仪表，因此，为使电流互感器的二次负荷不超过额定值，连接导线的截面选择应满足下列条件：

$$S_N \geqslant I_{N2}^2 (\sum Z_{N2} + R_X + R_h) \tag{5-7}$$

式中 S_N——电流互感器的额定容量，V·A；

I_{N2}——电流互感器的二次额定电流 5A；

Z_{N2}——仪表或继电器的阻抗，Ω；

R_X——连接用导线的电阻，Ω；

R_h——导线连接处的接触电阻，取 $R_h \approx 0.1\Omega$。

从产品说明书中可得，保证某一级别应有的准确度时，若所要连接的仪表选定后，则满足准确度级别的导线电阻值为

$$R_X \leqslant S_N I_{N2}^2 \frac{\sum Z_{N2} + R_X + R_h}{I_{N2}^2} \tag{5-8}$$

由此，所选导线截面积的计算式为

$$A \geqslant \frac{\rho l}{R_X} \tag{5-9}$$

式中 A——导线截面积，mm²；

ρ——导线电阻率，Ω·m；

l——连接导线的计算长度，m。

2. 动、热稳定校验

（1）动稳定的校验。电流互感器动稳定校验是用动稳定倍数来表示的，即允许最大电流与一次额定电流之比：

$$K_d = \frac{i_{max}}{\sqrt{2} I_{N1}}$$

电流互感器动的稳定校验公式为

$$\sqrt{2} K_d I_{N1} \geqslant i_{sh}^{(3)} \tag{5-10}$$

式中 K_d——动稳定倍数，查附表 10；

i_{max}——电流互感器允许的最大电流峰值，kA；

$i_{sh}^{(3)}$——三相短路冲击电流瞬时值，kA。

（2）热稳定校验。电流互感器的热稳定校验是用热稳定倍数表示的，其值为在一定时间 t 内的热稳定电流与一次额定电流之比，即

$$K_t = \frac{I_t}{I_{N1}}$$

电流互感器的热稳定校验公式为

$$(K_t I_{N1})^2 t \geqslant I_{\infty}^2 t_{ima} \quad (5-11)$$

式中　K_t——热稳定倍数，查附表 10；

t——热稳定电流时间，一般取 $t=1s$；

I_{N1}——一次额定电流，A；

t_{ima}——短路电流假想时间，s。

例 5-4　试选择并校验某变电所 10kV 引出线上的电流互感器，如图 5-19 所示。已知线路上最大工作电流 $I_{30}=300A$，$i_{sh}^{(3)}=50kA$，$I_k^{(3)}=I_{\infty}^{(3)}=8kA$，保护装置动作时间 $t_{op}=0.5s$，断路器的分闸时间 $t_{oc}=0.2s$，电流互感器是三相式的，每相有两个副绕组，电流互感器到控制室的电缆长度为 $L_1=50m$。

解　1. 电流互感器型号的选择

根据已知条件，查附表 10，选择 LQJ-10-400/5-0.5/3 型电流互感器。其准确度等级为 0.5 级，供电流表、有功功率表、有功电度表使用。额定二次负荷为 $Z_{N2}=0.6\Omega$，3 级供过电流保护，$Z_{N2}=1.2\Omega$，$U_N=10kV$，$I_{N1}=400A \geqslant I_{30}=300A$，满足一次电流要求。

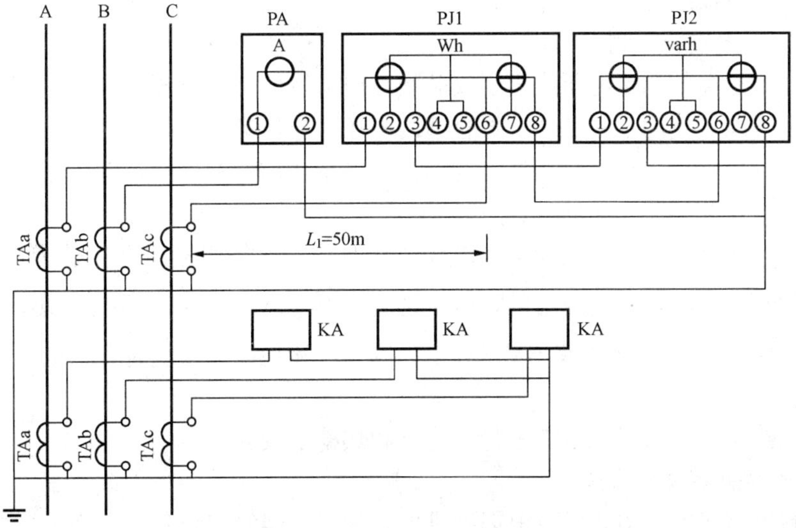

图 5-19　电流互感器原理接线图

A 相 0.5 级线圈所接负荷是，有功电度表电流线圈 0.1Ω，无功电度表电流线圈 0.021Ω，即

$$\sum Z_j = 0.1 + 0.021 = 0.121\ (\Omega)$$

B 相接电流表的电流线圈 $Z_j=0.0692\Omega$；C 相与 A 相相同。最大负荷相是 A 相和 C 相。假设一相中接触电阻为 $R_{jC}=0.1\Omega$，导线电阻为 R_1，则允许最大连接导线电阻为

$$Z_1 \approx R_1 = Z_{N2} - \sum Z_j - R_{jC} = 0.6 - 0.121 - 0.1 = 0.379\ (\Omega)$$

2. 求二次导线截面积

因为该电流互感器采用星形接线，所以电流互感器到仪表的长度为 $L_1=l=50m$，铜线电阻率为 $\rho=0.018\Omega \cdot m$，所以得

$$A_{min}=\frac{\rho l}{R_1}=\frac{0.018\times 50}{0.379}=2.37(mm^2)$$

3. 校验机械强度

选择导线最小允许截面积 $A_{min}=2.37mm^2 \leqslant A_{al}=2.5mm^2$，所以可选择供仪表和继电保护共用一根 $8m\times 2.5mm^2$ 的控制电缆，满足机械强度要求。

4. 动稳定校验

根据选择 LQJ-10-400/5-0.5/3 型电流互感器，查附表 10 得 $K_d=160$，$K_t=75$，$t=1s$。

按动稳定校验公式有$\sqrt{2}K_d I_{N1}\geqslant i_{sh}^{(3)}$，即$\sqrt{2}\times 400\times 160=90.5(kA)\geqslant i_{sh}^{(3)}=50$（kA），满足动稳定要求。

5. 热稳定校验

短路电流假想时间为

$$t_{ima}=0.5+0.2+0.05=0.75\ (s)$$

按热稳定校验公式有 $(K_t I_{N1})^2 t\geqslant I_{\infty}^2 t_{ima}$，即 $(75\times 0.4)^2\times 1=900(kA^2/s)\geqslant 8^2\times 0.75=48(kA^2/s)$，满足热稳定要求。

（二）电压互感器的选择

1. 电压互感器选择原则

（1）电压互感器的额定电压应等于安装地点电力网的额定电压，即 $U_{N1}\geqslant U_{NW}$。

（2）根据安装地点的不同条件选择合适的电压互感器类型。

（3）准确度级别和二次负荷选择。为了保证测量要求的准确度，电压互感器连接的仪表功率不可大于电压互感器二次额定容量。

（4）电压互感器一次绕组接于电力网线电压时，二次绕组额定电压选为 100V；一次绕组接于电力网相电压时，二次绕组额定电压选为 $100/\sqrt{3}$V；当电力网为大接地电流系统时，辅助二次绕组额定电压选为 $100/\sqrt{3}$V；当电力网为小接地电流系统时，辅助二次绕组额定电压选为 100/3V。

（5）电压互感器的选择，不需进行动稳定和热稳定校验。

2. 准确度等级要求的选择

电压互感器接线方式的选择应根据测量仪表和继电器的接线要求来确定。按所接仪表的准确度等级和容量来选择电压互感器的准确度等级和额定容量。一般供功率测量、电能测量及功率方向保护用的电压互感器，准确度等级应选择 0.5 级或 1 级；仅供一般电压互感器用应选 3 级较为合适；保护用电压互感器选 3P 级和 6P 级。

3. 按二次额定容量的选择

电压互感器额定二次额定容量 S_{N2} 应不小于电压互感器的二次计算负荷 S_2，即

$$S_{N2}\geqslant S_2 \tag{5-12}$$

式中 S_{N2}——电压互感器二次额定容量，V·A；

S_2——测量仪表的二次计算负荷，V·A。

$$S_2=\sqrt{(\sum S_0\cos\varphi)^2+(\sum S_0\sin\varphi)^2}=\sqrt{(\sum P_0)^2+(\sum Q_0)^2} \tag{5-13}$$

式中 S_0——各种测量仪表的视在功率；

P_0——各种测量仪表的有功功率；

Q_0——各种测量仪表的无功功率；

$\cos\varphi$——各种测量仪表的功率因数。

4. 各相负荷的计算公式

电压互感器的三相二次负荷不平衡，为满足准确度的要求，通常以最大负荷相进行比较。计算各相负荷时，必须注意电压互感器和二次负荷的接线方式，各相负荷计算公式如下：

A 相计算负荷为

$$P_A = \frac{S_{ab}\cos(\varphi_{ab} - 30°)}{\sqrt{3}} \tag{5-14}$$

$$Q_A = \frac{S_{ab}\sin(\varphi_{ab} - 30°)}{\sqrt{3}} \tag{5-15}$$

B 相计算负荷为

$$P_B = \frac{S_{ab}\cos(\varphi_{ab} + 30°) + S_{bc}\cos(\varphi_{bc} - 30°)}{\sqrt{3}} \tag{5-16}$$

$$Q_B = \frac{S_{ab}\sin(\varphi_{ab} + 30°) + S_{bc}\sin(\varphi_{bc} - 30°)}{\sqrt{3}} \tag{5-17}$$

C 相计算负荷为

$$P_C = \frac{S_{ab}\cos(\varphi_{bc} + 30°)}{\sqrt{3}} \tag{5-18}$$

$$Q_C = \frac{S_{bc}\sin(\varphi_{bc} + 30°)}{\sqrt{3}} \tag{5-19}$$

AB 相计算负荷为

$$P_{AB} = \sqrt{3}S\cos(\varphi + 30°) \tag{5-20}$$

$$Q_{AB} = \sqrt{3}S\sin(\varphi + 30°) \tag{5-21}$$

BC 相计算负荷为

$$P_{BC} = \sqrt{3}S\cos(\varphi - 30°) \tag{5-22}$$

$$Q_{BC} = \sqrt{3}S\sin(\varphi - 30°) \tag{5-23}$$

例 5-5　已知某 60/10kV 变电所 10kV 侧引出线上配置有功电度表 10 只，有功功率表 3 只，无功功率表 1 只，母线电压表 1 只，频率表 1 只，绝缘监察电压表 3 只。其接线方式如图 5-20 所示。二次负荷参数分配见表 5-8。试选择 10kV 母线测量用电压互感器。

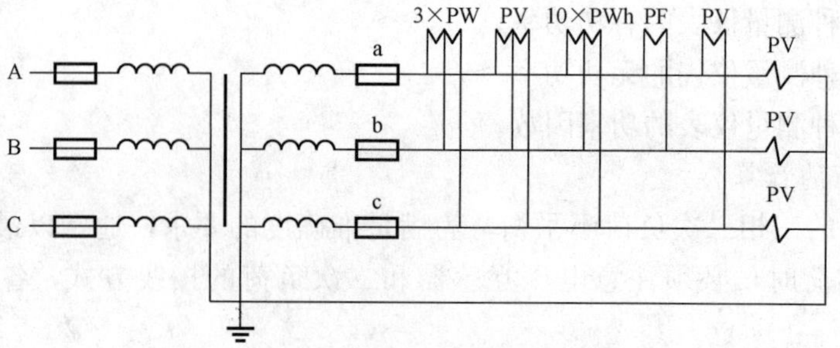

图 5-20 测量仪表与电压互感器的接线图

表 5-8 电压互感器各相负荷分配表

仪表名称及型号	线圈消耗功率	电压线圈 cosφ		仪表数量	AB相 P_{ab}	AB相 Q_{ab}	BC相 P_{bc}	BC相 Q_{bc}
有功功率表 16D1（W）	0.6	1		3	1.8		1.8	
无功功率表 46D1（var）	0.5	1		1	0.5		0.5	
有功电能表 DS1	1.5	0.38	0.925	10	5.7	13.9	5.7	13.9
频率表 46L1（Hz）	1.2	1		1	1.2			
电压表 16L1（V）	0.3	1		1			0.3	
总计					9.2	13.9	8.3	13.9

解 1. 电压互感器型号的选择

由于 10kV 系统为小电流接地系统，电压互感器除供给测量仪表外，还用作 10kV 母线的绝缘监察。所以，查附表 11 选择 JSJW-10 型三相五心柱式电压互感器。一次额定电压为$\frac{10}{\sqrt{3}}$kV，二次额定电压为 100V，辅助绕组额定电压为$\frac{100}{3}$V。二次额定容量为 0.5 级 120V·A、1 级 200V·A、3 级 480V·A。查产品样本得测量仪表参数，列于表 5-8。

2. 求二次 AB、BC 相计算负荷

二次 AB、BC 相计算负荷分别为

$$S_{ab}=\sqrt{P_{ab}^2+Q_{ab}^2}=\sqrt{9.2^2+13.9^2}=16.7\,(\text{V}\cdot\text{A})$$

$$\cos\varphi_{ab}=\frac{P_{ab}}{S_{ab}}=\frac{9.2}{16.7}=0.55,\ \varphi_{ab}=56.6^\circ$$

$$S_{bc}=\sqrt{P_{bc}^2+Q_{bc}^2}=\sqrt{8.3^2+13.9^2}=16.2\,(\text{V}\cdot\text{A})$$

$$\cos\varphi_{bc}=\frac{P_{bc}}{S_{bc}}=\frac{8.3}{16.2}=0.51,\ \varphi_{bc}=59.2^\circ$$

（1）求 A 相计算负荷

由于每相上接有绝缘监察电压表 PV，$P_V=0.3$W，$Q_V=0$，所以 A 相负荷为

$$P_A=\frac{S_{ab}\cos(\varphi_{ab}-30^\circ)}{\sqrt{3}}+P_V$$

$$=\frac{16.7\times\cos(56.6^\circ-30^\circ)}{\sqrt{3}}+0.3=8.62\,(\text{W})$$

$$Q_A = \frac{S_{ab}\sin(\varphi_{ab} - 30°)}{\sqrt{3}} + Q_V$$

$$= \frac{16.7 \times \sin(56.6° - 30°)}{\sqrt{3}} + 0 = 4.3\ (\text{var})$$

（2）求B相计算负荷

$$P_B = \frac{S_{ab}\cos(\varphi_{ab} + 30°) + S_{bc}\cos(\varphi_{bc} - 30°)}{\sqrt{3}}$$

$$= \frac{16.7 \times \cos(56.6° + 30°) + 16.2 \times \cos(59.2° - 30°)}{\sqrt{3}} + 0.3 = 9.04\ (\text{W})$$

$$Q_B = \frac{S_{ab}\sin(\varphi_{ab} + 30°) + S_{bc}\sin(\varphi_{bc} - 30°)}{\sqrt{3}}$$

$$= \frac{16.7 \times \sin(56.6° + 30°) + 16.2 \times \sin(59.2° - 30°)}{\sqrt{3}} + 0 = 14.2\ (\text{var})$$

（3）求C相计算负荷

$$P_C = \frac{S_{ab}\cos(\varphi_{bc} + 30°)}{\sqrt{3}} = \frac{16.7 \times \cos(59.2° + 30°)}{\sqrt{3}} = \frac{16.9 \times 0.99}{\sqrt{3}} = 9.54\ (\text{W})$$

$$Q_C = \frac{S_{bc}\sin(\varphi_{bc} + 30°)}{\sqrt{3}} = \frac{16.2 \times \sin(59.2° + 30°)}{\sqrt{3}} = \frac{16.2 \times 1}{\sqrt{3}} = 9.35\ (\text{var})$$

3. 确定最大负荷相

通过计算结果比较得知，B相为最大负荷相，因此按B相总负荷进行校验，即

$$S_B = \sqrt{P_B^{\ 2} + Q_B^{\ 2}} = \sqrt{9.04^2 + 14.2^2} = 16.8 \leqslant \frac{120}{3} = 40\ (\text{V} \cdot \text{A})$$

所以，选择JSJW-10型三相五心柱式电压互感器满足要求。

四、电力变压器台数及容量的选择

在变电所工程设计时，首先应确定出线回路数与电压等级，然后确定主变压器的容量和台数。选择主变压器时，必须对负载的大小、运行的性质做深入了解，按照设备功率的确定方法选择适当的容量。为了降低电能损耗，变压器应该首选低损耗节能型。当配电母线电压偏差不能满足要求时，总降压变电所可选用有载调压变压器。车间变电所一般采用普通变压器。变压器容量的确定除考虑正常负荷外，还应考虑到变压器的过负荷能力和经济运行条件。电力变压器台数及容量的选择按以下几步进行。

（一）电力变压器台数的选择原则

（1）应满足用电负荷对供电可靠性的要求。对重要一、二级负荷的变电所应采用两台变压器；对只有二级负荷、无一级负荷的变电所，也可以仅采用一台变压器。

（2）对季节性负荷或昼夜负荷变动较大的工厂变电所，可考虑采用两台主变压器。

（3）一般的三级负荷只采用一台主变压器。

（4）降压变电所与系统相连的主变压器选择原则一般不超过两台。

（5）当负荷发展须增大容量时，应首先考虑更换大容量的变压器。

（6）当只有一个电源或变电所可由系统低压侧网络取得备用电源时，可装设一台主变压器。

（二）电力变压器容量的选择原则

（1）只安装一台主变压器时，主变压器的额定容量S_{NT}应满足全部用电设备总计算负荷S_{30}的需要，即$S_{NT} \geqslant S_{30}$。

（2）装有两台主变压器时，每台主变压器的额定容量S_{NT}应同时满足以下两个条件，即

$$S_{NT} \geqslant 0.7S_{30} \tag{5-24}$$

$$S_{NT} \geqslant S_{\mathrm{I}+\mathrm{II}} \tag{5-25}$$

式中 $S_{\mathrm{I}+\mathrm{II}}$——计算负荷中全部重要的一、二级负荷。

（3）单台主变压器的容量一般不宜大于1250kV·A。

（4）对于装在楼上的电力变压器，其单台容量不宜大于630kV·A。

（5）对于居住小区变电所，其单台油浸式变压器容量不宜大于630kV·A。

例5-6 某10/0.4kV机械厂变电所，总计视在计算负荷为$S_{30}=850$kV·A，其中一、二级负荷为570kV·A，试初步选择主变压器台数和容量。

解 1. 变压器台数的选择

由于变电所有一、二级重要负荷，所以应选用两台变压器。

2. 变压器容量的选择

根据变压器容量的选择原则，选择两台变压器的容量，任意一台变压器单独工作，应满足全部用电设备总计算负70%的需要；任意一台变压器单独工作，应满足全部重要一、二级负荷的需要，所以根据式（5-24）和式（5-25）得

$$S_{NT} \geqslant 0.7S_{30} = 0.7 \times 850 = 595\ (\text{kV}\cdot\text{A})$$

$$S_{N} \geqslant S_{\mathrm{I}+\mathrm{II}} = 570\ (\text{kV}\cdot\text{A})$$

查附表5得，选择两台S9-10/0.4型铜绕组低损耗电力变压器，其容量为$S_{NT}=630$kV·A。其技术参数为$\Delta P_0=1200$W，$\Delta P_k=6200$W，$U_k\%=4.5$，$I_0\%=0.9$。

满足条件：$S_{NT} = 630(\text{kV}\cdot\text{A}) \geqslant 0.7S_{30} = 595\ (\text{kV}\cdot\text{A})$

$S_{NT} = 630(\text{kV}\cdot\text{A}) \geqslant S_{\mathrm{I}+\mathrm{II}} = 570\ (\text{kV}\cdot\text{A})$

所以S9-10/0.4型铜绕组低损耗电力变压器满足台数和容量选择的要求。

（三）按调查负荷估算法选择

主变压器容量应根据供配电系统5～10年的发展规划负荷来选择。考虑负荷的发展，对于装设两台主变压器的变电所，当一台主变压器检修或发生事故时，另一台主变压器的容量应保证60%以上的全部负荷或重要用户的主要生产负荷。视在计算负荷估算式为

$$S_{30}=K_{\Sigma}\sum\frac{P_{30}}{\cos\varphi}\ (1+\alpha\%) \tag{5-26}$$

式中 S_{30}——某一级电压的最大视在计算负荷，kV·A；

K_{Σ}——同时系数，一般取$K_{\Sigma}=0.35\sim0.9$，当馈电线路在三回路以下，其中有特殊负荷时，取$K_{\Sigma}=0.95\sim1.00$；

$\alpha\%$——线损率，可取平均值5%；

$\cos\varphi$——平均功率因数，可取0.80；

P_{30}——各工厂、企业或农业负荷馈电线最大负荷数，最小负荷计算值一般取为最大负荷值的（60%～70%）P_{30}，若主要为农业生产负荷可取为（20%～30%）P_{30}。

例 5-7　某乡镇企业新建电器开关制造厂，准备设计一座 10/0.4kV 小型变电所。根据现有负荷调查，设备总容量为 $P_{S\Sigma}=3000kW$，试按估算法初步确定变压器的容量。

解　查附表 2 得电器开关制造厂需要系数 $K_X=0.35$。

(1) 有功计算负荷为

$$P_{30}=K_X P_{S\Sigma}=0.35\times3000=1050\ (kW)$$

(2) 按式 (5-26) 估算总视在计算负荷，取 $K_\Sigma=0.5$，则有

$$S_{30}=K_\Sigma\sum\frac{P_{30}}{\cos\varphi}(1+\alpha\%)$$

$$=0.5\times\frac{1050}{0.8}(1+5\%)=689\ (kV\cdot A)$$

查附表 5 得，试初选 S9-10/0.4 型铜绕组低损耗电力变压器，其容量为 $S_{NT}=800kV\cdot A$。其技术参数为 $\Delta P_0=1400$ (W)，$\Delta P_k=7500$ (W)，$U_k\%=4.5$，$I_0\%=0.8$。

本章小结

本章主要介绍了变电所的类型，包括枢纽变电所、中间变电所、支接变电所和终端变电所。中小容量的变电所包括工厂总降压变电所、车间附设变电所、露天变电所、独立式变电所、车间内变电所、杆上变电台、地下变电所、移动变电所、箱式变电所等类型；变配电所的电气主接线方案的确定原则；变配电所的总体布置及结构原理分析；高压设备的选择与校验。

习题与思考题

1. 工厂的变电所与配电所有何区别？
2. 变电所分为哪几种类型？各种类型都有何特点？
3. 车间变电所分为哪几种类型？各种类型有何特点？
4. 变配电所电气主接线有哪几种接线方式，各有何优缺点？
5. 在采用高压隔离开关-高压断路器的电路中，合闸操作时应按什么顺序操作？
6. 变电所倒闸操作应遵循哪些原则？
7. 在电气主接线图中，在哪种情况下高压断路器两侧需装设高压隔离开关？
8. 变配电所总体布置应遵循哪些原则？
9. 变配电所总体布置时，变压器室、高压配电室、低压配电室、电容器室和运行值班室相互间的位置应如何考虑？
10. 变配电所所址选择应考虑哪些原则？
11. 试选择并校验某变电所 10kV 进线上电流互感器。已知线路上最大工作电流 $I_{30}=195A$，$i_{sh}^{(3)}=30kA$，$I_k^{(3)}=I_\infty^{(3)}=12kA$，保护装置动作时间 $t_{op}=0.25s$，断路器的断路时间 $t_{oc}=0.5s$，电流互感器是三相式的，每相有两个二次绕组，电流互感器到控制室的控制电缆长度为 $L_1=50m$。

第六章　工厂供电网结构及导线选择

第一节　工厂供配电网结构

一、工厂电力网的结构

架空输电线路主要由电杆、导线、横担、绝缘子及避雷线、拉线等组成，如图 6－1 所示。

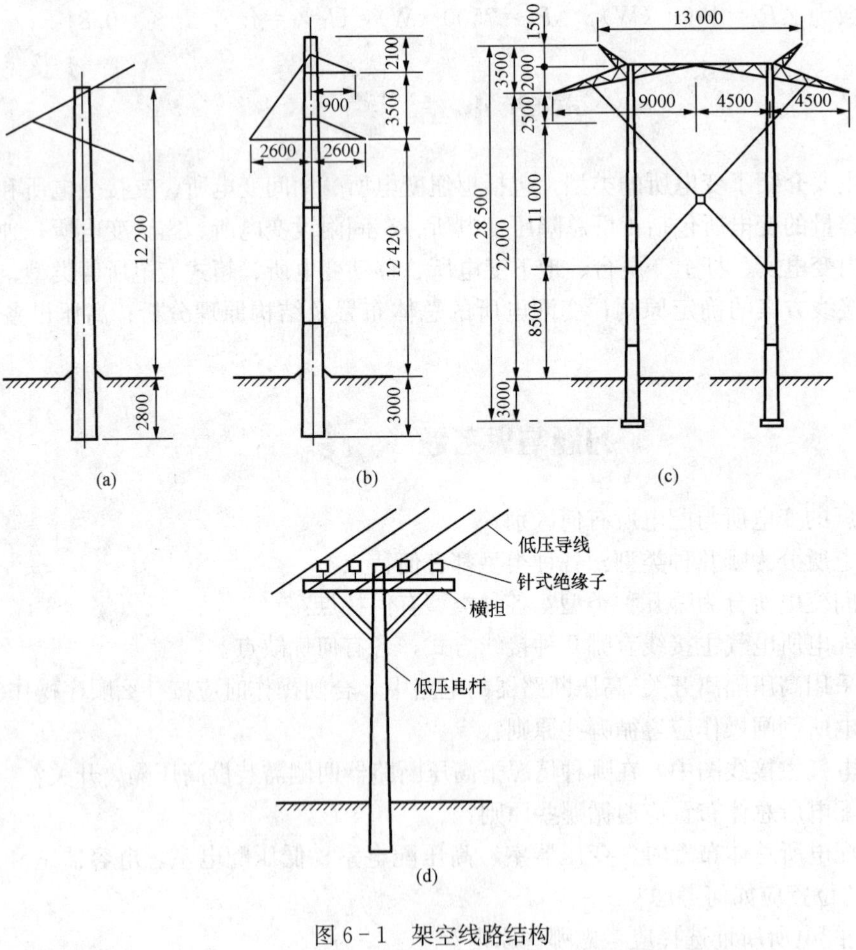

图 6－1　架空线路结构

(a)、(b) 单柱三角结构；(c) 门字型杆塔结构；(d) 低压架空线路结构

(一) 架空导线种类及型号

1. 架空导线种类

架空导线主要是由铜、铝、钢等材料制成，在特殊条件下也用青铜及铝合金制成。架空导线主要分为以下几种：

(1) 普通绞线。普通绞线一般由直径相同的同一种导电金属材料按一定的规则绞制而成。常见的普通绞线有裸铝绞线、镀锌钢绞线、裸铜绞线等。裸铝绞线机械强度较小，用于受力不大、档距较小的一般配电线路；镀锌钢绞线由于机械强度较好，常用作农村架空配电网或用作架空避雷线；裸铜绞线导电性能较好，由于经济造价较高，较少用于架空线路。

(2) 钢芯铝绞线。钢芯铝绞线是常用的一种组合绞线。钢芯铝绞线，按机械强度分为普通型、轻型和加强型三种类型，其差别是导线中铝线截面与钢线截面的比值不同。这种导线的线芯是钢线，用以增强导线的抗拉强度，弥补铝线机械强度差的缺点。当高压线路档距或交叉档距较长、杆位高差较大时，宜采用钢芯铝绞线。

(3) 铝镁合金绞线。铝镁合金绞线也称铝合金绞线，比铝绞线抗拉性能好，但电导率较低，一般用于小容量配电网和通信架空线路。

(4) 绝缘导线。在街道狭窄和建筑物稠密地区，为确保人身安全，低压 380/220V 配电线路宜采用橡胶绝缘导线或塑料绝缘导线。

2. 导线型号

导线型号一般由两部分组成：①前边字母表示导线的材料，如 T—铜线，L—铝线，LG—钢芯铝线，HL—铝合金线，J—绞线；②后面的数字表示导线的标称截面积。

例如：

TJ - 16 表示标称截面积为 $16mm^2$ 的铜绞线；

LJ - 50 表示标称截面积为 $50mm^2$ 铝绞线；

LGJ - 25/4 表示标称截面积为 $25mm^2$ 钢芯铝绞线，铝线截面积为 $25mm^2$，钢线截面积为 $4mm^2$；

LGJQ - 150 表示标称截面积为 $150mm^2$ 轻型钢芯铝绞线；

LGJJ - 185 表示标称截面积为 $185mm^2$ 的加强型钢芯铝绞线。

(二) 杆塔结构

电杆是架空电力线路中用来安装横担、绝缘子、导线等的重要支柱，是架空线路的重要组成部分。杆塔按采用的材料可分为木杆、水泥杆和金属铁塔三种，目前工厂普遍采用的是水泥杆和铁塔。图 6 - 2 所示为架空电力线路各类杆塔的示意图。

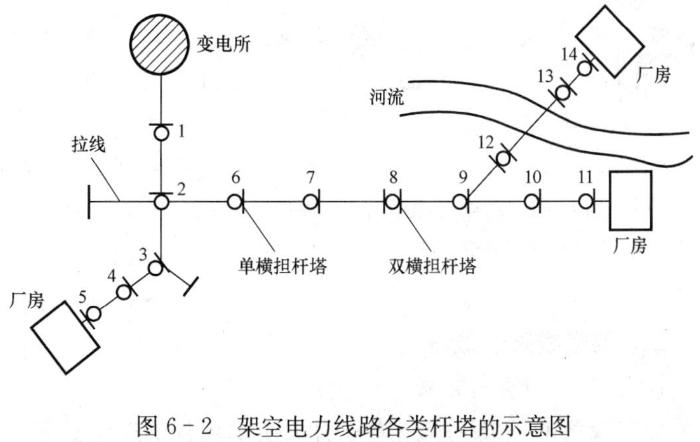

图 6 - 2　架空电力线路各类杆塔的示意图

1、5、11、14—终端杆塔；2、9—分支杆塔；3—转角杆塔；4、6、7、10—直线杆塔；8—耐张杆 (分段杆塔)；12、13—跨越杆塔

1. 杆塔类型

(1) 直线杆塔。直线杆塔也称中间杆塔，位于线路的中间段上，主要承受导线的重力和侧风力。

(2) 耐张杆塔。耐张杆塔又称承力杆塔，位于直线段上的数根直线杆之间或线路分段处，用于正常时承受导线的重力，断线事故时承受一侧导线的拉力。

（3）转角杆塔。转角杆塔是为了架设导线时需要改变方向，保证安全，可靠地转角而架设的。

（4）终端杆塔。终端杆塔位于线路的终端和始端，用来承受单方向上导线的拉力。

（5）分支杆塔。分支杆塔位于干线与支线相连接处，对主干线而言，分支杆塔多为直线杆塔和耐张杆塔，对分支线路而言，该杆塔相当于终端杆塔。

（6）跨越杆塔。当架空电力线路与公路、铁路、河流及另外的电力线路等交叉跨越时，设在线路跨越障碍处的杆塔为跨越杆塔。一般跨越杆塔比普通杆塔高，导线的机械强度要求高，承受作用力也大。

2. 横担

横担是架空电力线路用来安装绝缘子，固定开关设备及避雷器的主要器件。横担按材料可分为角钢横担、木横担和瓷横担三种。380V 线路多采用 50mm×5mm 的角钢横担。

3. 线路金具

线路金具是用来连接导线，安装横担和绝缘子的金属附件。

4. 绝缘子

绝缘子俗称瓷瓶，用于变电所的配电装置、变压器、开关电器及电力线路上，用来支持和固定裸载流导体，并使裸载流导体与地绝缘，或使装置中处于不同电位的载流导体绝缘。绝缘子应具有足够的绝缘和机械强度，并能耐热和不怕潮湿。绝缘子可分为电器绝缘子和线路绝缘子两类。

（1）电器绝缘子。电器绝缘子用来固定电器的载流部分，有支柱绝缘子和套管绝缘子两种。套管绝缘子用来使有封闭外壳的电器如断路器、变压器的载流部分引出壳外。

（2）线路绝缘子。线路绝缘子用来固结架空电力线路的导线和屋外配电装置的软母线，并使它们与接地部分绝缘。常用的线路绝缘子有针式绝缘子和悬式绝缘子两种，针式绝缘子是用铁脚固定在杆塔上的。绝缘子和铁脚结合有两种方法：一种是靠螺旋拧紧的方法，另一种是利用硫磺或磺化铝的胶黏剂胶合的方法。

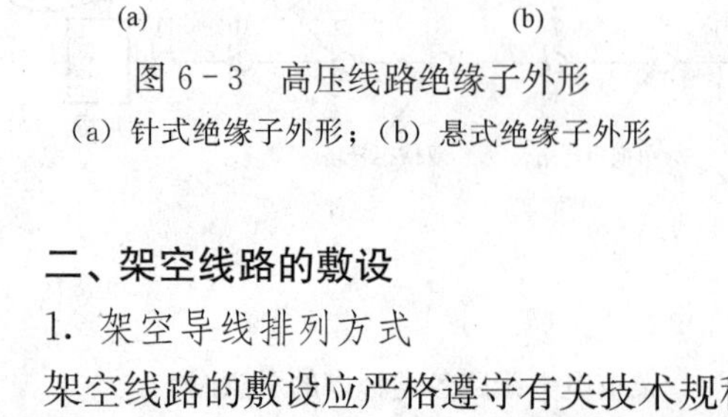

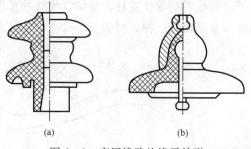

图 6－3 高压线路绝缘子外形

（a）针式绝缘子外形；（b）悬式绝缘子外形

电压为 10kV 及以下架空线路多采用针式绝缘子，如图 6－3（a）所示。电压为 35kV 以上的架空线路和屋外配电装置中多采用悬式绝缘子，通常都是组装成绝缘子链使用，根据配电装置或架空线路电压的不同，每链绝缘子的数目也不同，如图 6－3（b）所示。例如，35kV 线路的绝缘子链通常由 3 或 4 个悬式绝缘子组成。

二、架空线路的敷设

1. 架空导线排列方式

架空线路的敷设应严格遵守有关技术规程的规定。架空导线在杆塔上的排列方式有水平排列、三角形排列、三角形和水平混合排列、双回路垂直排列等方式。

低压三相四线制水平排列时，中性线 N 一般应靠近电杆侧，电压等级不相同的线路同杆架设时，电压较高的线路应架设在上面，如图 6－4 所示。

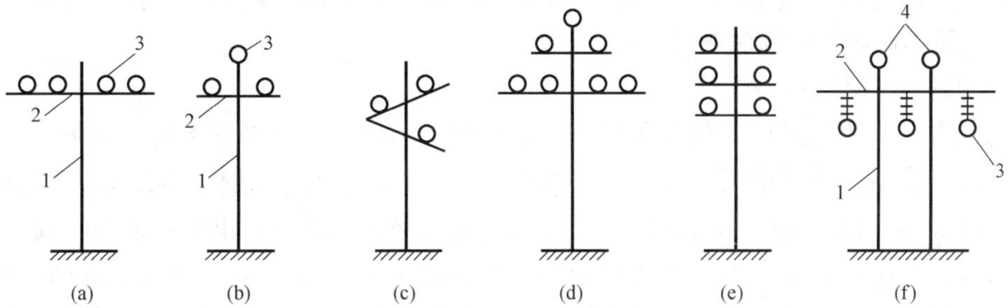

图 6－4　架空导线的排列方式

（a）、（f）水平排列；（b）、（c）三角形排列；（d）三角形和水平混合排列；（e）双回路垂直排列

1—电杆；2—横担；3—导线；4—避雷线

2. 架空线路的档距

架空线路的档距是同一线路上相邻两电杆之间的水平距离。导线的弧垂则是导线的最低点与档距两端电杆上的导线悬挂点之间的垂直距离，如图 6－5 所示。对于各种架空线路，有关规程对其档距和弧垂都有具体规定。

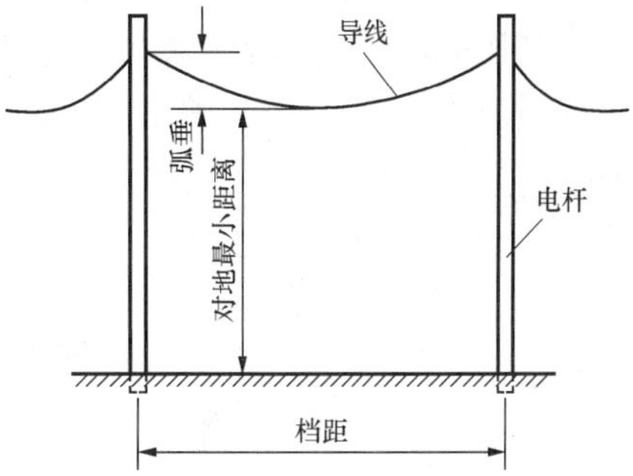

图 6－5　架空线路的档距和弧垂

为了防止架空导线之间相互碰撞造成短路故障，架空线路一般要满足最小线间距离要求，见表 6－1。对于上、下两横担之间也要满足最小垂直距离的要求，见表 6－2。

表 6－1　　架空电力线路最小线间距离

档距（m）／额定电压	＜40	40～50	50～60	60～70	70～80
3～10（kV）	0.6	0.65	0.7	0.75	0.85
≤1（kV）	0.3	0.4	0.45	0.5	—

表 6－2　　横担间最小垂直距离

导线排列方式	直线杆塔（m）	分支杆塔或转角杆塔（m）
高压与高压间距离	0.8	0.6
高压与低压间距离	1.2	1.0
低压与低压间距离	0.6	0.3

第二节　供配电网的基本接线方式

工厂供配电系统电力网要保证供电安全可靠、运行操作方便、维护检修灵活。选择电力网接线方式时，还应考虑电源的进线数目和位置、各分厂或车间用电负荷的大小及电力网整体布局等各方面因素。供配电系统高压电力网接线方式有高压放射式、高压树干式、高压环形三种。低压电力网接线方式有低压放射式、低压树干式、低压环形三种接线方式。

一、高压供配电网的接线方式

1. 高压放射式接线方式

高压放射式接线是指从变配电所高压配电母线上引出一回线路直接向一个车间变电所或高压用电设备供电，沿线不接其他负荷，如图 6－6 所示。高压放射式接线方式优点是接线清晰、运行操作方便、维护检修方便，与其他供电回路互不影响，供电可靠性较高，便于装设自动装置，保护装置也简单；其缺点是高压开关设备用得数量多，经济造价高，投资大，且当一回路发生故障停电检修时，该回路所带负荷都要停电，这种接线方式只能适用于供电可靠性要求不高的二、三级负荷。

2. 高压树干式接线方式

图 6－7 所示电路是高压树干式接线方式。高压树干式接线方式的优点是能减少线路有色金属消耗量，采用高压开关数量少，节省投资，降低经济造价；其缺点是供电可靠性不高，当高压配电干线发生故障或停电检修时，该回路所带全部负荷都要停电，且在实现自动化方面适应性较差。要提高供电可靠性，可采用双干线或两端供电网的接线方式，如图 6－8所示。

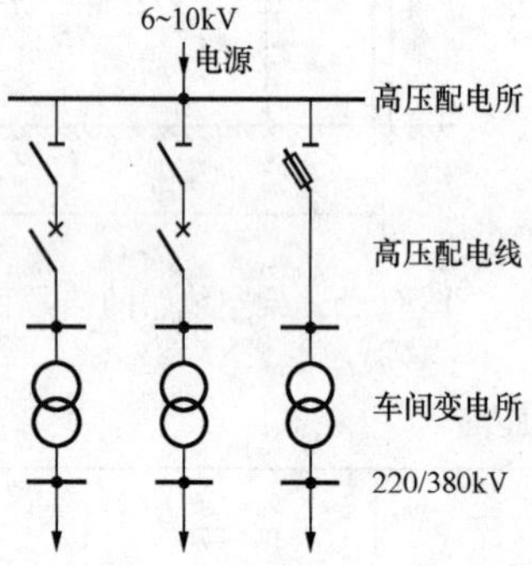

图 6－6　高压放射式接线方式

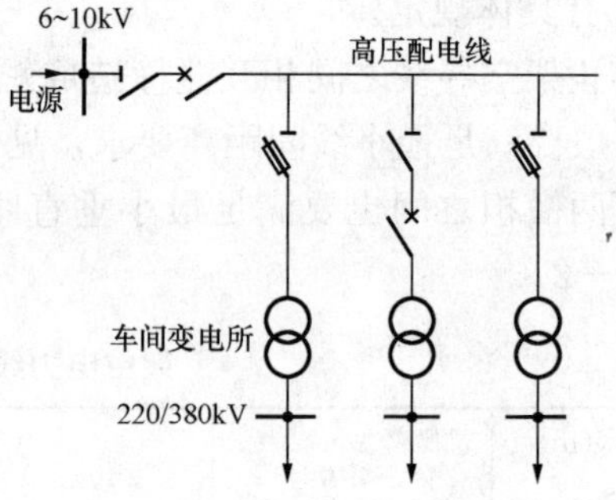

图 6－7　高压树干式接线方式

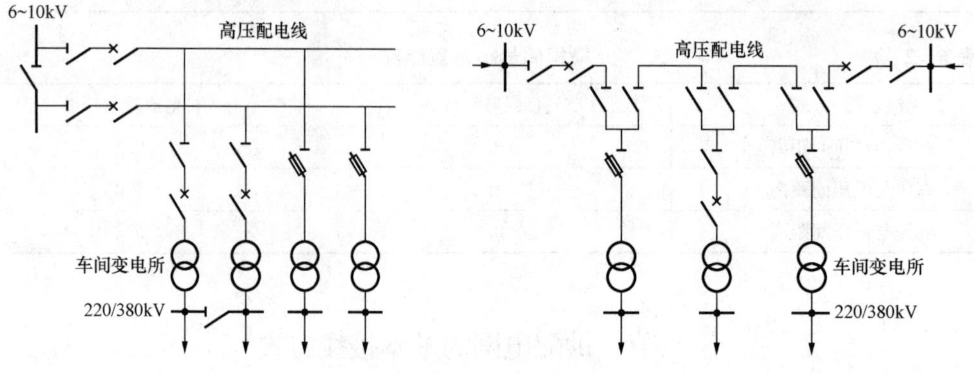

(a)　(b)

图 6－8　双干线供电和两端供电接线方式

（a）双干线供电接线方式；（b）两端供电接线方式

3. 高压环形接线方式

高压环形接线实际上是两端电源供电的树干式接线，如图6－9所示。这种接线方式在现代化城市供电网中应用很广泛。为了避免环形供电网发生故障时影响整个电力网供电，也为了便于实现环形供电网保护的选择性，因此大多环形供电网采用开口运行方式，即环形线路中有一处开关是断开运行的。

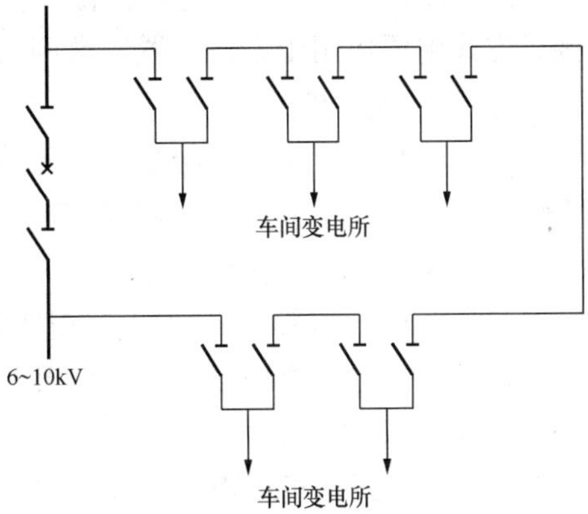

图6－9　高压环形接线方式

二、220/380V低压配电网的基本接线方式

对于工厂220/380V低压配电网的基本接线方式有低压放射式、低压树干式、变压器-干线式、低压环形、链式接线等。

1. 低压放射式接线方式

低压放射式接线方式的特点是每个负荷由一单独线路供电，因此发生故障时影响范围小，供电可靠性较高，控制灵活，易于实现集中控制，如图6－10所示。低压放射式接线方式的缺点是线路数目多，所用开关设备多，经济投资大。这种接线方式多用于对供电可靠性要求较高的设备。

2. 低压树干式接线

低压树干式接线方式的特点是多个负荷由一条干线供电，采用的开关设备数量较少，如图6－11所示。但在干线发生故障时，影响停电范围大，所以供电可靠性较低。这种接线方式比较适用于供电容量较小、分布较均匀的用电设备组，例如机械加工车间、小型加热炉等。

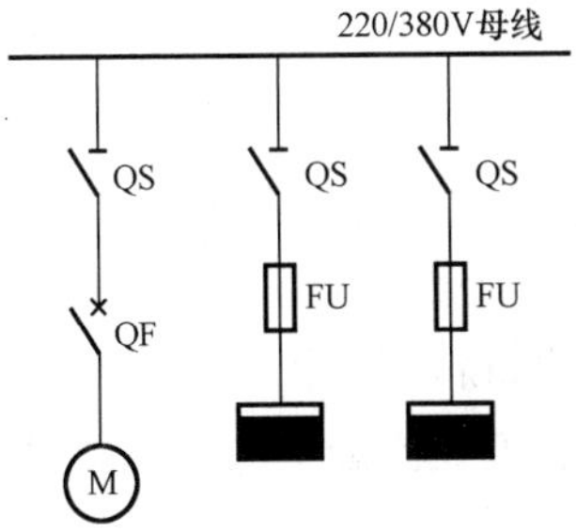

图6－10　低压放射式接线方式

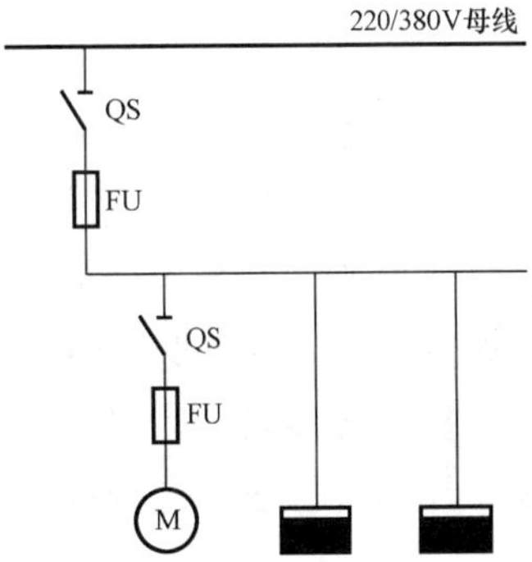

图6－11　低压树干式接线方式

3. 变压器一干线式接线方式

变压器一干线式接线方式是一种特殊的树干式接线方式，如图6－12所示。在变压器低压侧不设低压配电屏，只在车间墙上装设低压断路器。总干线采用载流量很大的母线，贯彻整个车间，再从干线经熔断器引至各分支线，这样大容量的设备可直接接在总干线上，而小容量设备则接在分干线上，因此非常灵活地适应设

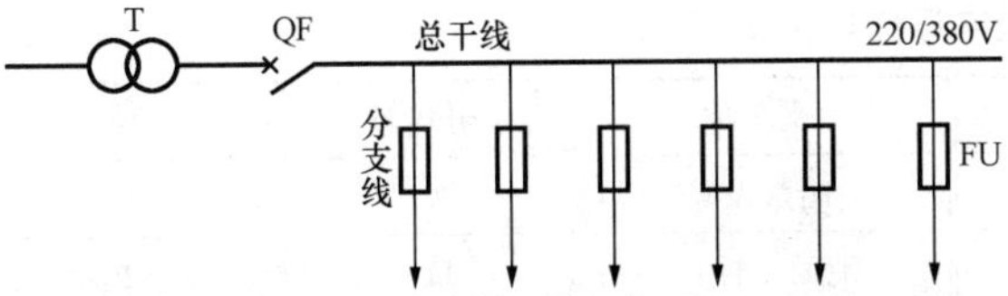

图6－12　变压器-干线式接线方式

备位置的调整。但是干线检修或故障时停电范围大，供电可靠性不很高，所以变压器—干线式接线方式主要应用于设备位置经常调整的机械加工车间。

4. 低压环形接线方式

两台变压器和一台变压器供电的环形接线如图 6－13 所示。一个工厂内所有车间变电所的低压侧，也可以通过低压联络线互相连成环形。环形供电的可靠性高，任一线路发生故障或检修时，都不致造成供电中断，或者是暂时中断供电，只要完成切换电源的操作，就能恢复供电。环形接线方式能够减少线路电能损耗或电压损耗，既能节约电能又能保证电压质量。但其保护装置及其整定配合相当复杂，如果配合不当，容易发生误动作，而扩大故障停电范围。

5. 链式接线方式

链式接线方式是指后面一台设备的电源接自前面那台设备的端子，如图 6－14 所示。链式接线方式的特点是线路上无分支点，适用于距离低压配电屏较远，每台设备间距离较近。不重要的小容量用电设备也可采用链式接线方式。链式接线设备台数不宜超过 5 台，总容量不宜超过 10kW。

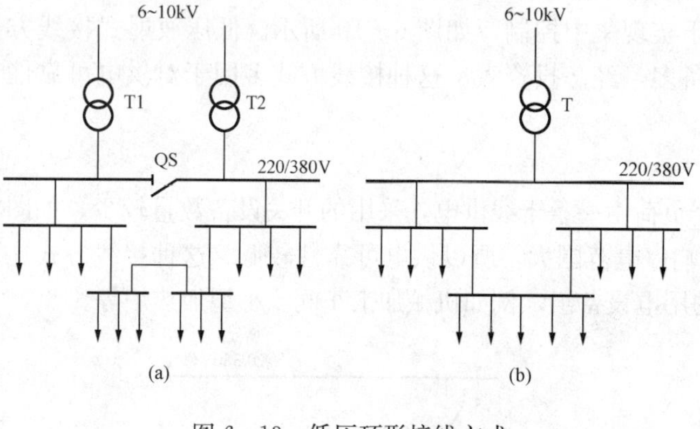

图 6－13 低压环形接线方式

(a) 两台变压器环形接线；(b) 一台变压器环形接线

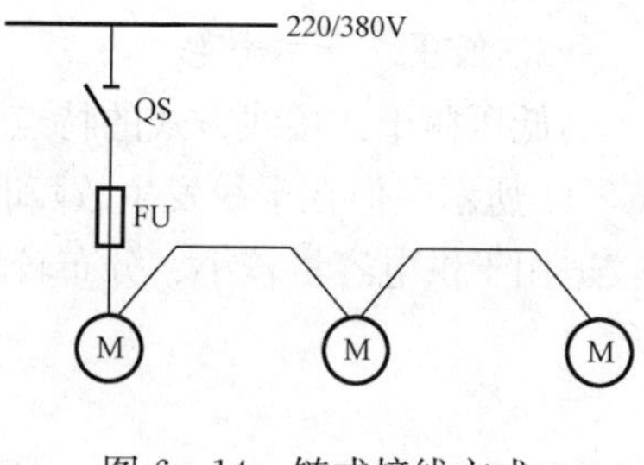

图 6－14 链式接线方式

在实际的工厂和高层建筑中的低压配电系统，往往是以上几种接线方式的组合。

三、线路敷设字母代号含义与安装

低压配电线路的导线可分为以下几种类型：按导线材料分有铝芯线、铜芯线和角钢滑触线；按绝缘保护层分有橡皮绝缘导线、塑料绝缘导线、聚氯乙烯绝缘护套导线等。

1. 导线敷设代号含义

导线敷设部分代号含义见表 6－3。目前仍采用汉语拼音首字母表示，但逐步改用英文首字母标注。例如，沿墙明敷，过去电气平面图中惯用字母 QM 表示，现应改为 WE 表示；埋地暗敷以前用 DA，现应改为 FC 表示；顶棚暗敷设以前用 PA，现应改为 CC 等。

表 6－3 导线敷设字母代号含义

中文名称	字母代号	英文代号	中文名称	字母代号	英文代号
钢管敷设	G	SC	暗敷设	A	C
电线管敷设	DG	T（TC）	地面（板）	D	F
料管敷设	VG	PC（PVC）	墙	Q	W

续表

中文名称	字母代号	英文代号	中文名称	字母代号	英文代号
铝卡片敷设	QD	AL	柱	Z	CL
金属线槽敷设	GC	MR	梁	L	B
塑料线槽敷设	XC	PR	构架		R
电缆桥架敷设		CT	吊顶	P	SC
钢索敷设	S	M	顶棚	P	C
明敷设	M	E			

2. 导线敷设代号表示形式

在电气平面图中要求把照明线路的编号、导线型号、导线规格、导线根数、敷设方式、穿线管径、敷设部位等都表示出来，并标注在图线的旁边，导线敷设代号的基本表达格式为

$$a-b-c\times d-e-f$$

式中　a——线路编号或线路用途；

b——导线型号；

c——导线根数；

d——导线截面积，mm^2，不同截面积要分别标注；

e——配线方式和穿管管径，mm；

f——导线敷设位置。

电力线路及照明线路表示格式如图 6-15 所示。图中有四条线路，每条线路所标注的安装代号含义如下：

(1) N1-BV-2×2.5+PE2.5-TC20-WC：N1 表示为第一条回路；导线型号为 BV 型聚氯乙烯绝缘导线 2 根，导线截面积为 $2.5mm^2$；PE 表示保护线 1 根，截面积为 $2.5mm^2$；TC 穿电线管敷设，管径为 20mm；WC 表示沿墙暗敷。

(2) N2-BV-2×2.5+PE2.5-SC15-FC：N2 表示为第二条回路；导线型号为 BV 型聚氯乙烯绝缘导线 2 根，导线截面积为 $2.5mm^2$；PE 表示保护线 1 根，导线截面积为 $2.5mm^2$；SC 穿钢管敷设，管径为 15mm；FC 表示埋地暗敷。

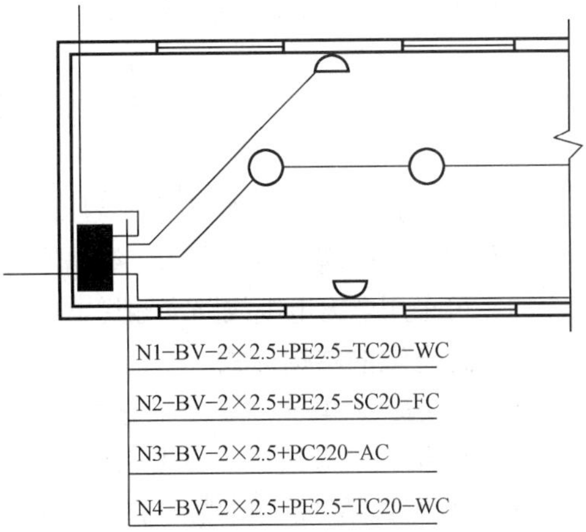

图 6-15　电力线路和照明线路表示格式

(3) N3-BV-2×2.5+PC16-AC：N3 表示为第三条回路；BV 型聚氯乙烯绝缘导线 2 根，导线截面积为 $2.5mm^2$；PC 穿塑料管，管径为 16mm；AC 表示在吊顶内暗敷。

(4) N4-BV-2×2.5+PE2.5-TC20-WC：N4 表示为第四条回路；BV 型聚氯乙烯绝缘导线 2 根，导线截面为 $2.5mm^2$；PE 表示保护线 1 根，导线截面积为 $2.5mm^2$；TC 表示穿电线管敷设，管径为 20mm；WC 表示沿墙暗敷。

3. 室内低压线路的安装

(1) 钢管配线。将绝缘导线穿在钢管内进行的敷设方式，称为钢管配线。钢管配线有明敷和暗敷两种。明敷是将钢管线沿建筑结构的表面或其他构件的表面进行敷设；暗敷是将管线敷设在墙内、地坪内、楼板或顶棚内。

钢管配件有钢管接头、线盒接头、接线盒及管卡。钢管接头，用于两段直钢管的连接；线盒接头，用于直接钢管和接线盒、配电箱的连接；接线盒，用于安装开关、插座等设备，还用于穿线用；管卡，用于固定管子用。

(2) 塑料护套线敷设。导线采用塑料护套线，支持件采用铝卡片的敷设方式，称为塑料护套线敷设。

铝卡片固定的方法一般视建筑物情况而定。在木结构上，可用一般的钉子钉牢；在混凝土结构上，可采用环氧树脂粘接。导线敷设时一只手持导线，另一只手将导线固定在铝卡片上，将铝卡片扎牢，并使其紧贴平面。每只铝卡片所扎导线不超过三根。

(3) 塑料线槽配线。用塑料线槽支持绝缘导线的配线方式，称为塑料线槽配线。其配线整齐美观，造价低，并且耐火，适用于室内用电负荷较小、配线场所干燥的明敷的地方。塑料线槽敷设于较隐蔽的地方，应尽量沿房屋的线脚、横梁、墙角等处敷设，做到与建筑物线条平行或垂直。

(4) PVC 塑料管的配件。PVC 管施工方便，既可以明敷也可以暗敷，适用于建筑场所，尤其适用于有酸碱腐蚀的场所。

PVC 塑料管的配件有直管接头、线盒接头、接线盒、管卡座和管塞直管接头，用于连接 PVC 塑料直管，在接头的两端要涂上专用的胶水来连接；线盒接头，用于连接 PVC 塑料直管和线盒、配电箱；接线盒，用于安装开关、插座等设备，以及用于穿线；管卡座，用于 PVC 管明敷设时固定管子；管塞，防止施工时杂物落入管中。

第三节　电力电缆的结构与敷设

电力电缆用作电力变压器与高、低压配电装置的连接导线。从配电装置引出到架空输电线路，一般利用电力电缆引出。当输电线路通过的地点不宜架设杆塔和架空线或用架空线输送交叉太多时，可采用电力电缆线路来输送电能。下面以油浸纸绝缘电缆的结构为例来进行分析。

一、电力电缆的结构形式

导电芯线是输送电流的，由电导率较高的铜或铝材料制成。电缆结构主要由导电芯线、绝缘层和保护层三部分组成，电缆截面形状分为圆形、弓形、扇形等几种。

单芯电缆及 10kV 以上电缆，采用圆形截面；两芯电缆，采用弓形截面；10kV 及以下的三芯或四芯电缆，采用扇形截面；多芯电缆的芯线之间用绝缘油浸渍过的电缆纸绝缘，并绞绕在一起，外面再包以绝缘束带，作为芯线与接地的铅包皮之间的补充绝缘。在芯线之间及绝缘束带和芯线之间的空隙中，填以黄麻填料。电缆的绝缘束带外裹以铅包皮，用来防止绝缘受潮和防止绝缘油流出而使绝缘纸变得干燥，可避免绝缘纸的绝缘强度降低及可能引起的绝缘击穿。

1. 电力电缆结构原理

绝缘保护层用来隔离导体，使与其他导体及保护层互相隔离。纸绝缘电力电缆的绝缘层是用一定厚度的纸带进行多层绕包，然后浸渍以矿物油和松香组成的黏性浸渍剂而组成的。

保护层主要起密封绝缘层以及防止外界机械损伤和腐蚀的作用，由内护层和外护层两部分组成。内护层用来使绝缘层密封防止潮气进入，不受外界损伤。目前大多数用铝皮或铅皮等金属保护层。外保护层主要是保护铅（铝）层不受外界机械损伤和化学腐蚀。

油浸纸绝缘电力电缆外形结构示意图如图 6-16 所示，电力电缆原理结构示意图如图 6-17 所示。用电缆油和松香油混合而成的黏性浸渍剂与电缆纸绕包组成绝缘，其内护层普遍采用铅或铝护套，外护层有钢带铠装、钢丝铠装等多种结构，能承受不同场合的机械力及腐蚀。

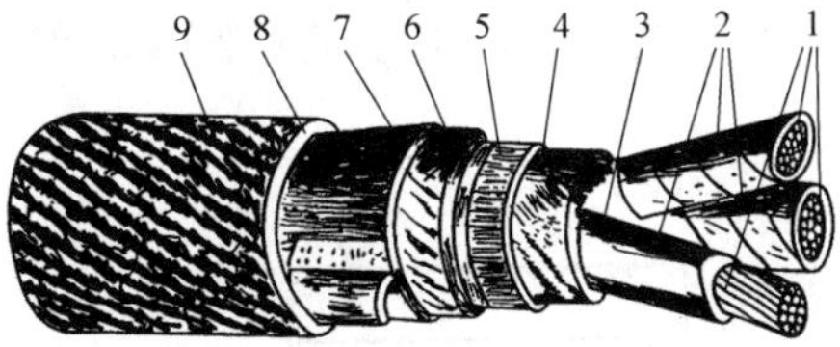

图 6-16　油浸纸绝缘电力电缆外形结构示意图

1—缆芯；2—油浸纸绝缘层；3—麻筋；4—油浸纸；5—铅包；6—涂沥青的纸带；7—内护层；8—钢铠；9—外护层

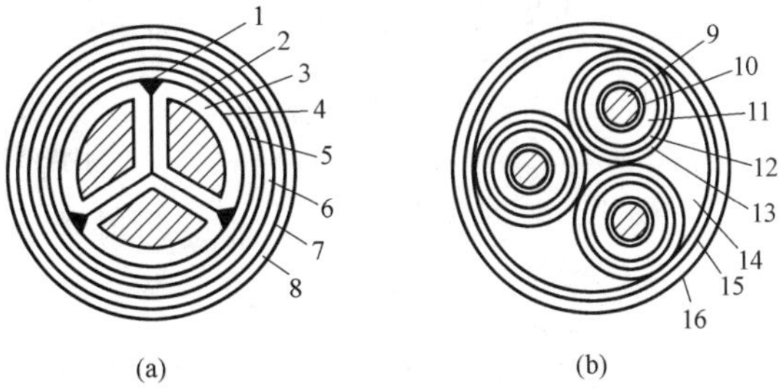

图 6-17　电力电缆原理结构示意图

(a) 三相铝包型电力电缆结构示意图；

(b) 三相铅包型电力电缆结构示意图

1—填料；2、9—线芯；3—相绝缘；4—绕包绝缘；5、13—金属护套；6—内衬层；7、15—铠装层；8、16—外被层；10—线芯屏蔽；11—绝缘层；12—绝缘屏蔽；14—内衬层和填料

2. 电力电缆型号表示含义

电力电缆的型号表示，采用汉语拼音字母组成，有外护层时则在字母后加两个阿拉伯数字表示外护层的组成。常用电力电缆型号字母、排列次序及电力电缆外护层代号的含义分别见表 6-4、表 6-5。

表 6-4　常用电力电缆型号字母及排列次序

类别	绝缘种类	线芯材料	内护层	其他特征
K—控制电缆 Y—移动软电缆 P—信号电缆 H—电话电缆	Z—纸绝缘 X—橡皮 V—聚氯乙烯 Y—聚乙烯 YJ—交联聚乙烯	T—铜芯 L—铝芯	Q—铅护层 L—铝护层 H—橡套 F—非燃性橡套 V—聚氯乙烯护套	D—不滴流 F—分相铅包 P—屏蔽 C—重型

表 6-5　电力电缆外护层代号表示含义

第一个数字		第二个数字	
代号	铠装层类型	代号	外护层类型
1	—	1	纤维绕包
2	双钢带	2	聚氯乙烯护套
3	细圆钢丝	3	聚乙烯护套
4	粗圆钢丝	4	—

二、电力电缆的敷设方式

电缆的敷设方式较多，主要有直接埋地敷设、电缆沟敷设、沿墙敷设和电缆桥架敷设等几种。在发电厂、变电所等使用电缆较密集的场合，还采用电缆隧道和电缆排管等方式。

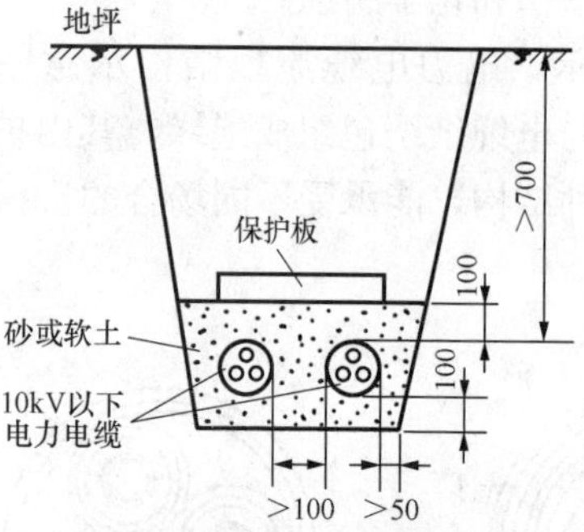

图 6-18　电缆直接埋地

1. 直接埋地敷设

电缆直接埋地敷设方式，投资省、散热好，但不便检修和查找故障，且易受外来机械损伤和水土侵蚀，一般用于户外电缆不多的场合，如图 6-18 所示。

2. 电缆沟敷设

电缆沟内可敷设多根电缆，占地小，且便于维修，如图 6-19 所示。

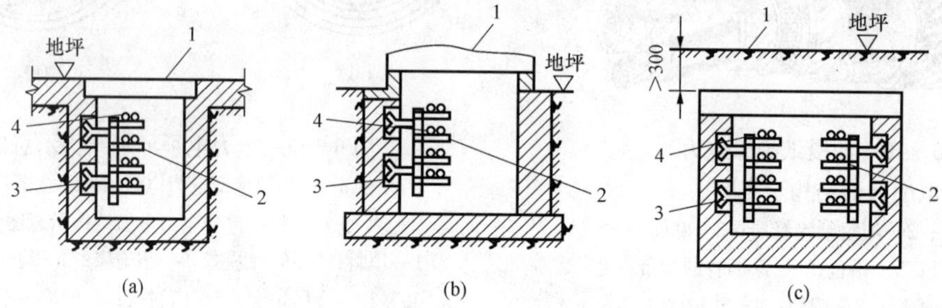

图 6-19　电缆在电缆沟内敷设

(a) 户内；(b) 户外；(c) 厂区

1—盖板；2—电缆支架；3—预埋铁件；4—电缆

3. 沿墙敷设

沿墙敷设方式一般用于室内环境正常的场合，如图 6-20 所示。

4. 电缆桥架敷设

由电缆支架、托臂、线槽及盖板组成。电缆桥架敷设在户内和户外均可使用。采用电缆桥架敷设的线路整齐美观，便于维护，槽内可以使用价廉的无铠装的全塑料电缆。

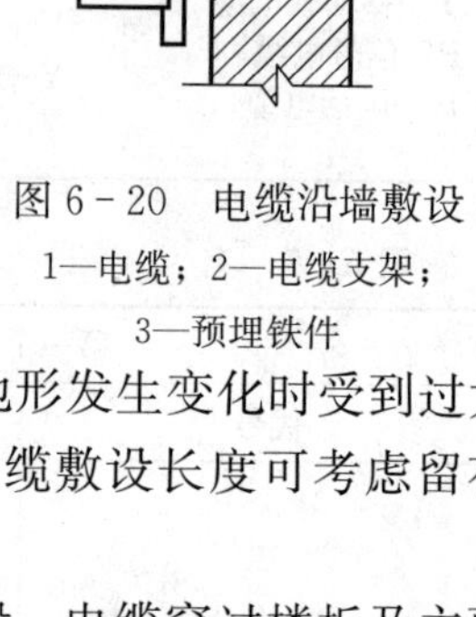

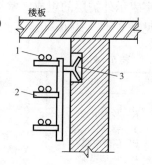

图 6-20　电缆沿墙敷设

1—电缆；2—电缆支架；3—预埋铁件

三、电缆敷设基本要求

敷设电缆时应严格遵守有关技术规程规定的要求，工程施工结束后，按规定的要求进行检查和验收，确保工程质量，具体要求如下：

(1) 防止电缆在地形发生变化时而受到的影响。为防止电缆在地形发生变化时受到过大的拉力，电缆在直埋地敷设时要求比较松弛，可作波浪形敷设。电缆敷设长度可考虑留有1.5%～2%的余量，以便检修。

(2) 特殊地点的电缆应穿钢管保护。电缆引入或引出建筑物路段；电缆穿过楼板及主要墙壁处；从电缆沟道引出至电杆路段；沿墙敷设的电缆距地面 2m 以下及地下 0.25m 深度的路段；电缆与公路和铁路交叉的路段，以上情况均需采用穿钢管敷设，且钢管内径不得小于电缆外径的 2 倍。

(3) 电缆与不同管道一起敷设的要求。电力电缆敷设不允许在煤气管道、天然气管道、液化气体燃料管道的沟道中敷设；在热力网管道的明沟中或地下隧道中，不允许敷设电缆。

第四节　导线及电缆截面的选择与校验

导线是完成传导和输送电能任务的载流导体。户内、外配电装置和架空电力线路都需要使用金属导线。架空电力线路的导线，终年承受风压、冰雪荷载等机械强度的作用，受到空气中有害气体的化学侵蚀及受温度变化的影响。因此，导线的材料要适应这种恶劣工作条件的要求，必须具有良好的导电性能、高的机械强度及抗化学腐蚀的能力。

一、导线类型及选择原则

(一) 导线类型的选择

1. 高、低压配电装置

对于户外 35kV 及以上的高压配电装置一般选用软铝母线；户内 10kV 及以下配电装置一般选用矩形铝母线；特殊要求的选用铜母线。

2. 高压架空线路

高压架空线路，一般选用铝绞线。当输电距离远、电压等级高、杆塔高、档距大时，应采用钢芯铝绞线；对于气温低、冰重载荷较大的地区，宜采用加重型钢芯铝绞线；对于在空气中受有害气体化学侵蚀的场所，宜采用防腐铝绞线或铜绞线。

3. 电缆线路

在一般的环境或场所可采用铝芯电缆线；对于有特殊要求的场所应采用铜芯电缆线；对于埋地敷设的电缆，应采用带有外护层的铠装电缆；在无机械损伤的场所，可采用塑料护套电缆或带外护层的铅包电缆。

4. 低压线路

对于 10kV 及以下的 380/220V 低压架空线路，一般也采用铝绞线或绝缘导线。

低压电缆线一般采用铝芯电缆，特殊要求的可采用铜芯电缆。对于低压 TN 配电系统可采用四芯或五芯电缆。

(二) 导线截面积选择原则

1. 发热条件

按长时间允许电流选择，导线（包括母线）在通过最大负荷电流时产生的发热温度，不应超过正常运行时的最高允许温度。

2. 经济电流密度

供配电系统中的高压架空线路及大电流的低压线路，一般应按经济电流密度选择截面所选截面积称为经济截面，以使线路的年运行费用最低，节约电能及有色金属。对于 380/220V 的低压线路通常不按此原则选择。

3. 电压损耗条件

导线和电缆在通过线路的最大负荷电流即为线路的计算电流 I_c 时产生的电压损耗，不应超过正常运行时的允许电压损耗，以保证供电质量。

4. 机械强度条件

按机械强度校验所选择的导线，是为了防止线路受自然条件的影响而造成断线。对于架空裸导线和绝缘导线截面积不应小于最小允许截面积。架空裸导线的最小允许截面积查附表20。对于母线还需要校验动、热稳定性；由于电缆线路有内外护套绝缘保护层，本身能够满足机械强度的要求，因此电缆线路不需校验。

5. 低压动力线路截面积

动力线路由于负荷电流较大，一般先按照发热条件来选择截面积，再校验电压损耗和机械强度。

6. 低压照明线

照明线路对电压质量要求较高，一般先按电压损耗来选择截面积，然后校验发热条件和机械强度。

二、导线及电缆截面积选择

下面分别介绍按发热条件、允许电压损耗条件、经济电流密度三方面选择导线的截面积方法。

（一）按发热条件选择导线截面积

为保证线路安全、可靠运行，导线温度应限制在一定的范围内，裸导线的允许温度一般规定为70℃。超过此值后，导线接头处将发生剧烈氧化而导致过热，容易发生短路事故。

1. 三相导线的相线截面积的选择

三相导线的相线截面积应使线路长期通过的允许载流量 I_{al} 不应小于导线的长时间通过的最大工作电流 I_{30}，即

$$I_{al} \geqslant I_{30} \tag{6-1}$$

式中 I_{al}——导线长期通过的允许载流量，A；

I_{30}——导线长时间通过线路的计算电流，A。

如果导线通过长期最大允许载流量所采用的环境温度 θ_0 与导线敷设地点实际的环境温度 θ_0' 不同时，应乘以温度修正系数 K_θ。

$$K_\theta = \sqrt{\frac{\theta_{al} - \theta_0'}{\theta_{al} - \theta_0}} \tag{6-2}$$

式中 θ_{al}——导体在额定负荷时的最高允许温度，℃；

θ_0'——导线敷设地点实际的环境温度，℃；

θ_0——导线允许载流量所采用的环境温度，℃。

导线允许载流量是指在规定的环境温度下，能够长时间通过而不致使其稳定温度超过最大允许的电流 I_{al} 值。修正后的允许载流量为

$$I_{al}' = I_{al} K_\theta \tag{6-3}$$

式中 I_{al}'——修正后的允许载流量，A；

K_θ——温度修正系数，按式（6-2）计算或查表6-6值。

表 6-6　母线、电缆、绝缘导线的温度校正系数 K_θ 值

实际环境温度（℃）	最高允许温度 70℃											
	−5	0	5	10	15	20	25	30	35	40	45	50
K_θ	1.29	1.24	1.20	1.15	1.11	1.05	1.0	0.94	0.88	0.81	0.74	0.67

2. 中性线 N 截面积的选择

一般三相四线制线路的中性线截面积 A_0 不应小于相线截面积 A_ϕ 的 50%，即

$$A_0 \geqslant 0.5A_\phi \tag{6-4}$$

其中，A_ϕ、A_0的单位为 mm^2。

3. 保护线 PE 截面积的选择

按规定，低压配电系统中的保护线 PE 的电导一般小于相线电导的 50%。因此，保护线截面积 A_{PE}（单位为 mm^2）一般不得小于相线截面积 A_ϕ的 50%，即

$$A_{PE} \geqslant 0.5A_\phi \tag{6-5}$$

考虑短路热稳定度的要求，当 $A_\phi \leqslant 16mm^2$ 时，保护线截面积应与相线截面积相等，即

$$A_{PE} = A_\phi \tag{6-6}$$

4. 保护中性线 PEN 截面积选择

保护中性线 PEN 在 TN-S 系统中可兼有保护线 PE 和中性线 N 的功能。因此，保护中性线 PEN 截面积的选择，应同时满足上述保护线 PE 和中性线 N 的两个条件，然后取其中最大值即可满足要求。

例 6-1　试按发热条件选择 380/220V、低压动力 TN-C 系统中的相线和 PEN 截面积。已知线路的计算电流为 185A，当地最热月平均气温为 32℃；拟采用 BLX-500 型铝芯橡皮线明敷设。

解　TN-C 系统含有三根相线和一根保护中性线 PEN。

(1) 相线截面积选择。查附表 17 得，环境温度为 30℃时明敷的 BLX-500 型铝芯橡皮线截面积为 $70mm^2$ 的允许载流量为 206A，与安装地点的实际环境温度不相同，需乘温度修正系数。

(2) 温度修正系数为

$$K_\theta = \sqrt{\frac{\theta_{al} - \theta_0'}{\theta_{al} - \theta_0}} = \sqrt{\frac{70 - 32}{70 - 30}} = \sqrt{\frac{38}{40}} = 0.97$$

$$I_{al}' = I_{al}K_\theta = 206 \times 0.97 = 199.82\ (A)$$

(3) 校验发热：

$$I_{al}' = 199.82\ (A) \geqslant I_{30} = 185\ (A)$$

所以，满足发热条件的要求。因此选 BLX-500 型铝芯橡皮线，$A_\phi = 70mm^2$，三根作相线、一根作保护中性线。

例 6-2　有一条采用 LJ 型铝绞线架设 5km 长的 10kV 供电的架空输电线路，有功计算负荷为 $P_c = 3000kW$，$\cos\varphi = 0.75$。试按发热条件选择其导线截面积，并校验其发热条件和机械强度。

解　(1) 按发热条件选择。首先求出线路最大工作电流，即

$$I_{30}=\frac{P_c}{\sqrt{3}U_N\cos\varphi}=\frac{3000}{\sqrt{3}\times10\times0.75}=231\text{（A）}$$

（2）校验发热。查附表 14 得 LJ－70 型铝绞线允许载流量 $I_{al}=265A\geqslant I_{30}=231A$，所以选 LJ－70 型铝绞线满足发热条件要求。

（3）校验机械强度。查附表 20 得 10kV 架空铝绞线的最小允许截面积 $A_{min}=25mm^2\leqslant A=70mm^2$，所以满足机械强度的要求。

（二）按允许电压损耗选择导线截面积

由于供配电线路中存在电阻和电抗，当负荷电流通过导线时，除产生电能损耗外，还将会产生电压损耗，影响供电质量。电压损耗是指线路始端和线路末端电压的代数差，即 $\Delta U=U_1-U_2$。电压损耗常以其额定电压的百分数表示，即

$$\Delta U\%=\frac{U_1-U_2}{U_N}\times100\% \tag{6-7}$$

1. 一个集中负荷的三相线路电压损耗计算

图 6－21 所示为线路末端接有一个集中负荷的三相线路。设每相的电流为 I，线路有效电阻为 R，电抗为 X，线路始端和末端的相电压分别为 U_1 和 U_2，负荷的功率因数为 $\cos\varphi_2$。以线路末端相电压为参考相量，作出一相的电压相量图，如图 6－22 所示。由此相量图分析得知

$$\Delta U=\dot{U}_1-\dot{U}_2 \tag{6-8}$$

式中 ΔU——线路始端至线路末端的电压降，V；

$\dot{U}_1$——线路始端电压相量，V；

$\dot{U}_2$——线路末端的电压相量，V。

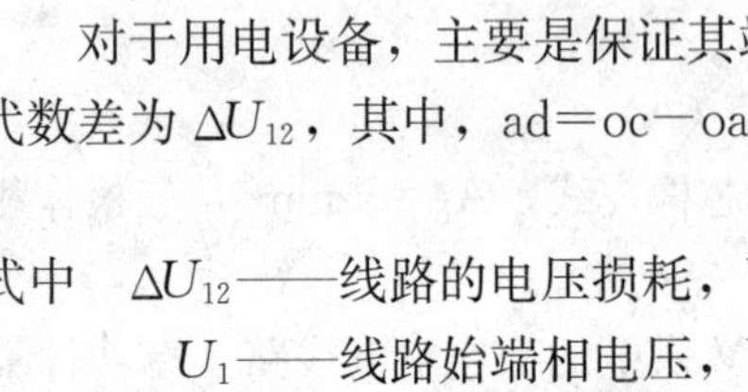

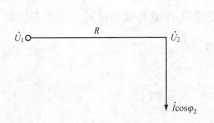

图 6－21 一个集中负荷的三相线路图

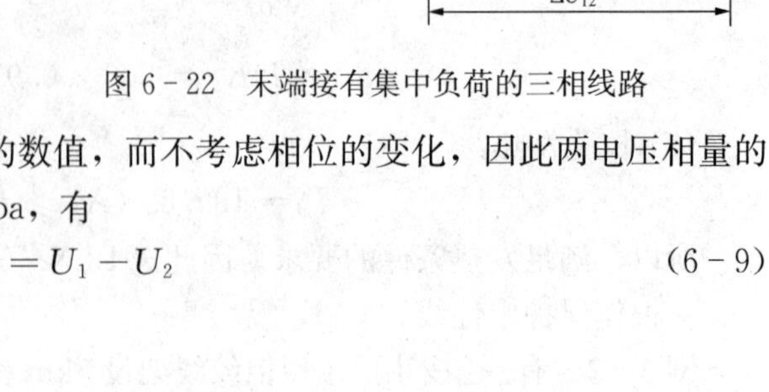

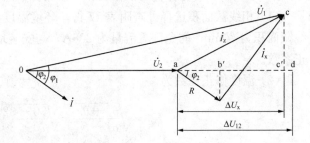

图 6－22 末端接有集中负荷的三相线路

对于用电设备，主要是保证其端电压的数值，而不考虑相位的变化，因此两电压相量的代数差为 ΔU_{12}，其中，ad＝oc－oa＝od－oa，有

$$\Delta U_{12}=U_1-U_2 \tag{6-9}$$

式中 ΔU_{12}——线路的电压损耗，V；

U_1——线路始端相电压，V；

U_2——线路末端相电压，V。

由于线路的电压损耗相对于线路电压来说相当小，即线段 c′d 很小，可以忽略不计，则线路电压损耗 ΔU_{12} 可以认为等于线路电压降 I_z 在水平方向的投影 ΔU_x，即

$$\Delta U_{12}=\Delta U_{x}=a'b'+b'c'=IR\cos\varphi_2+IX\sin\varphi_2$$

将上式改用线电压表示，即得计算线电压损耗的公式：

$$\begin{aligned}\Delta U&=\sqrt{3}\Delta U_{x}=\sqrt{3}(IR\cos\varphi_2+IX\sin\varphi_2)\\&=\frac{\sqrt{3}U_{N}I_2R\cos\varphi_2+\sqrt{3}U_{N}I_2X\sin\varphi_2}{U_{N}}\\&=\frac{P_2R+Q_2X}{U_{N}}\end{aligned}\tag{6-10}$$

式中　U_N——线路额定电压，kV；

R——线路单位长度的电阻值，Ω/km；

X——线路单位长度的电抗值，Ω/km。

对于工厂供电网，由于线路的功率损耗一般不大，所以计算中令 $P_1=P_2$，$Q_1=Q_2$ 是完全允许的。

例 6-3　有一条长 5 km 的 10kV 架空线路，采用 LJ-70 型铝绞线架设，已知：线路计算负荷为 $P_c=1200$kW，$\cos\varphi=0.75$，导线水平等距排列，线间距离为 1m，线路允许电压损耗为 5%。试校验该线路是否满足电压损耗的要求？

解　已知 $P_c=1200$ kW，$\cos\varphi=0.75$，$a=1$m。

（1）线路无功损耗为

$$Q_c=P_c\tan\varphi=1200\times0.88=1056\ (\text{kvar})$$

由于 $a=1$m，导线水平排列，线间几何均距为

$$a'=1.26a=1.26\times1=1.26\ (\text{m})$$

（2）根据导线截面积 $A=70\ \text{mm}^2$，查附表 12 得 $r_0=0.48\Omega/\text{km}$，$x_0=0.36\Omega/\text{km}$。

（3）线路电压损耗为

$$\begin{aligned}\Delta U&=\frac{pR+qX}{U_N}=\frac{1200\times(5\times0.48)+1056\times(5\times0.36)}{10}\\&=\frac{2880+1901}{10}=307\ (\text{V})\end{aligned}$$

（4）线路电压损耗的百分比为

$$\begin{aligned}\Delta U\%&=\frac{\Delta U}{U_N}\times100\%=\frac{307}{10\ 000}\times100\%\\&=3.07\%\leqslant\Delta U_{al}\%=5\%\end{aligned}$$

所以采用 LJ-70 型铝绞线，满足电压损耗的要求。

2. 多个集中负荷的三相线路电压损失计算

下面以带两个集中负荷的三相线路为例介绍。单线图如图 6-23（a）所示。设 U_0 为始端电压，U_1 为线路中间某一点集中负荷处相电压，U_2 为

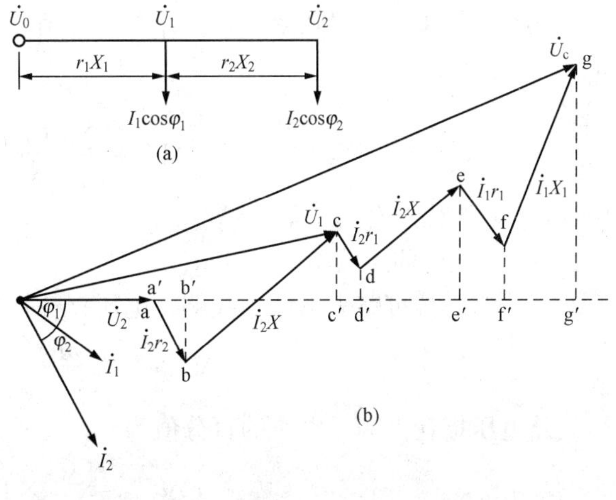

图 6-23　有两个集中负荷的三相线路

（a）单接线图；（b）相量图

线路最远端负荷处的相电压，r_1、x_1 分别为始端至中点处线路的电阻和感抗，r_2、x_2 分别为中点至线路末端线路的电阻和感抗。根据电路理论可知，流过 r_1、x_1 线路的电流为 I_1+I_2。以末端电压 U_2 为参考相量作出线路各电压、电流的相量图，如图 6-23（b）所示。由图可知，线路始端电压 U_0 与线路末端电压的代数差，即是线路的电压损耗，线路的始端电压 U_0 与线路末端电压的相量差，即是线路的电压降。

由于线路的电压降相对于线路电压来说很小，所以可近似地把线路电压降的水平分量 ΔU_x 视为电压损耗。根据图 6-23（b）的相量图可求出 01 段和 02 段的电压损耗计算式，即

$$\Delta U_{01}=\frac{P_1r_1+Q_1x_1}{U_N}$$

$$\Delta U_{12}=\frac{P_2r_2+Q_2x_2}{U_N} \tag{6-11}$$

$$\begin{aligned}\Delta U_{02}&=I_2r_2\cos\varphi_2+I_2x_2\sin\varphi_2+I_2r_1\cos\varphi_2+I_2x_1\sin\varphi_2+I_1r_1\cos\varphi_1+I_1x_1\sin\varphi_1\\&=I_2(r_1+r_2)\cos\varphi_2+I_2(x_1+x_2)\sin\varphi_2+I_1r_1\cos\varphi_1+I_1x_1\sin\varphi_1\\&=I_2R_{02}\cos\varphi_2+I_2X_{02}\sin\varphi_2+I_1R_{01}\cos\varphi_1+I_1X_{01}\sin\varphi_1\end{aligned} \tag{6-12}$$

将线路各段功率用各负荷点的功率表示，则线路上总的电压损耗为

$$\begin{aligned}\Delta U=\Delta U_{02}&=\frac{\sqrt{3}I_2(R_{02}\cos\varphi_2+X_{02}\sin\varphi_2)}{U_N}+\frac{\sqrt{3}I_1(R_{01}\cos\varphi_1+X_{01}\sin\varphi_1)}{U_N}\\&=\frac{P_2r_2+Q_2x_2+P_1r_1+Q_1x_1}{U_N}\end{aligned} \tag{6-13}$$

三相线路如果用负荷功率 p、q 计算，利用 $i=\frac{p}{\sqrt{3}U_N\cos\varphi}=\frac{q}{\sqrt{3}U_N\sin\varphi}$，则电压损耗计算式为

$$\Delta U=\frac{\sum(pR+qX)}{U_N} \tag{6-14}$$

式中 p——负荷有功功率，kW；

q——负荷无功功率，kvar。

三相线路如果用线段功率 P、Q 计算，利用 $i=\frac{P}{\sqrt{3}U_N\cos\varphi}=\frac{Q}{\sqrt{3}U_N\sin\varphi}$，则电压损耗计算公式为

$$\Delta U=\frac{\sum(Pr+Qx)}{U_N} \tag{6-15}$$

式中 P——线段的有功功率，kW；

Q——线段的无功功率，kvar。

对于线路感抗可略去不计的线路，电压损耗计算式为

$$\Delta U=\frac{\sum(pR)}{U_N}=\frac{\sum(Pr)}{U_N} \tag{6-16}$$

线路电压损耗占额定电压的百分值为

$$\Delta U\%=\frac{\Delta U}{U_N}\times100\% \tag{6-17}$$

由以上分析推导可知，由电源引入点，即线路始端至最远负荷末端的电压损耗为电流流

经的各端电压损耗之和。

例 6-4　某厂 10kV 架空线路，负荷参数如图 6-24 所示。采用 LGJ-95 型钢芯铝绞线架设，已知导线采用三角形排列，线间几何均距为 1m，线路允许电压损耗为 7%。试校验该线路是否满足电压损耗的要求。

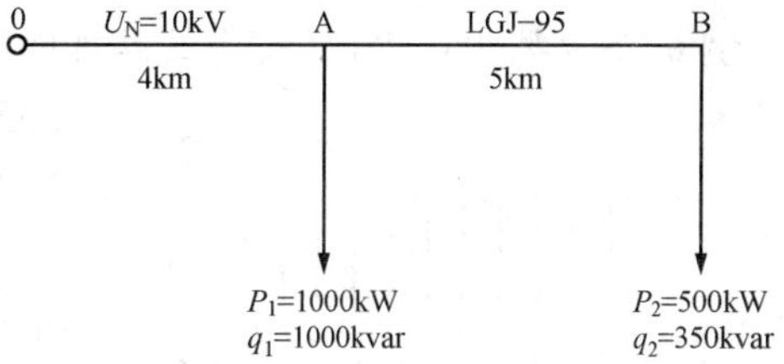

图 6-24　例 6-4 电路图

解　查附表 13 得 LGJ-95 型钢芯铝绞线 $r_0=0.33\Omega/\text{km}$，$x_0=0.334\Omega/\text{km}$。

（1）线路电压损耗为

$$\Delta U=\frac{\sum(P_1R_1+Q_1X_1)}{U_N}$$

$$=\frac{1500\times(4\times0.33)+500\times(5\times0.33)+1350\times(4\times0.334)+350\times(5\times0.334)}{10}=520\ (\text{V})$$

（2）线路电压损耗的百分比为

$$\Delta U\%=\frac{\Delta U}{U_N}\times100\%=\frac{520}{10\ 000}\times100\%=5.2\%\leqslant\Delta U_{al}\%=7\%$$

所以采用 LGJ-95 型钢芯铝绞线，满足电压损耗的要求。

（三）均匀分布负荷的线路电压损耗的计算

均匀分布负荷的一段线路图如图 6-25 所示，这种电路在照明支路中应用较为普遍。当负荷相等，且沿线路均匀分布时，可将分散的负荷视为集中在中点的总负荷加以计算。

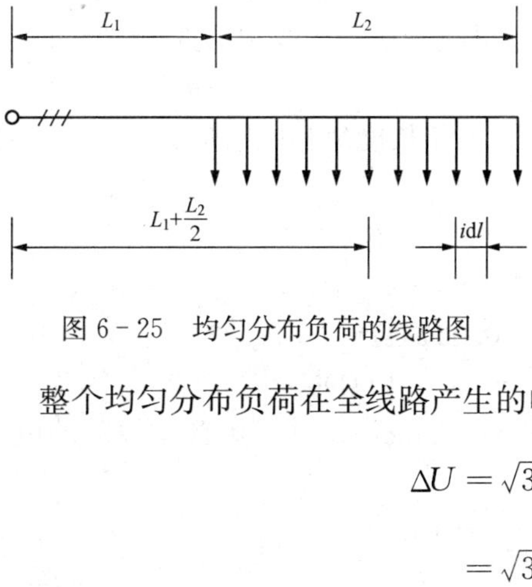

图 6-25　均匀分布负荷的线路图

设单位长度线路上的负荷电流为 i_0，则无限小长度线段 dl 的负荷电流为 i_0dl，这一负荷电流流过线路长度为 l，电阻为 R_0l，产生的电压损耗为

$$d(\Delta U)=\sqrt{3}i_0dlR_0l \tag{6-18}$$

整个均匀分布负荷在全线路产生的电压损耗为

$$\Delta U=\sqrt{3}i_0R_0\times\frac{L_2(2L_1+L_2)}{2}$$

$$=\sqrt{3}i_0R_0L_2\left(L_1+\frac{L_2}{2}\right) \tag{6-19}$$

令 $i_0L_2=I$，其中 I 为均匀分布负荷的等效集中负荷，则有

$$\Delta U=\sqrt{3}IR_0\left(L_1+\frac{L_2}{2}\right) \tag{6-20}$$

则由式（6-20）可导出常用的电压损耗百分值计算式，即

$$\Delta U\%=\frac{P\left(L_1+\frac{L_2}{2}\right)}{CA} \tag{6-21}$$

式中　P——等效集中负荷，kW；

L_1、L_2——线路长度，km。

例 6-5　某 380/220V 配电线路如图 6-26 所示，试按发热条件选择导线 BLV 型导线截面积，并计算线路其电压损耗。（已知线路安装地点环境温度为 30℃）

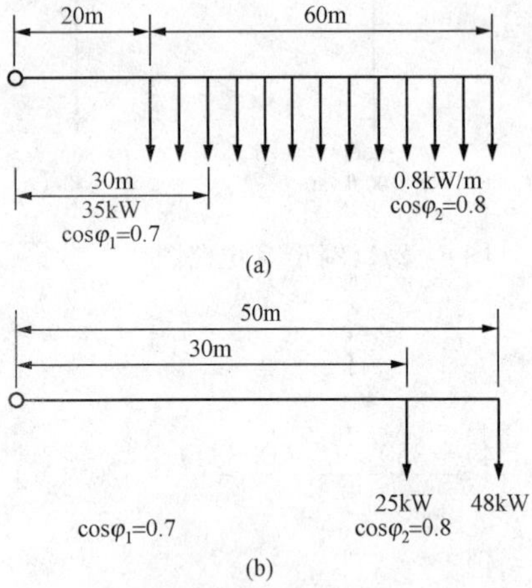

图 6-26　例 6-5 图

（a）电路图；（b）等值电路图

解　根据题意，先将均匀分布负荷集中于均匀分布负荷线段的中点，并绘出其等值线路如图 6-26（b）所示。

（1）已知 $P_{c1}=35\text{kW}$，$U_N=380\text{V}$，$\cos\varphi_1=0.7$，$P_{c2}=60\times0.8=48\text{kW}$，$\cos\varphi_2=0.8$，求计算电流。

$$I_{301}=\frac{P_{c1}}{\sqrt{3}U_N\cos\varphi_1}=\frac{35\ 000}{\sqrt{3}\times380\times0.7}=\frac{35\ 000}{460.7}=75.97\ (\text{A})$$

$$I_{302}=\frac{P_{c2}}{\sqrt{3}U_N\cos\varphi_2}=\frac{48\ 000}{\sqrt{3}\times380\times0.8}=91.2\ (\text{A})$$

因此，线路中的总计算电流为

$$I_\Sigma=I_{301}+I_{302}=75.97+91.2=167.2\ (\text{A})$$

（2）按发热条件选择导线。查附表 17，当负荷电流为 $I_\Sigma=167.2\text{A}$ 时，可采用 BLV 型导线 $A=70\text{mm}^2$，允许载流量为 $I_{al}=191\text{A}>I_\Sigma=167.2\text{A}$，满足发热条件要求。

因此按发热条件可选 BLV-500-1×70+1×35 型导线三根作相线和另选 BLV-1×35 型导线一根作保护中性线。

（3）校验线路电压损耗。按 $A=70\text{mm}^2$ 查附表 18，单位长度每相电阻值为 $r_0=0.47\Omega/\text{km}$，电抗值为 $x_0=0.088\Omega/\text{km}$。

则有

$$R_1=r_{01}L_1=0.47\times0.03=0.014\ (\Omega)$$

$$X_1=x_{01}L_1=0.088\times0.03=0.0026\ (\Omega)$$

$$R_2=r_2L_2=0.47\times0.05=0.024\ (\Omega)$$

$$X_2=x_{02}L_2=0.088\times0.05=0.004\ (\Omega)$$

又因为 $\cos\varphi_1=0.7$ 时，$\sin\varphi_1=0.71$；$\cos\varphi_2=0.8$ 时，$\sin\varphi_2=0.6$，因此，线路的电压损耗为

$$\Delta U=\sqrt{3}\left[\frac{I_{c2}(R_2\cos\varphi_2+X_2\sin\varphi_2)}{U_N}+\frac{I_{c1}(R_1\cos\varphi_1+X_1\sin\varphi_1)}{U_N}\right]\times100$$

$$=\sqrt{3}\times\left[\frac{91.2\times(0.024\times0.8+0.004\times0.6)}{380}+\frac{75.97\times(0.014\times0.7+0.0026\times0.71)}{380}\right]\times100$$

$$=\sqrt{3}\times\left(\frac{1.753}{380}+\frac{0.885}{380}\right)\times100=\sqrt{3}\times(0.0046+0.002)\times100=0.8\%$$

计算求得 $\Delta U=0.8\%$，满足线路电压损耗要求。

（四）按经济电流密度选导线截面积

经济电流密度是指年运行费用最低时，导线单位截面积通过电流的大小。年运行费用主要由下列几部分构成：年电耗费、年折旧费和大修费、小修费和维护费。年电耗费是指电力

网全年损耗电能的价值。导线截面越大，初期投资也越大，年折旧费就高。

导线的维修费与导线截面积无关，因此可变费用与导线截面积的关系如图 6－27 所示。由图可知，年运行费最少的导线截面积为 A_{ec}，称为经济截面积。对应该截面积所通过的线路负荷电流密度称为经济电流密度，用 j_{ec}表示。

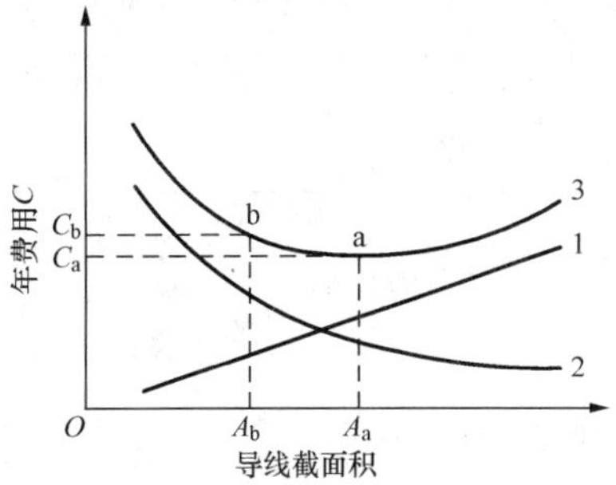

图 6－27　费用与导线截面积的关系

经济电流密度还与年最大负荷利用小时有关。所谓年最大负荷利用小时 T_{max}，就是全年线路输送总电量按线路最大负荷来输送所需的时间。全年输送总电量为

$$W_a = P_c T_{max} \tag{6-22}$$

式中　W_a——全年输送总电量，kW·h；

P_c——年有功计算负荷，kW；

T_{max}——年最大负荷利用小时，h。

按经济电流密度选择导线截面积，应首先确定 T_{max}，然后根据导线材料查出经济电流密度值 j_{ec}，按线路正常运行时最大工作电流 I_W 选标准截面积 A 等于或接近于经济截面积 A_{ec}的值。

对于全年平均负荷较大、线路较长、传输容量较大的回路，如主变回路及电力电缆和高压架空线等均应按经济电流密度选择导线截面积。按经济电流密度计算经济截面积 A_{ec}为

$$A_{ec} = \frac{I_{30}}{j_{ec}} \tag{6-23}$$

式中　A_{ec}——经济截面积，mm^2；

I_{30}——线路正常运行时的计算电流，A；

j_{ec}——经济电流密度值，见表 6－7，A/mm^2。

我国现行的经济电流密度及各类负荷的年最大负荷利用小时 T_{max}，见表 6－7。

表 6－7　　母线、电缆线、导线的经济电流密度值 j_{ec}　　（A/mm^2）

线路类别	导线材质	年最大有功负荷利用小时 T_{max}		
		3000h 以下	3000～5000h	5000h 以上
架空线路母线	铜裸导线和母线	3.00	2.25	1.75
	铝裸导线和母线	1.65	1.15	0.90
电缆线路	铜芯电缆	2.50	2.25	2.00
	铝芯电缆	1.92	1.73	1.54

校验所选导线按短路热稳定性按式（6－24）进行计算：

$$A_{min} \geqslant I_{\infty}^{(3)} \frac{\sqrt{t_{ima}}}{C} \tag{6-24}$$

式中　A_{min}——导线最小允许截面积，mm^2；

$I_{\infty}^{(3)}$——三相短路稳态电流，kA；

C——导体热稳定系数，见表 6－8，$A\sqrt{S}/mm$。

表 6-8　母线、电缆线、导线的热稳定系数 C 值

导体种类和材料			最高允许温度（℃）		C 值
			正常负荷时	短路故障时	
母线	铜		70	320	175
	铝		70	220	87
油浸纸绝缘电缆	铜芯	1～3kV	80	250	148
		6kV	65	250	150
		10kV	60	250	153
		35kV	50	175	
	铝芯	1～3kV	80	200	84
		6kV	65	200	87
		10kV	60	200	88
		35kV	50	175	

例 6-6　某变电所有一条采用铝芯电缆敷设的 10kV 供电线路。已知：线路的有功计算负荷为 2000kW，$\cos\varphi=0.9$，$T_{max}=4500$h。试选择其经济截面积，并校验其发热条件。

解　(1) 求线路最大工作电流。

已知 $T_{max}=4500$h，查表 6-7 得铝芯电缆线的经济电流密度 $j_{ec}=1.73\text{A/mm}^2$，因此有

$$I_{30}=\frac{P_c}{\sqrt{3}U_N\cos\varphi}=\frac{2000}{\sqrt{3}\times 10\times 0.9}=\frac{2000}{15.59}=128.3\,(\text{A})$$

(2) 计算经济截面为

$$A_{ec}=\frac{I_{30}}{j_{ec}}=\frac{128.3}{1.73}=74.16\,(\text{mm}^2)$$

根据求得经济截面积 $A_{ec}=74.16\text{mm}^2$，查附表 16，试初选标准截面积为 A＝YJV-70×3 型铝芯电力电缆。

(3) 校验其发热条件。查附表 16 得，选择 YJV-70×3 型铝芯电力电缆，在 60℃时埋在地下允许载流量为 $I_{al}=165\text{A}\geqslant I_{30}=128.3\text{A}$，所以满足发热条件要求。

第五节　母线的选择及校验

母线是汇集和分配电流以及连接各种电器的载流导体，解决了电力变压器容量大、数量少而用电分散、引出线回路数量多的问题。在多条线路和变压器之间，多台变压器和引出线之间，往往需要有起着汇总和分配电流作用的母线，母线也称汇流排。

一、母线材料

电压在 10kV 及以下的装置中，大多数采用矩形截面的铝母线，这是为了便于散热和减小集肤效应的影响。为了辨别相序，常在母线上涂以黄色、绿色、红色三种不同色，分别表示 A 相、B 相、C 相的三个不同相序。

电压在 35kV 及以上的装置中，一般多采用钢芯铝绞线或铜绞线，以免发生电晕，同时可使配电装置结构和布置简单、投资降低、运行和维护方便。主变压器低压侧的连接线及低

压配电装置的主母线均采用硬母线。

在配电装置中，母线常采用的材料有铜、铝和钢。铜是导电性能最好的材料之一，它的电阻率比铝和钢的都小，而且在空气中能较好地预防化学侵蚀。只有在化工厂附近的户内外配电装置中才采用铜母线。

铝的电阻率比铜大，在相同负荷时，为保持同一发热温度，铝母线的截面积要比铜母线的截面积大 1.6 倍。然而由于铝材料的相对密度比铜材料的小，在这种情况下，铝母线的质量仅为铜的 40%～50%。铝材在空气中的化学侵蚀性能很好，在国家以铝代铜的技术政策指导下，目前广泛采用铝母线。

钢材料的电阻率为铜材料的 7 倍。在交流配电装置中应用钢母线时，会在钢母线中引起磁滞损耗和涡流损耗。因此，钢母线一般只应用于 1kV 以上的小容量装置，以及 1kV 以下、工作电流不大于 200A 的配电装置中。

二、母线的选择

在配电装置中，母线的选择主要是选其母线截面积。首先按持续工作电流或经济电流密度方法来选择母线截面积，然后按短路条件校验母线的动稳定和热稳定。对 35kV 及以上电压的母线应按电晕电压来校验。母线选择方法与高压架空线路选择方法相同。

三、母线动稳定校验

(1) 母线动稳定按式 (6-25) 校验：

$$\sigma_{al} \geqslant \sigma_c \tag{6-25}$$

$$\sigma_c = \frac{M}{W} \tag{6-26}$$

$$W=\frac{b^2h}{6}$$

式中 σ_{al}——母线材料的最大允许应力，MPa，硬铜母线 $\sigma_{al}=140$MPa，硬铝母线 $\sigma_{al}=70$MPa，钢线 $\sigma_{al}=100$MPa；

σ_c——母线通过冲击电流时所受到的最大计算应力；

M——母线通过冲击电流时所受到的最大弯曲力矩；

W——母线的截面系数，当母线水平放置时；

b——母线的截面宽度；

h——母线截面的垂直高度。

当母线档数为 1～2 档时，$M=\frac{F^{(3)}L}{8}$；当母线档数大于 2 档时，$M=\frac{F^{(3)}L}{10}$。其中 L 为母线的档距。

(2) 三相短路时所受的最大电动力为

$$F^{(3)}=\sqrt{3}i_{sh}^{(3)^2}\frac{l}{a}\times 10^{-7} \tag{6-27}$$

式中 $F^{(3)}$——三相短路时所受的最大电动力，N/A^2；

i_{sh}^3——三相短路冲击电流瞬时值，kA。

四、母线的热稳定校验

母线的热稳定按式 (6-24) 校验。

例 6-7 某工厂总降压变电所 10kV 侧配电母线参数为 $U_N=10$kV，$I_{30}=980$A，$I''^{(3)}=$

$I_{\infty}^{(3)}=I_{k}^{(3)}=12kA$，$i_{sh}^{(3)}=30kA$，断路器断路时间 $t_{oc}=0.2s$，继电保护装置动作时间$t_{op}=0.5s$，设母线档数为 2 档，母线档距 $l=1m$，相邻两母线的轴线间距离 $a=0.15m$。按发热条件选择母线并校验其动稳定和热稳定。

解 1. 选择母线

按发热条件选择母线应满足条件 $I_{al}\geqslant I_{c}$。

已知 $I_{c}=980A$，查附表 15，试选择每相为 LMY－100×8 型铝母线。在 35℃时，最大允许电流为 $I_{al}=1425A\geqslant I_{c}=980A$，所选母线满足发热条件要求。

2. 母线的热稳定校验

短路电流假想时间 $t_{ima}=t_{oc}+t_{op}+0.05=0.2+0.5+0.05=0.75$（s），查表 6－8 得铝母线热稳定系数 $C=87A\sqrt{S}/mm^{2}$，则母线的最小允许截面积为

$$A_{min}\geqslant I_{\infty}^{(3)}\frac{\sqrt{t_{ima}}}{C}=12\ 000\times\frac{\sqrt{0.75}}{87}=12\times10^{3}\times0.01=120\ (mm^{2})$$

所选导线截面积 $A=800mm^{2}\geqslant A_{min}=120mm^{2}$，所以选择 LMY－100×8 型铝母线，满足热稳定条件的要求。

3. 母线动稳定校验

母线动稳定校验应满足允许应力大于计算应力，即 $\sigma_{al}\geqslant\sigma_{c}$。

（1）母线三相电动力为

$$\begin{aligned}F^{(3)}&=\sqrt{3}i_{sh}^{(3)2}\frac{l}{a}\times10^{-7}=\sqrt{3}\times(30\times10^{3})^{2}\times\frac{1}{0.15}\times10^{-7}\\&=\sqrt{3}\times90\times10^{7}\times6.67\times10^{-7}\\&=1.732\times90\times6.67\ (N/A^{2})=1039.7\ (N)\end{aligned}$$

（2）母线最大弯曲力矩为

$$M=F^{(3)}\times\frac{l}{10}=1039.7\times\frac{1}{10}=103.97\ (N\cdot m)$$

（3）母线断面系数为

$$W=\frac{b^{2}h}{6}=\frac{(0.1)^{2}\times0.08}{6}=\frac{0.000\ 8}{6}=0.000\ 013\ 3=1.33\times10^{-5}\ (m^{2})$$

4. 计算母线计算应力

母线计算应力为

$$\sigma_{c}=\frac{M}{W}=\frac{103.97}{1.33\times10^{-5}}=138.3\times10^{5}\ (Pa)=13.83\times10^{6}\ (Pa)=13.83\ (MPa)$$

选硬铝母线满足允许应力大于计算应力即 $\sigma_{al}=70MPa\geqslant\sigma_{c}=13.83MPa$，所选母线满足动稳定校验条件要求。

本章小结

本章主要讲述工厂供电系统架空导线的结构、接线方式；架空导线、低压动力配电线、高压母线、电力电缆截面积的选择校验方法；重点分析按发热条件、经济电流密度选择导线截面积，按电压损耗条件、机械强度条件校验导线，按动稳定和热稳定条件校验母线。

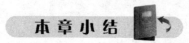

习题与思考题

1. 架空导线的结构由哪几部分组成？

2. 工厂低压配电网有哪几种接线形式？各有何特点？

3. 按经济电流密度选择导线截面积有何优点？

4. 试按发热条件选择 220/380V 低压配电系统中的相线和中性线截面积。已知线路计算电流为 $I_c=150\text{A}$，导线敷设地点的环境温度为 $\theta_0=30℃$，拟采用 BLV 型铝芯塑料线穿钢管埋地敷设。

5. 试选择某变电所高压配电装置引出线上的铝母线，已知额定电压为 $U_N=10\text{kV}$，额定工作电流为 $I_c=895\text{A}$，$T_{max}=4800\text{h}$，$i_{sh}^{(3)}=40\text{kA}$，$I_k^{(3)}=I_\infty^{(3)}=20\text{kA}$，继电保护装置动作时间为 $t_{op}=0.1\text{s}$，断路器的动作时间为 $t_{oc}=0.25\text{s}$，$\theta_0=25℃$。该母线水平放置，档数为 2 档，母线档距 $l=1.5\text{m}$，相邻两母线的轴线距离为 $a=0.1\text{m}$。试按经济电流密度选择铝母线，并校验母线动稳定和热稳定。

第七章 供配电系统的继电保护

第一节 继电保护装置的基本知识

一、继电保护装置的任务

随着电力系统的发展，供电范围的扩大，电压等级的升高，超高压及特高压电网的出现，如果没有专门的继电保护装置，要想维持系统的正常工作是不可能的。因此，继电保护装置，在现代化大容量电力系统中具有十分重要的意义。

1. 继电保护装置

继电保护装置是由若干个继电器组成的，用来反映电力系统电气设备发生故障或不正常的工作状态，作用于开关跳闸或发出信号的自动装置。继电保护装置是电力系统中自动化控制的重要组成部分，也是保证电力系统可靠运行的重要装置。

2. 系统发生短路故障时

当系统发生短路故障时，继电保护装置能够自动地、迅速地、有选择性地借助于开关将故障设备切除，以保证系统无故障部分迅速恢复正常运行，并使故障设备免于继续遭受破坏。

3. 小电流接地系统中

在小电流接地系统中发生单相接地故障时，由于接地电流不会直接破坏电力系统的运行，因此，在大多数情况下，继电保护装置只作用于信号，而不立即作用于开关跳闸。

4. 不正常工作状态时

根据不正常工作情况的种类和设备运行维护的条件发出信号，由值班人员进行处理或自动地进行调整，切除那些继续运行会引起事故的电气设备。反映不正常工作情况的继电保护，一般都不需要立即动作，而是可以带一定的延时。

5. 提高系统运行可靠性

继电保护装置在系统中的主要作用是，通过预防事故或缩小事故范围，提高系统运行的可靠性，最大限度地保证用户安全连续供电。在一旦发生故障的情况下，尽快地将故障设备切除，保证无故障部分正常运行，缩小故障范围。

二、继电保护装置的基本要求

继电保护装置为了完成上述任务，必须满足选择性、快速性、灵敏性和可靠性四个要求。对作用于开关跳闸的继电保护装置，应当同时满足这四个要求。

1. 选择性

当系统发生故障时，继电保护装置只将故障设备切除，使停电范围尽量缩小，保证无故障部分继续运行。这种有选择性的动作称为有选择性。

2. 快速性

快速切除故障，可以减少用户在低电压下工作的时间，加速恢复正常运行的过程。由于短路点常发生电弧，短路的持续时间越长，电弧持续的时间也越长，从而可能使接地故障延伸为相间短路，两相短路扩展为三相短路，甚至是瞬时性短路故障扩展为持续性短路故障。

快速切除短路，不但可以防止故障扩展，而且可以提高自动重合闸的成功率，对提高系统运行的可靠性具有非常重要的意义。

3. 可靠性

继电保护装置的可靠性，就是在保护区范围以内发生属于它应该动作的故障时动作，而不应该由于它本身的缺陷而拒绝动作，在其他任何不属于它应该动作的情况下，则不应该误动作。

4. 灵敏性

保护装置的灵敏性，是指在保护范围内发生短路故障和不正常工作情况时，继电保护装置的反应能力。为了使保护装置在故障时能起到保护作用，要求继电保护装置应当有较好的灵敏度。

通常，继电保护装置的灵敏度是用灵敏系数来衡量的。过电流保护的灵敏系数，用其保护区内在系统为最小运行方式时的最小短路电流 I_{kmin} 与继电保护装置的一次动作电流 I_{op1} 的比值来表示。继电保护装置的灵敏系数为

$$S_P=\frac{K_W I_{kmin}^{(2)}}{K_i I_{op1}}\geqslant 1.5 \tag{7-1}$$

式中　$I_{kmin}^{(2)}$——保护区末端短路时的最小计算电流，kA；

I_{op1}——继电保护装置动作参数的整定值，kA；

K_W——继电保护装置的接线系数，对两相两继电器接线取 $K_W=1$，两相电流差接线为 $K_W=\sqrt{3}$；

K_i——电流互感器的变流比，A。

如何解决这四个基本要求之间的矛盾，并结合具体情况全面合理地确定保护方案和拟订接线图，是电气工程技术人员最根本的任务。

三、继电保护装置的基本原理

电力系统发生故障时，通常会引起电流的增大，电压的降低，以及电流与电压间相位角的变化。因此，应用于电力系统中的各种继电保护，绝大多数是以反映这些物理量的变化为基础，利用正常运行与故障时各物理量的差异来实现的。

（一）继电保护装置的组成

根据所反映的各种物理量的不同，便构成了各种不同工作原理的继电保护。例如反映电流量改变的有过电流保护；反映电压量改变的有欠电压或过电压保护；既反映电流又反映电流与电压间相角改变的有方向过电流保护。继电保护的种类虽然很多，但是在一般情况下，它都是由三个基本部分组成的，即测量部分、逻辑部分和执行部分。继电保护装置的原理结构如图 7-1 所示。

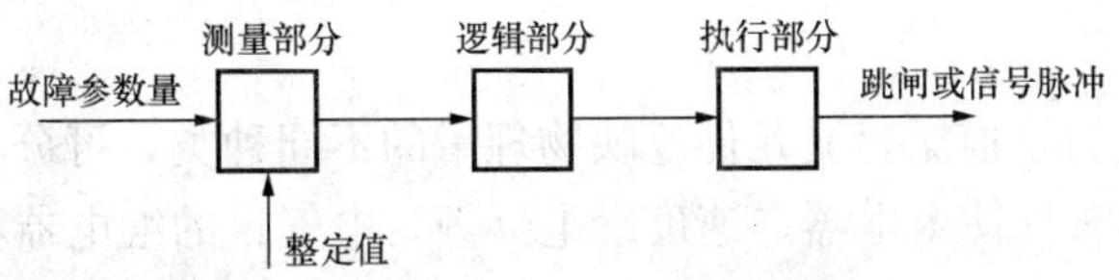

图 7-1　继电保护的原理结构图

1. 测量部分

每个继电器都是由感受元件、比较元件和执行元件三个主要部分组成的。测量部分的作用是反映被保护设备工作状态的一个或几个有关物理量；感受元件用来反映控制量的变化情况，并以某种形式传送到比较元件。被保护设备工作状态包括正

常工作状态、非正常工作状态或故障状态。

2. 逻辑部分

逻辑部分的作用是根据各测量元件输出量的大小或性质及其组合或出现次序，来判断被保护设备的工作状态，以决定保护装置是否应该动作；比较元件将接受的量与整定值进行比较，并根据比较结果作用于执行元件。

3. 执行部分

执行部分的作用是根据逻辑部分所作出的决定执行保护的任务，执行元件受到此作用后，发出信号，作用于开关跳闸或不动作，使被控制量发生相应的快速改变，完成该继电器所担负的任务。

（二）基本工作原理

下面以过电流保护为例，简述原理。继电保护的基本工作原理及组成元件如图 7－2 所示。在线路发生短路时，电流继电器线圈 KA 中的电流增大，当短路电流大于继电器启动电流时继电器就动作，吸下衔铁，使触点闭合。于是接通断路器跳闸线圈 YR 的回路，铁心即被吸入线圈，从而冲脱锁扣，使断路器 QF 跳闸，将短路故障切除。

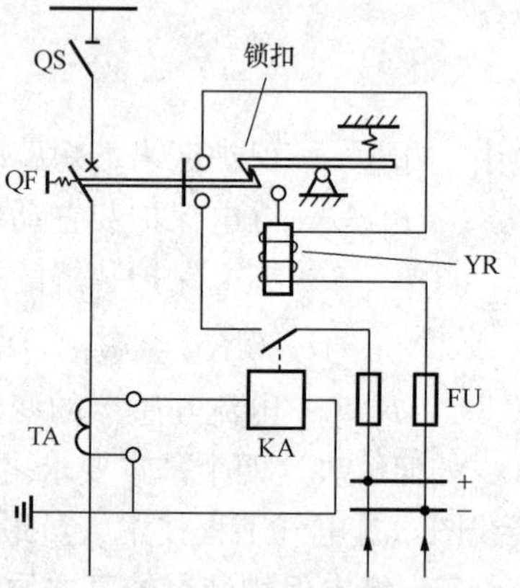

图 7－2　过电流保护的原理示意图

在过电流保护中，电流继电器的线圈回路是测量部分。它监测被保护设备的工作情况，反映相应的电气量即电流的大小，只有在被保护设备发生故障或不正常工作情况时它才动作。因此，测量部分可处于动作或不动作两种状态，并根据这两种状态确定发出作用于逻辑部分的信号。

电流继电器的触点回路是逻辑部分。它接受到测量部分送来的信号后，立即根据信号的组合和顺序，确定启动或不启动整套保护，启动保护时，立即发出信号作用于执行部分。

执行部分一般是中间继电器。它接受逻辑部分送来的信号后，发出开关跳闸或动作于信号的脉冲，完成整套保护的动作。

第二节　继电器结构原理及接线方式

继电器是一个自动动作的电器元件，只要加入一个物理量，当加入的物理量达到一定的数值时，它就能够动作。继电器的工作原理和测量仪表的工作原理很相似。每个继电器都是由感受元件、比较元件和执行元件三个主要部分组成的。

一、继电器的分类、常用符号及其基本要求

1. 继电器类型

继电保护装置是由若干个继电器组成的，根据感受元件反映物理量的不同种类，可分为电量的和非电量的两种。非电量的继电器有气体继电器、速度继电器等。电气量的继电器种类比较多，可按下列原则进行分类。

（1）按动作原理，可分为电磁型、感应型、电动型、磁电型、整流型、磁放大器型及电子型等。

(2) 按反映物理量性质，可分为电流继电器、电压继电器、功率方向继电器、阻抗继电器和频率继电器。

(3) 按继电器作用，可分为中间继电器、时间继电器、信号继电器等。

(4) 按感受元件接入被保护回路的方法，可分为一次式继电器和二次式继电器。

(5) 按执行元件动作方法，可分为直接动作式和间接动作式等。

目前系统中常用的继电器，仍是电磁型和感应型继电器为最多，晶体管型继电器正在推广使用。

2. 继电器常用符号

继电器常用的图形符号和文字符号表示如图 7－3 所示。

(1) 电流继电器文字符号用 KA 表示，图形符号如图 7－3 (a) 所示。

(2) 中间继电器文字符号用 KM 表示，图形符号如图 7－3 (b) 所示。

(3) 信号继电器文字符号用 KS 表示，图形符号如图 7－3 (c) 所示。

(4) 时间继电器文字符号用 KT 表示，图形符号如图 7－3 (d)（延时动合触点）、图 7－3 (e)（延时动断触点）所示。

(5) 感应型过电流继电器图形符号如图 7－3 (f) 所示。

(6) 电压继电器文字符号用 KV 表示。

(7) 气体继电器文字符号用 WJ 表示。

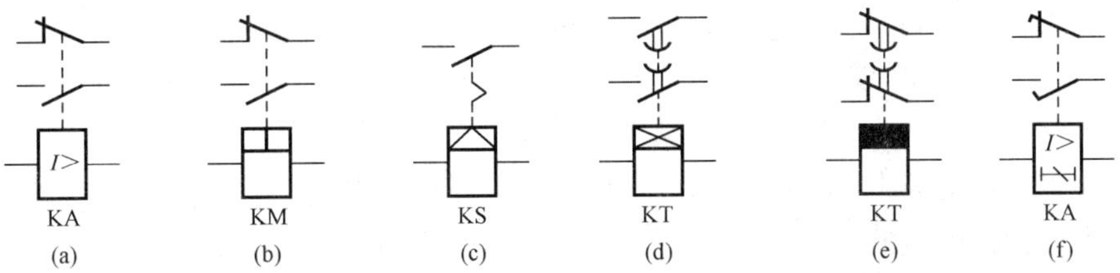

图 7－3 继电器常用的图形符号和文字符号

(a) 电磁式电流继电器；(b) 电磁式中间继电器；(c) 电磁式信号继电器；
(d) 电磁式时间继电器；(e) 电磁式时间继电器；(f) 电磁式电流继电器

3. 继电器的基本要求

(1) 继电器的机构应完好。为保证继电器可靠的工作，继电器的机构应该完好，使其经常处于准备工作状态。机构不完好的原因可能是某个部件发生了故障，如轴承、轴、固定部分及触点氧化或铁锈过脏等引起的故障。

(2) 定期维护检修继电器。为了避免继电器某个部件发生故障，继电器的外壳被做成密封防尘结构，在运行中还必须经常查看，精心维护和定期检验。

(3) 继电器的误差应尽可能小。继电器的启动值如电流、电压等的误差应尽可能小，这是因为保护装置的灵敏度与启动值的误差有关。

(4) 继电器触点应可靠。继电器触点要可靠，触点可做成正常时断开或正常时闭合的两种，即线圈中没有电流时，它的触点是断开的或闭合的。把正常时断开的触点称为动合触点，而正常时闭合的触点称为动断触点。

(5) 继电器的可靠性。继电器可靠工作的基本条件是触点不要受振动，触点不会熔结，触点弹簧的位置不会变更。

二、常用继电器的结构及原理

1. 电磁式电流继电器

目前统一生产的DL－10型电磁式电流继电器，采用转动舌片式电磁原理构成，如图7－4所示。采用这种结构的优点是消耗功率小，返回系数高，动作快；其缺点是触点容量小，不能直接作用于开关跳闸，当线圈通过大电流时触点的振动较大。

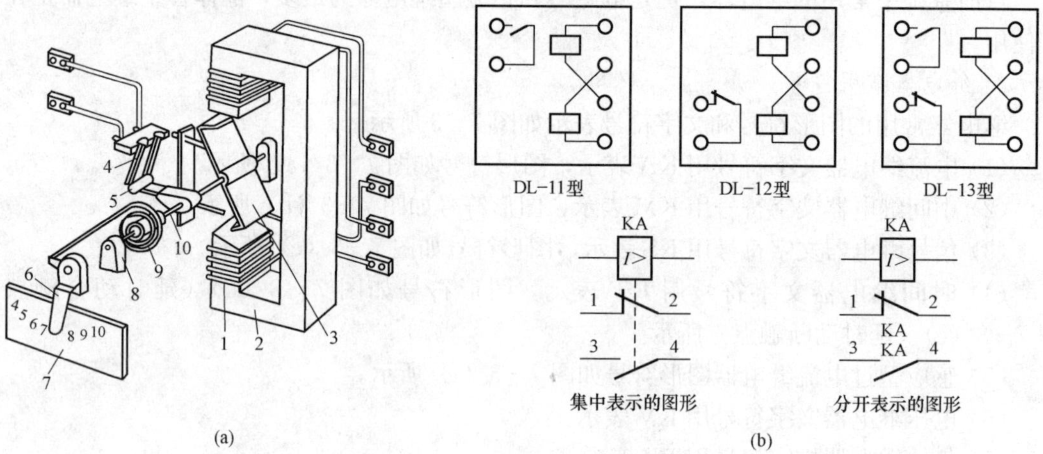

图7－4　电磁式电流继电器

(a) DL－10型继电器的内部结构图；(b) 继电器内部接线及图形符号

1—线圈；2—电磁铁；3—钢舌片；4—静触点；5—动触点；6—启动电流调节器；7—标度盘；8—轴承；9—反作用弹簧；10—轴

当继电器线圈直接接入或通过电流互感器接入网络电流时，它的电磁力矩是$M_{dC}=KI_{KA}^2$。因为这种继电器的动作行为取决于网络电流I_C，所以称为电流继电器。

由于继电器通过的电流较大，而线圈的导线截面较粗，且匝数较少，线圈一般由两绕组组成，可以串并联接入，使启动电流可成倍地改变，启动电流还可由改变弹簧的拉力来平滑的调节。电磁式电流继电器的动作时间为$t=0.02\sim0.04$s；在最小启动电流整定值时，消耗功率为0.1V·A；返回系数K_{re}不小于0.85。

2. 电磁式电压继电器

DJ－10型电磁式电压继电器，同样采用转动舌片式电磁原理构成。电压继电器线圈一般通过电压互感器二次侧接在网络电压上，使继电器反映网络电压U_N的大小，所以这种继电器称为电压继电器。电压继电器有过电压继电器和欠电压继电器两种，一般欠电压继电器应用得较多。

电压继电器电磁力矩为$M_{dc}=K'I_{KV}^2$，而继电器中的电流I_{KV}为

$$I_{KV}=\frac{U_{KV}}{Z_j} \tag{7-2}$$

式中　I_{KV}——继电器中的电流，A；

Z_j——继电器线圈中的阻抗，Ω；

U_{KV}——电压继电器端子上的电压，kV，$U_{KV}=\frac{U_N}{K_u}$；

K_u——电压互感器的变压比。

$M_{dc}=K''_u U_N^2=K_u U_N^2$说明继电器的动作取决于网络电压$U_N^2$。由于继电器是接在一定的电压上，因此线圈匝数多而导线截面小。为了改善返回系数，减少系统频率变化和环境温度变化对继电器工作的影响，电压继电器线圈采用电阻线绕制，或在线圈中串入一个温度系数很小的，阻值较大的附加电阻 R_f，如图 7－5 所示。

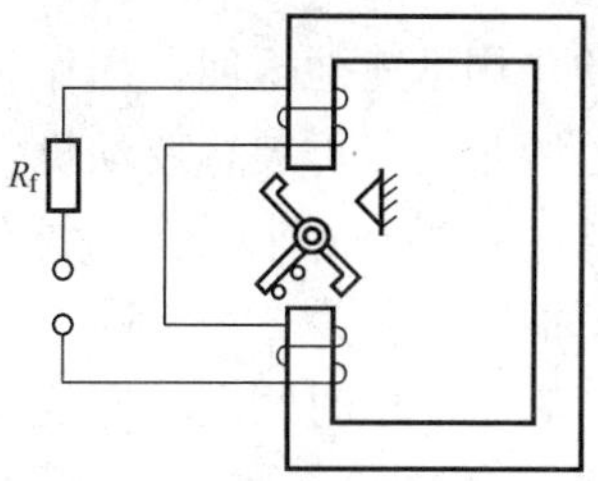

图 7－5　电压继电器的结构原理图

3. 时间继电器

时间继电器按其作用原理的不同，可分为多种结构形式。目前应用最多的是 DS－110 型电磁式时间继电器。其电磁启动机构采用螺管线圈式结构，如图 7－6 所示。

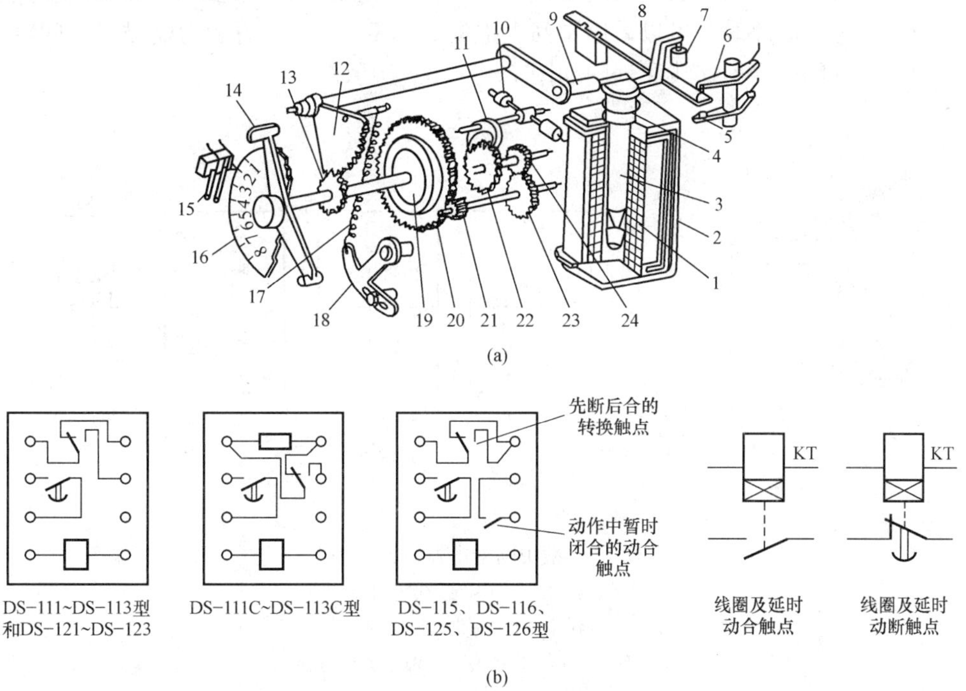

图 7－6　DS 型时间继电器原理结构图

(a) 原理结构图；(b) 内部接线和图形符号

1—线圈；2—电磁铁；3—可动衔铁；4—返回弹簧；5、6—瞬时静触点；7—绝缘件；8—瞬时动触点；9—压杆；10—平衡锤；11—摆动卡板；12—扇形齿轮；13—传动齿轮；14—主触点；15—主静触点；16—动作限时标度盘；17—拉引弹簧；18—弹簧拉力调节器；19—摩擦离合器；20—主齿轮；21—小齿轮；22—棘轮结构；23、24—钟表机构传动齿轮

DS 型电磁式时间继电器工作原理：可动衔铁 3 借助于返回弹簧 4，通过压杆 9、传动齿轮 13、棘轮结构 22 与延时装置 23、24 软性地连接。延时装置可以用钟表机构或永磁圆盘，也可具有回转运动的翼轮。在正常情况下，当线圈没有电流时，可动衔铁 3 在返回弹簧 4 的作用下被拉紧的。当线圈加上足够大的电压时，由于电磁力的作用，衔铁便迅速地被吸上，于是将杠杆 9 释放。装在杠杆 9 上的动触点 8 在拉引弹簧 17 的作用下，便开始向静触点 5、6 移动，杠杆 9 移动的速度由类似于钟表机构的延时装置 23、24 决定，经过规定的延时后，

动触点 8 与静点 5、6 接触，继电器便完成了工作。在继电器失去电压时棘轮 22 能借助于弹簧的作用迅速地返回。用作时间继电器的电磁系统，不要求有很高的返回系数，因为继电器的返回是由保护装置启动机构的触点将其线圈上的电压全部撤除来完成的。这种时间继电器通常由直流电源来操作，线圈消耗的功率为 20～30W，工作的准确性一般不很高，在最大整定值时误差为 3%～5%。

为了缩小时间继电器的尺寸，一般不按长期通过电流来设计继电器线圈。因此，当需要长期（大于 30s）加入电压时，应当在线圈回路中串联一个附加电阻 R_f。在正常情况下继电器的瞬动动断触点短接附加电阻，继电器动作后该触点立即断开，将附加电阻加入线圈回路，以限制电流。

4. 电磁式中间继电器

在继电保护接线中，当需要同时闭合或断开几条独立回路，或者要求比较大的触点容量去闭合或断开大电流回路时，可以采用中间继电器。图 7－7（a）所示为电磁式中间继电器的结构原理图。中间继电器接线原理图如图 7－7（b）所示。

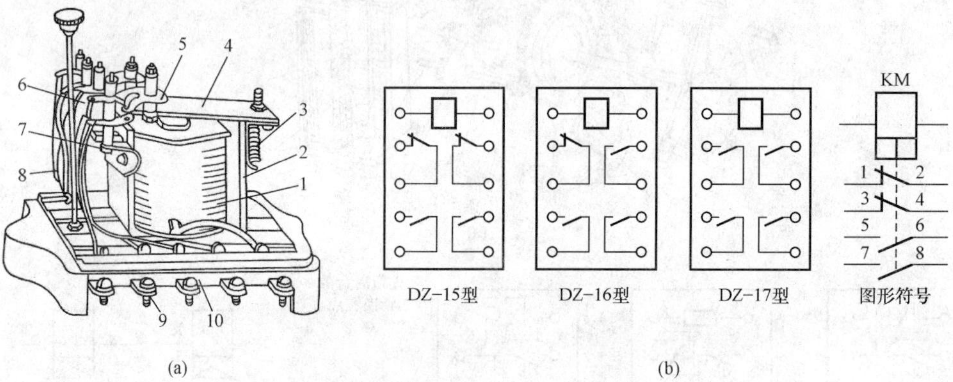

图 7－7 DZ 型中间继电器结构原理图

（a）内部结构图；（b）内部接线和图形符号

1—线圈；2—电磁铁；3—弹簧；4—衔铁；5—动触点；6、7—静触点；8—连接线；9—接线端子；10—底座

电磁式中间继电器的工作原理：当线圈 1 加额定电压时，衔铁 4 被吸向电磁铁 2，这时装在衔铁 4 上的动触点 5 与静触点 6、7 接通，继电器便完成了动作。当线圈 1 中的电流被切断后，继电器受弹簧 3 的作用，立即返回到原始位置。

中间继电器不仅在额定电压下应当可靠地动作，而且在可能的运行条件下，操作电压降低 15%～20%时也应当可靠地动作。在保护装置接线中特别是在快速保护装置中，所用的中间继电器的固有动作时间应当很小，一般不应大于 0.07s。

5. 电磁式信号继电器

信号继电器是用来标志保护装置的动作，并同时接通灯光和声响的信号回路，如图 7－8（a）所示。信号继电器文字符号用 KS 表示，如图 7－8（b）所示。

电磁式信号继电器的工作原理：当线圈 1 中没有电流时，衔铁 4 被弹簧 3 拉开，并顶住信号牌 5 使之处在直立位置（见图 7－8）。当线圈 1 中通入电流时，产生电磁力将衔铁 4 吸向电磁铁 2，这时信号牌 5 失去支持而掉落，沿转轴反时针转动，从外壳的玻璃窗孔 6 可看出信号牌掉落的标志，显出红牌未掉落前是白牌。为了在保护装置动作的同时发出灯光和声响信号，在信号牌的转轴上装有动触点 8，当信号牌转动后，便通过触点 8 将信号回路接通，继电器动作后，值班人员用手转动复位手柄可将信号牌复位。信号继电器可做成串联接入和并联接入的两种。

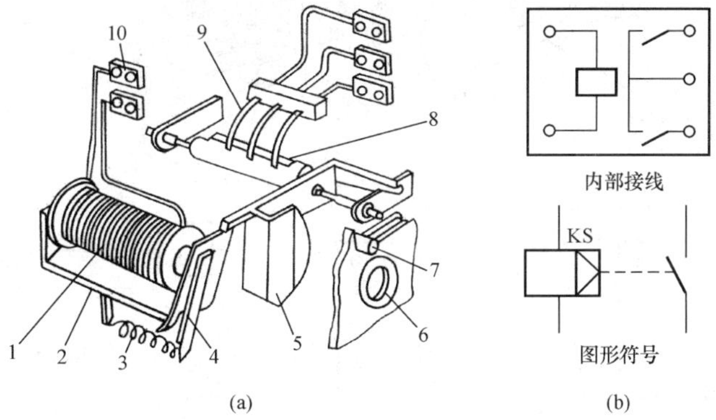

图 7-8 DX-11 型信号继电器内部结构图

(a) 内部结构图；(b) 内部接线和图形符号

1—线圈；2—电磁铁；3—弹簧；4—衔铁；5—信号牌；

6—玻璃窗孔；7—复位旋钮；8—动触点；

9—静触点；10—接线端子

6. 感应式电流继电器

感应式电流继电器具有上述电磁式电流继电器、时间继电器、信号继电器和中间继电器的功能，即它在继电保护装置中既能作为启动元件，又能实现延时、给出信号和直接接通跳闸回路；既能实现带时限的过电流保护，又能同时实现电流速断保护，从而使保护装置大大简化。此外，感应式电流继电器应用交流操作电源，可减少投资，简化二次接线。因此，在 6～10kV 供配电系统中，广泛采用感应式电流继电器来实现过电流保护和电流速断保护。

供配电系统中常用 GL-10、GL-20 系列感应式电流继电器的基本结构如图 7-9 所示。该继电器由感应系统和电磁系统两大部分组成。GL-11、G-21、G-15、G-25 型感应式电流继电器的内部接线和图形符号，如图 7-9 (b) 所示。

感应系统主要包括线圈 1、带有短路环 3 的电磁铁 2 及装在可偏转铝框架 6 上的转动铝盘 4 等元件。电磁系统主要包括线圈 1、电磁铁 2、衔铁 15 等元件。线圈 1 和电磁铁 2 是感应和电磁系统共用的。感应系统的工作原理可参考图 7-10 来说明。

当线圈 1 有电流 I_{KA} 通过时，电磁铁 2 在短路环 3 的作用下，产生在时间和空间位置上不相同的两个磁通 Φ_1 和 Φ_2，且 Φ_1 超前于 Φ_2，这两个磁通均穿过铝盘 4。根据电磁感应原理，这两个磁通在铝盘上产生一个超前磁通 Φ_1 方向落后磁通 Φ_2 方向的转动力矩 M_1。根据电度表的工作原理可知，此时作用于铝盘上的转动力矩为

$$M_1 \propto \Phi_1 \Phi_2 \sin\psi \tag{7-3}$$

式中 ψ——Φ_1 与 Φ_2 间的相位差，此值为一常数。

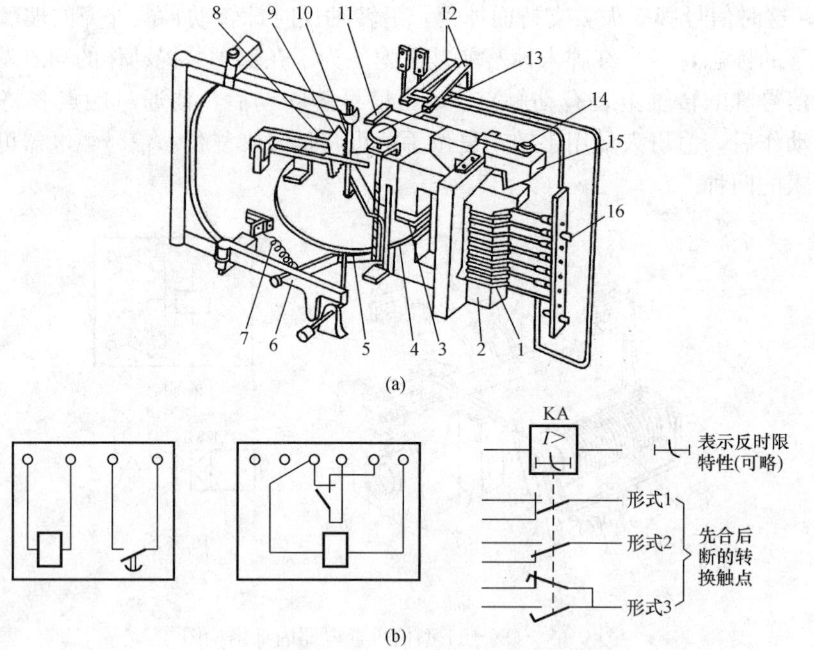

图 7－9　感应式电流继电器的结构图

（a）基本结构图；（b）内部接线和图形符号

1—线圈；2—电磁铁；3—短路环；4—铝盘；5—钢片；6—铝框架；7—调节弹簧；8—制动永久磁铁；9—齿轮；10—蜗杆；11—扁杆；12—触点；13—时限调节螺杆；14—速断电流调节螺杆；15—衔铁；16—动作电流调节螺杆

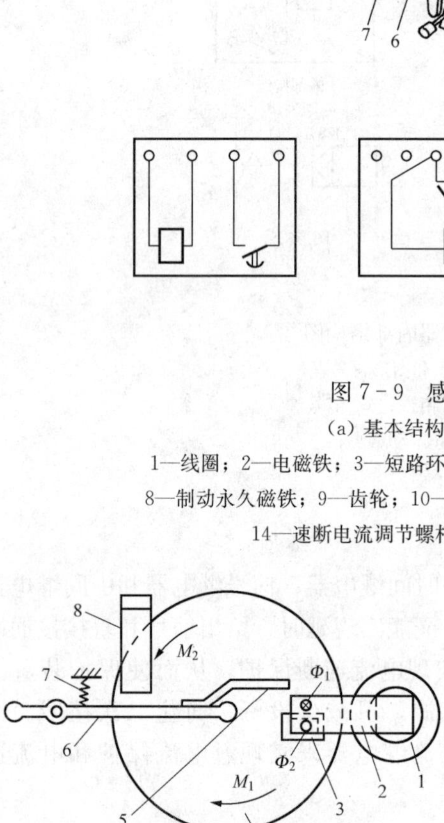

图 7－10　感应式电流继电器的转矩 M_1 和制动转矩 M_2

1—线圈；2—电磁铁；3—短路环；4—铝盘；5—钢片；6—铝框架；7—调节弹簧；8—永久磁铁

由于 $\Phi_1 \propto I_{KA}$，$\Phi_2 \propto I_{KA}$，且 ψ 为常数，因此有

$$M_1 \propto I_{KA}^2 \qquad (7-4)$$

另外，在对应于电磁铁的另一侧装有一个产生制动力矩的永久磁铁 8，铝盘 4 在转动力矩 M_1 作用下转动后，铝盘切割永久磁铁的磁通产生涡流，涡流又与永久磁铁磁通作用，产生一个与 M_1 方向相反的制动力矩 M_2。M_2 与铝盘的转速 n 成正比，即

$$M_2 \propto n \qquad (7-5)$$

制动力矩 M_2 在某一转速下，与电磁铁产生的转动力矩 M_1 相平衡，因而在一定的电流下铝盘保持匀速旋转。

在 M_1 和 M_2 的作用下，铝盘受力虽有使铝框架 6 和铝盘 4 向外推出的趋势，但由于受到调节弹簧 7 的阻力（见图 7－9），仍保持在初始位置。

当继电器线圈的电流增大到继电器的动作电流 I_{op}时，由电磁铁产生的转动力矩随之增大，并使铝盘转速随之增大，永久磁铁产生的制动力矩也随之增大。这两个短力克服弹簧的反作用力短而将铝框架及铝盘推出来，使蜗杆 10 与扇形齿轮 9 啮合，称为继电器动作。

由于铝盘的转动，扇形齿轮就沿着蜗杆上升，最后使继电器触点 12 切换，同时使信号牌掉下，从观察孔内可直接看到红色或白色的信号指示，表示继电器已经动作。继电器线圈中的电流越大，铝盘转得越快，扇形齿轮沿蜗杆上升的速度也越快，因此动作时间越短。这说明继电器的感应元件具有“反时限”动作特性，如图 7-11 所示的曲线。

电磁系统的工作原理：当继电器线圈中的电流增大到继电器整定的速断电流值 I_{qd}时，电磁铁 2 瞬时将衔铁 15 吸下，使继电器触点 12 切换，同时信号牌掉下，给予动作信号指示。这说明继电器的电磁系统具有“速断”动作特性，如图 7-11 所示的直线 bb′d 折线。因此电磁系统的元件也称速断元件。动作曲线上对应于开始速断时间的动作电流倍数，称为速断电流倍数。继电器线圈中使速断元件动作的最小电流称为速断电流，即

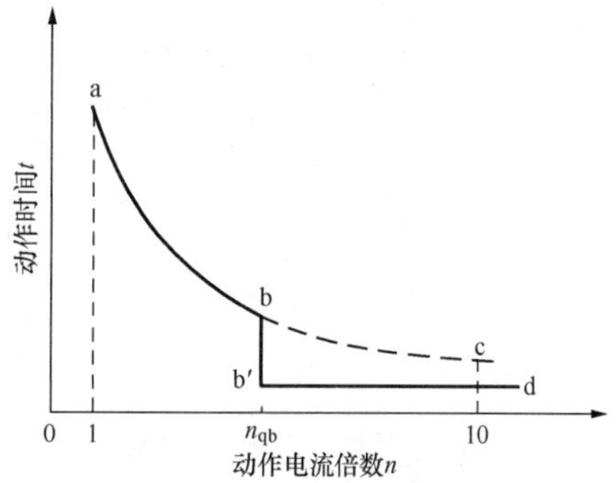

图 7-11 感应式电流继电器的动作曲线

abc—感应元件的反时限特性；

bb′d—电磁元件的速断特性

$$n_{qp}=\frac{I_{qd}}{I_{op}} \tag{7-6}$$

式中 I_{op}——感应式电流继电器的动作电流；

I_{qd}——感应式继电器的速断电流。

实际的GL-10、GL-20 系列感应式电流继电器的电流速断倍数 $n_{qd}=2\sim8$，n 是利用图 7-9 中的速断电流调节螺钉 14 来调节，实际是调节电磁铁 2 与衔铁 15 之间的气隙距离。而继电器的动作电流 I_{op}，则利用动作电流调节螺杆 16 来选择插孔位置进行调节，实际是改变线圈 1 的匝数。GL-10、GL-20 系列感应式电流继电器的 I_{op}最大只能 10A，而且只能是整数的级进调节。

感应式电流继电器的动作时间，是利用时限调节螺杆 13 来调节的，也就是调节扇形齿轮顶杆行程的起点，从而使动作特性曲线上下移动。应当注意的是，继电器时限调节螺杆的标度尺，是以 10 倍动作电流的动作时间来刻度的，即标度尺上标出的动作时间，是继电器线圈通过的电流为其动作电流 10 倍时的动作时间，而继电器实际的动作时间与通过继电器线圈的电流大小有关，需从相应的动作特性曲线上去查得。

附录表 21 列出了 GL-11、GL-21、GL-15、GL-25 型感应式电流继电器的主要技术数据及其动作特性曲线，供参考。

三、继电保护装置的接线方式

1. 继电保护装置的接线方式

作为线路相间短路的过电流保护，继电保护装置的接线方式是指启动继电器与电流互感器之间的连接方式。6～10kV 以上高压线路的过电流保护装置，通常采用三相三继电器式、两相两继电器式和两相一继电器式三种基本接线方式，如图 7-12 所示。

线路相间短路的过电流保护，其电流继电器与电流互感器的连接方式有以下三种：

(1) 三相三继电器的完全星形连接，接线图如图 7-12 (a) 所示。

(2) 两相两继电器的不完全星形连接，接线图如图 7-12 (b) 所示。

(3) 两相一继电器的两相电流差连接，接线图如图 7-12 (c) 所示。

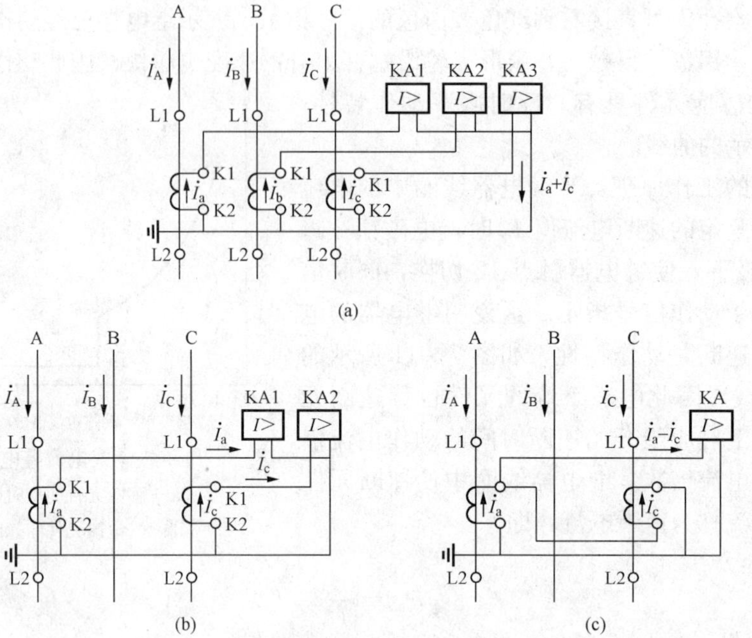

图 7－12　继电保护装置的三种基本接线方式

(a) 三相三继电器的完全星形连接接线图；(b) 两相两继电器的不完全星形连接接线图；

(c) 两相一继电器的两相电流差连接接线图

不完全星形接线和两相电流差接线方式，能反映各种相间短路，但在没有装电流互感器的一相［见图 7－12（b）和（c）中的 B 相］发生单相短路时，保护装置不会动作。完全星形接线不仅能反映任何相间短路，而且也能反映单相短路。不过对于单相短路，目前广泛采用接地保护。

在星形接线中，通过继电器的电流就是电流互感器二次电流。在接入两相电流差的接线中，通过继电器的电流是两相电流之差，即 $\dot{I}_{KA}=\dot{I}_a-\dot{I}_c$，如图 7－13 所示。

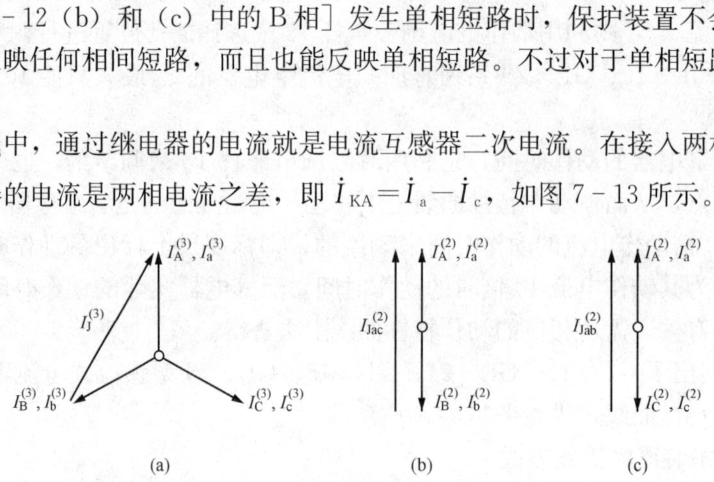

图 7－13　两相电流差接线方式的电流相量图

(a) 三相短路；(b) AC 两相短路；(c) AB 两相短路

在对称运行和三相短路的情况下，$I_{KA}=\sqrt{3}I_a=\sqrt{3}I_c$；在 AC 两相短路时，$I_{KA}=2I_a$；在 AB 或 BC 两相短路时，$I_{KA}=I_a$ 或 $I_{KA}=I_c$。由此看出，在不同短路形式下，实际通过继电器的电流与电流互感器的二次电流是不同的。因此，在继电保护装置的整定计算中，必须引入一个所谓接线系数 K_W，其数值计算式为

$$K_W=\frac{I_{KA}}{I_{N2}} \tag{7-7}$$

式中　I_{KA}——流过继电器的实际电流；

I_{N2}——电流互感器的二次电流。

由式（7-7）可知，对于星形接线，$K_W=1$；对于两相电流差接线，在不同短路形式下 K_W 应当是不同的，但在实际整定计算时，取三相对称运行和对称三相短路情况下的 $K_W=\sqrt{3}$。当然，这样取定以后，在实际可能的故障形式下，保护装置的灵敏度是不同的。

上述三种接线方式，都能反应三相短路和任何两相（AB、BC、CA）的相间短路。因此对它们进行评价时，必须考虑在某些特殊故障情况下保护装置的工作灵敏系数，以及它们的应用范围。

2. 各种接线方式的应用范围

一个继电器的两相电流差接线方式，能反应各种相间短路，具有接线简单、投资少等优点。

但是这种接线方式也存在某些缺点，如用作变压器的后备保护，而变压器按 Yd 或 DY 及 Yyn 连接，则当变压器短路时，有一种短路形式它不能动作；并且在线路两相短路（其中包括未装电流互感器的一相）时灵敏度要降低。在能够满足基本要求的情况下，这种接线方式可广泛地用作受电元件的保护，例如 10kV 及其以下电压网络的线路。但是，当用作线路保护时，不应当作后备保护来断开 Yd 或 DY 及 Yyn 连接的变压器后的短路。

两相不完全星形接线方式，能反应各种类型的短路，但不能完全反应单相接地短路，因此在 10kV 以上线路中特别是 35kV 小接地电流电力网中，得到广泛的应用。两相不完全星形接线方式的缺点就是，当 Yd 或 DY 变压器后两相短路和 Yyn 变压器后单相短路时，比完全星形接线的灵敏度小一半。为此，可以在公共线中接入第三个电流继电器，如图 7-14 所示。该继电器中的电流，在没有零序电流分量时，等于第三相的电流。

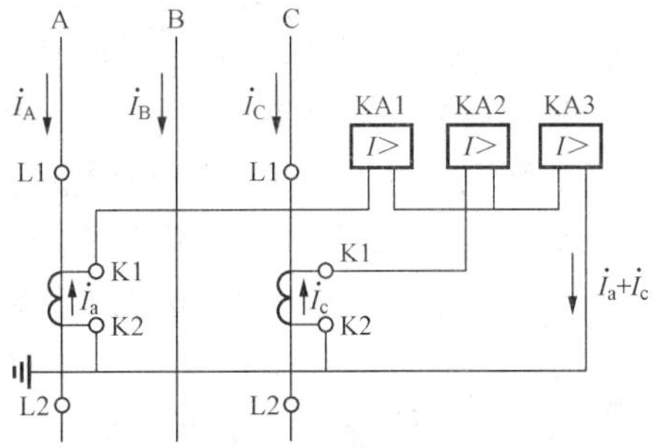

图 7-14　三个电流继电器的不完全星形接线

完全星形接线方式不仅能反映各种类型的相间短路，而且能反映单相接地短路，保护装置的灵敏度不会因故障相的不同而变化。因此，这种接线方式主要用在大接地电流系统中作为相间短路的保护，同时也可保护单相接地。此外，在采用其他更简单和经济的接线方式不能满足灵敏度的要求时，也可采用完全星形接线方式，例如，Yd 变压器的过电流保护，大都是采用完全星形接线方式，以提高保护的灵敏度。

四、保护装置的操作电源

保护装置的操作电源是指供电给继电保护装置及其所作用的断路器操动机构的电源。对操作电源的要求，主要是它不应受供电系统运行情况的影响，在供电系统发生故障时，它能保证继电保护装置和断路器可靠的动作，并且当断路器合闸时有足够的功率。操作电源分为直流操作电源和交流操作电源两大类。

1. 直流操作电源

过去多采用铅酸蓄电池组，现多采用镉镍蓄电池组或带电容储能的晶闸管整流装置。

铅酸蓄电池组的优点是它与交流的供电系统无直接联系，不受供电系统运行情况的影响，工作可靠；其缺点是设备投资大，还需设置专门的蓄电池室，且有较大的腐蚀性，运行维护也相当麻烦。目前，一般变配电所已很少采用。

镉镍蓄电池组的优点是除不受供电系统运行情况影响、工作可靠外，还有它的大电流放电性能好、功率大、机械强度高、使用寿命长和腐蚀性小，而且它是装在专用屏内，无需设蓄电池室，降低了投资，运行维护也较简便。目前，在供配电系统的变配电所中广泛应用。

电容储能的晶闸管整流装置的优点是设备投资更少，并能减少运行维护工作量；其缺点是电容器有漏电问题，且易损坏，因此其工作可靠性不如镉镍蓄电池可靠。

2. 交流操作电源

由于交流操作电源直接利用交流供电系统的电源，可以取自电压互感器或电流互感器，投资少，运行维护方便，而且二次回路简单可靠。在电压互感器二次侧安装一只100/220V的隔离变压器就可取得供给控制和信号回路的交流操作电源。因此在中小型变配电所中广泛采用。

短路保护的操作电源不能取自电压互感器。因为当发生短路时，母线上的电压显著下降，以至于加到断路器跳闸线圈上的电压不能使操作机构动作，只有在故障或异常运行状态时母线电压无显著变化的情况下，保护装置的操作电源才可以由电压互感器供给。例如，中性点不接地系统的单相接地保护。

对于短路保护装置，其交流操作电源可取自电流互感器，在短路时，短路电流本身可用来使断路器跳闸。下面介绍两种常用的交流操作方式：

(1) 去分流跳闸方式。在正常情况下，继电器KA的动断触点将跳闸线圈YR短接（分流），YR不通电，断路器QF不会跳闸。而在一次回路发生相间短路时，继电器动作，其动断触点断开，使YR的短接分流支路被去掉（即"去分流"），从而使电流互感器的二次电流完全流入跳闸线圈YR，使断路器跳闸。这种接线方式简单、经济，而且灵敏度较高。但继电器触点的容量要足够大，因为要用触点来断开反映到电流互感器二次侧的短路电流。现在生产的GL-15、GL-25、GL-16、GL-26型过电流继电器，其触点的短时分断电流可达150A，完全可以满足去分流跳闸的要求。这种去分流跳闸的交流操作方式在供配电系统中应用相当广泛。电流继电器动断触点去分流跳闸方式接线图如图7-15所示。

(2) 直接动作式。利用高压断路器手动操动机构内的过电流脱扣器，跳闸线圈YR作过电流继电器KA直动式，如图7-16所示。接成两相一继电器式或两相两继电器式接线。正

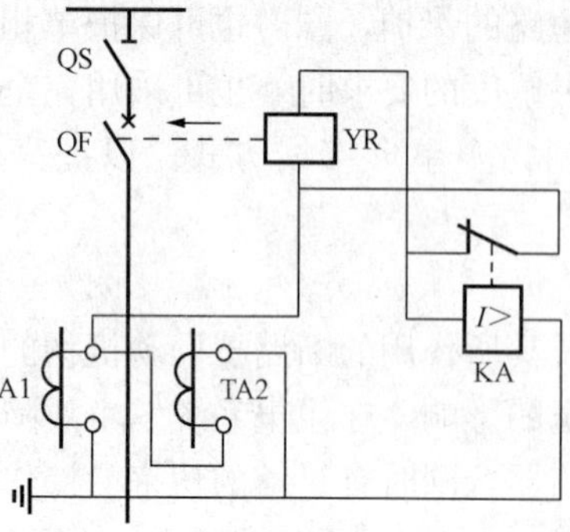

图7-15 电流继电器动断触点去分流跳闸方式接线图
QF—高压断路器；QS—高压隔离开关；
TA1、TA2—电流互感器；YR—断路器
的跳闸线圈；KA—GL型电流继电器

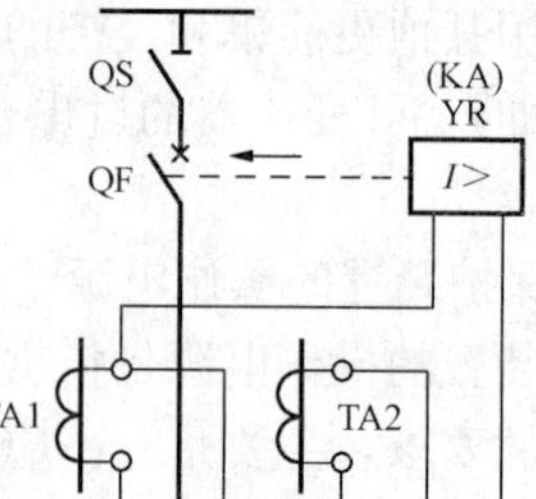

图7-16 直接动作式过电流保护接线图
QF—高压断路器；QS—高压隔离开关；
TA1、TA2—电流互感器；YR—断路器的
跳闸线圈（直动式继电器KA）

常情况下，YR 通过正常的二次电流远小于 YR 的动作电流，从而断路器不动作；而在一次回路发生相间短路时，短路电流反映到互感器的二次侧流过 YR，达到或超过 YR 的动作电流，从而使断路器跳闸。这种交流操作方式简单经济，但保护灵敏度低，在实际工程中已较少应用。

第三节　电力线路的继电保护

电力线路的保护，按动作原理可分为定时限过电流保护、反时限过电流保护、电流速断保护、过负荷保护、单相接地保护等。

一、电力线路的过电流保护

在电力线路上发生短路故障时，过电流保护的重要特征之一，是通过反映被保护线路的电流值，超过预定值而动作使断路器跳闸保护。过电流保护可分为定时限过电流保护和反时限过电流保护两种。

（一）过电流保护动作原理

线路的过电流保护原理，就是将被保护线路的电流接入过电流继电器，当线路中短路电流增大到超过规定值时就启动，并以时间来保证动作的选择性。图 7 - 17（a）所示为定时限过电流保护装置接线图。

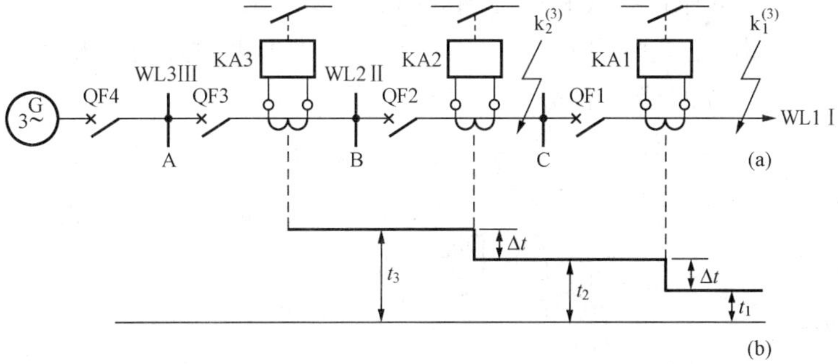

图 7 - 17　定时限过电流保护装置接线图

（a）定时限过电流保护装置接线图；（b）过电流保护延时特性

过电流保护装置Ⅰ、Ⅱ、Ⅲ，分别装设在线路 WL1、WL2、WL3 靠电源侧的一端，每套装置主要保护本段线路和由该线路直接供变电所的母线。假设在线路 WL1 的 k_1 点发生短路，短路电流将由电源 G 经过线路 WL3、WL2、WL1 流到短路点 k_1，如果短路电流大于保护装置Ⅲ、Ⅱ、Ⅰ的启动电流，则三套保护装置同时启动。但是根据保护装置动作选择性的要求，应该只由距离短路点 k_1 最近的保护装置Ⅰ动作，使开关 QF1 跳闸，所以保护装置Ⅰ的动作时间 t_1 应小于保护装置Ⅱ和Ⅲ的动作时间 t_2 和 t_3。这样，当 k_1 点短路时，保护装置Ⅰ首先以较短的延时动作跳闸。QF1 跳闸后，短路电流消失，于是保护装置Ⅱ和Ⅲ返回到原始位置，来不及使开关 QF2 和 QF3 跳闸。

同理，当线路 WL2 的 k_2 点短路时，为了使开关 QF2 先跳闸，保护装置Ⅱ的动作时间 t_2 应小于保护装置Ⅲ的动作时间 t_3，如图 7 - 17（b）所示。对于这种保证辐射形电力网的过电流保护动作，选择保护装置动作时间的方法，称为选择时间的阶梯原则。动作时间必须满足式（7－8）条件：

$$t_1 < t_2 < t_3 \tag{7-8}$$

即

$$t_2 = t_1 + \Delta t(\mathrm{s})$$

$$t_3 = t_2 + \Delta t = t_1 + 2\Delta t(\mathrm{s}) \tag{7-9}$$

（二）过电流保护的时限特性

表示动作时间与通过保护的短路电流之间关系的曲线称为保护装置的延时特性曲线，如图 7－18 所示。

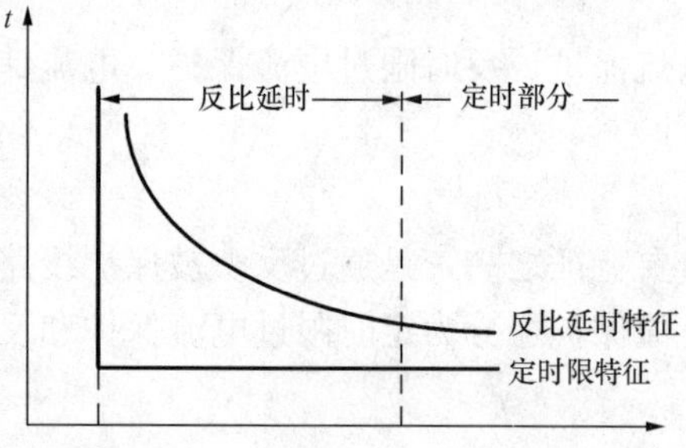

图 7－18 过电流保护的延时特性曲线

继电保护装置动作时间，是指启动元件的动作时间与时间元件的整定时间之和。通常过电流保护装置的延时特性，按其动作时间特性分为定时限过电流保护和反时限过电流保护两种。

1. 定时限过电流保护特性

当通过保护装置的短路电流大于启动电流 I_{bq} 时，保护装置启动。保护装置的动作时间是一定的，只取决于时间继电器的动作时间，而与流过继电器线圈中的电流大小无关。具有定时限特性的过电流保护，称为定时限过电流保护特性。

定时限过电流保护的原理接线和展开图如图 7－19 所示。它由启动元件即电磁式电流继电器 KA、时限元件即电磁式时间继电器 KT、信号元件即电磁式信号继电器 KS、出口元件即电磁式中间继电器 KM 四部分组成。

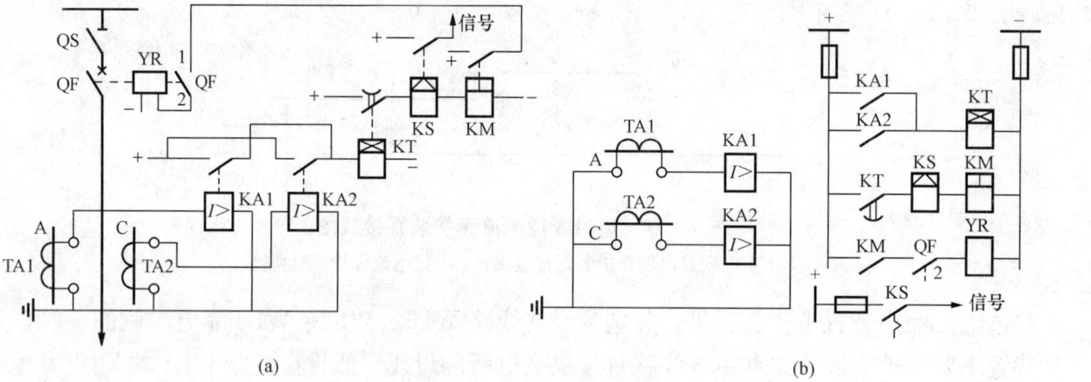

图 7－19 定时限过电流保护的原理接线和展开图

（a）原理接线图；（b）展开图

定时限过电流保护的动作原理：在线路正常运行状态下，断路器 QF 和隔离开关 QS 闭合，继电器 KA1 和 KA2 的触点是常开的，保持正常供电。当一次回路发生相间短路时，电流继电器 KA1、KA2 中至少有一个瞬时动作，闭合其动合触点，使时间继电器 KT 启动。KT 经过整定的时限后，其延时触点闭合，使串联的信号继电器 KS 和中间继电器 KM 动作。KM 动作后，其触点接通断路器的跳闸线圈 YR 的回路，使断路器 QF 跳闸，切除短路故障。与此同时，KS 动作，其信号指示牌掉下，并接通信号回路，给出灯光和音响信号。在断路器跳闸时，QF 的辅助触点随之断开跳闸回路，以减轻中间继电器触点的工作，在短路故障被切除后，继电保护装置除 KS 外的其他所有继电器均自动返回起始状态，而 KS 可手动复位。

2. 反比延时特性

当通过保护装置的短路电流大于启动电流 I_{bq}时，保护装置就启动。保护装置的动作时间与短路电流的大小成反比，短路电流越大，动作时间越短；而短路电流越小，动作时间越长，因此称之为有限反比延时特性，也称为反比延时特性。

反比延时过电流保护由两个主要元件构成，采用感应式电流继电器。这种继电器触点容量大，动作时由启动到触点闭合本身就具有延时特性，因此可做成一个继电器。继电器本身还带有掉牌信号显示装置，因此不需要另装信号继电器。反比延时过电流保护原理接线和展开图如图 7 - 20 所示。

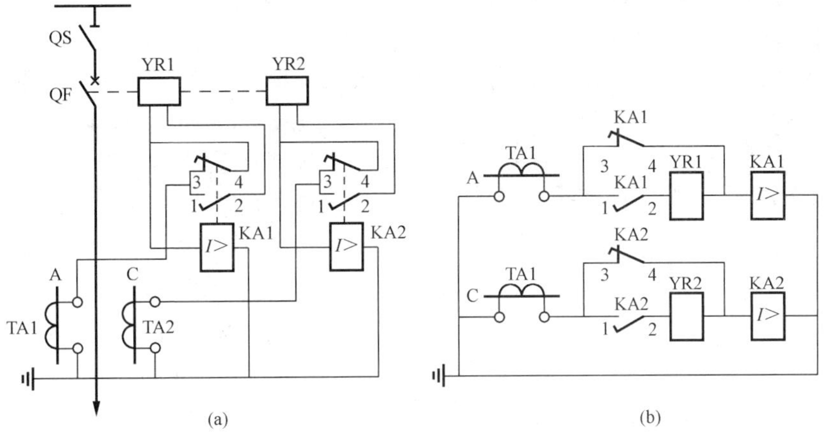

图 7 - 20　反比延时过电流保护原理接线和展开图

(a) 原理接线图；(b) 展开图

反比延时过电流保护动作原理：在一次回路正常运行时，电流继电器 KA 通过正常的工作电流，其动断触点闭合，动合触点断开，断路器的跳闸线圈不会得电。

当一次回路发生短路时，电流继电器 KA 中流过的电流值增大，达到动作值，经一定的延时后，其动合触点闭合，随后其动断触点断开，使断路器因跳闸线圈 YR 得电去分流而跳闸。在感应式电流继电器去分流跳闸的同时，信号继电器动作，信号牌掉下，同时接通灯光或声响信号回路，以便值班人员能及时发现事故。

（三）定时限与反时限过电流保护比较

1. 定时限过电流保护

优点：采用单独的直流操作电源，保护动作时间准确，容易整定。且不论短路电流大小，动作时间是一定的，不会因短路电流小而动作时间长。

缺点：继电器数量较多，接线比较复杂，越靠近电源侧短路时，保护装置的动作时间越长。

2. 反时限过电流保护

优点：可采用交流操作电源，接线简单，所用保护设备数量少，因此这种方式简单经济，在供配电系统的中、小变电所和配电线路上应用较多。

缺点：整定、配合较麻烦，继电器动作时限误差较大，当距离保护装置安装处较远的地方发生短路时，其动作时间较长，延长了故障持续时间。

（四）短路故障的分析处理

当断路器越级跳闸后，首先应检查保护装置及断路器的动作情况。如果是线路 WL2 的保护装置动作，断路器 QF2 拒绝跳闸造成越级，则应在断开断路器 QF2 两侧的隔离开关 QS 后，将其他非故障线路送电；如果是因为线路 WL2 的保护装置未动作造成越级跳闸，则应将各线路断路器断开，合上越级跳闸的断路器 QF1，再逐条线路试送电，发现故障线路后，将该线路停电，断开断路器两侧的隔离开关，再将其他非故障线路送电；如果是保护装置动作，断路器 QF2 跳闸，则应断开断路器 QF2 两侧的隔离开关，最后再查找保护装置动作的原因。

二、过电流保护装置的动作原理和整定

（一）过电流保护装置的动作原理

过电流保护的启动电流，在被保护线路输送最大负荷电流时，不应当有跳闸现象，如图 7－21 所示。当外部短路切除后，还要保证可靠的返回。因此，过电流保护的启动电流必须满足一定条件。

1. 过电流保护的启动电流

为使过电流保护装置在线路输送最大负荷电流 I_{Lmax} 时不动作，其启动电流 I_{op} 必须大于最大负荷电流，即

$$I_{op} > I_{Lmax} \qquad (7-10)$$

式中 I_{op}——过电流保护装置的启动电流，A；

I_{Lmax}——线路输送最大负荷电流，A。

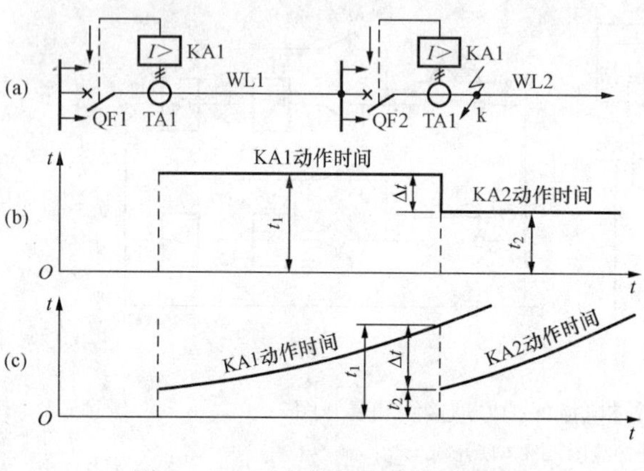

图 7－21 过电流保护动作原理图

(a) 电路图；(b) 定时限整定；(c) 反时限整定

2. 外部短路故障切除后应能可靠的返回

在图 7－21 (a) 所示的电路中，每段线路的断路器和过电流保护装置必须装在靠近电源的一侧，用以保护线路本身和由该线路供电的母线上发生的短路故障。

当线路 WL2 的首端 k 点发生短路时，保护装置 1 和 2 的电流继电器均启动。由于短路电流远远大于线路上的所有负荷电流和尖峰电流之和，所以沿线路的所有过电流保护装置包括 KA1、KA2 均应启动。然而按照保护选择性的要求，应是靠近故障点 k 的保护装置 KA2 首先断开 QF2，切除故障线路 WL2。当 WL2 被切除后，前面线路可恢复正常运行，而 KA1 应立即返回，不至于断开 QF1 及前面的断路器。为达到此目的，各套保护装置必须进行动作电流和动作时限的整定。

（二）过电流保护动作电流的整定

能使过电流保护装置启动的最小电流称为保护装置的动作电流。带时限过电流保护装置的动作电流，应躲过线路正常运行时流经本线路的最大负荷电流，其保护装置返回电流也必须躲过线路的最大负荷电流。

1. 过电流保护装置动作电流的整定

继电器的动作电流计算式为

$$I_{op}=\frac{K_{rel}K_W I_{Lmax}}{K_{re}K_i} \tag{7-11}$$

式中　I_{op}——继电器的动作电流，A；

K_{rel}——保护装置的可靠系数，对 DL 型继电器取 $K_{rel}=1.2$，对 GL 型继电器取 $K_{rel}=1.3$；

K_W——保护装置的接线系数，三相式、两相式接线取 $K_W=1$，两相差式接线取 $K_W=\sqrt{3}$；

K_{re}——保护装置的返回系数，对 DL 型继电器取 $K_{re}=0.85$，对 GL 型继电器取 $K_{re}=0.8$；

K_i——电流互感器变比，A；

I_{Lmax}——线路的最大负荷电流，A，可取 $I_{Lmax}=(1.5\sim3)I_{30}$。

如果用断路器手动操作机构中的过电流脱扣器 YR 作直动式过电流保护，则脱扣器的动作电流（脱扣电流）整定式为

$$I_{op(YR)}=\frac{K_{rel}K_W I_{Lmax}}{K_i} \tag{7-12}$$

式中　K_{rel}——过电流脱扣器的可靠系数，可取 $K_{rel}=2\sim2.5$。

2. 定时限过电流保护的动作时限整定配合

定时限过电流保护的动作时限，应该比下一段各条线路上的过电流保护中最大的动作时间大一个时限阶段，如图 7－21（b）所示。选择保护装置的动作时间，应从距电源最远的保护装置开始。如图 7－24（a）中应以 KA2 开始。通常情况下，这些保护装置都具有一定的动作时间 t_1 和 t_2，以保证在用电设备发生故障时有选择性的动作。安装在线路 WL1 上的保护 KA1 的延时，应该比安装在线路 WL2 上保护 KA2 的大一个时限阶段 Δt。

如 $t_1>t_2$，为了保证前、后两级保护装置动作的选择性，各套保护装置必须具有不同的动作时限，按“阶梯原则”进行整定。也就是在后一级保护装置的线路首端 k 点发生三相短路时，前一级保护的动作时间 t_1 应比后一级保护的动作时间 t_2 要大一个时间差 Δt，即

$$t_1\geqslant t_2+\Delta t \tag{7-13}$$

在一般情况下，对第 n 段线路保护的延时选择式为

$$t_n\geqslant t_{(n-1)}+\Delta t \tag{7-14}$$

定时限过电流保护装置的动作时间，利用电磁式时间继电器来整定。因采用 DL 型电磁式电流继电器可动部分惯性较小，所以一般取 $\Delta t=0.5\sim0.7$s。

3. 反时限过电流保护动作时限整定和配合

由于反比延时过电流保护的动作时间随着电流的大小而变，或者说随着短路电流与继电器启动电流的比值（倍数）的变化而变化。因此，整定反比延时过电流保护时，必须指出是在某一电流值或启动电流的某一倍数下的动作时间。同样，保护 n 和保护 n_1 动作时间的配合，指的是在某一电流下，前后两套保护装置动作时间的配合，如图 7－21（c）所示。为了保证动作的选择性，反时限过电流保护装置也应该按“阶梯原则”来选择。但由于它的动作时限与通过保护装置的电流有关，因此，它的动作时限实际上指的是在某一短路电流下，或者说在某一动作电流倍数下的动作时限。对反时限过电流保护装置，一般取 $\Delta t=0.6\sim1$s。

由于 GL 型电流继电器的时限调节机构是按 10 倍动作电流的时间来标度的，因此反时限过电流保护的动作时间要根据前、后两级保护的 GL 型继电器的动作曲线来整定。

假设图 7－21（a）所示的电力网中，后一级保护 KA2 的 10 倍动作电流的动作时间已整定为 t_2，现要整定前一级保护的 KA1 的 10 倍动作电流的动作时间 t_1，如图 7－22 所示。整定计算的方法步骤如下：

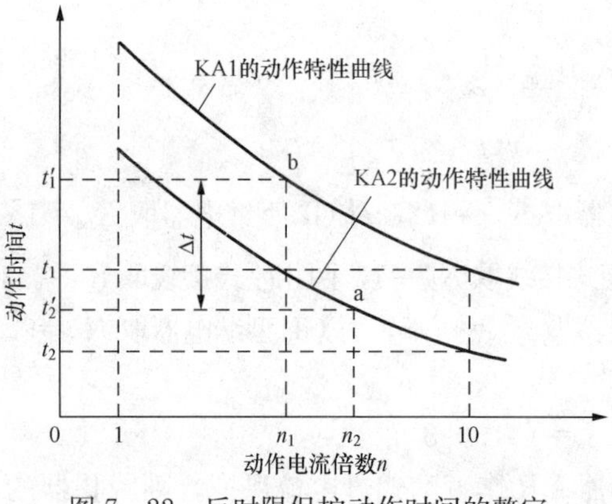

图 7－22　反时限保护动作时间的整定

（1）计算 WL2 首端三相短路电流 I_k 反应到 KA2 中去的电流，即

$$I_{k(2)}=\frac{K_{W(2)}I_k}{K_{i(2)}} \tag{7-15}$$

式中　$K_{W(2)}$——KA2 与电流互感器相连的接线系数；

$K_{i(2)}$——KA2 与电流互感器相连的变流比。

（2）计算 $I'_{k(2)}$ 对 KA2 的动作电流 $I_{op(2)}$ 的倍数，即

$$n_2=\frac{I'_{k(2)}}{I_{op(2)}} \tag{7-16}$$

（3）确定 KA2 的实际动作时间。在图 7－22 所示 KA2 的动作曲线图的横坐标轴上，找出 n_2，然后向上找到该曲线上的 a 点，该曲线所对应的时间 t'_2 就是 KA2 在通过 $I'_{k(2)}$ 时的实际动作时间。

（4）计算 KA1 的实际动作时间。根据选择性的要求，KA1 的实际动作时间 $t'_1=t'_2+\Delta t$。取 $\Delta t=0.7$s，因此 $t'_1=t'_2+0.7$s。

（5）计算 WL2 首端的三相短路电流 I_k 反映到 KA1 中去的电流值，即

$$I'_{k(1)}=\frac{K_{W(1)}I_k}{K_{i(1)}} \tag{7-17}$$

式中　$K_{W(1)}$——KA1 与电流互感器相连的接线系数；

$K_{i(1)}$——KA1 与电流互感器相连的变流比。

（6）计算 $I'_{k(1)}$ 对 KA1 动作电流 $I_{op(1)}$ 的倍数，即

$$n_1=\frac{I'_{k(1)}}{I_{op(1)}} \tag{7-18}$$

（7）确定 KA1 的 10 倍动作电流的动作时间。先从图 7－22 所示 KA1 动作特性曲线的横坐标轴上找出 n_1，再从纵坐标轴上找出 t'_1，然后找到 n_1 与 t'_1 相交的坐标 b 点。这 b 点所在曲线所对应的 10 倍动作电流的动作时间 t_1 即为所求。

4. 过电流保护装置的灵敏度

过电流保护装置的灵敏度，用灵敏系数 S_P 来表示。灵敏系数的大小，根据灵敏系数校验点发生短路时流过保护装置的最小两相短路电流 $I^{(2)}_{kmin}$ 与保护装置启动电流 I_{op} 的比值来决定，即

$$S_P=\frac{K_d I^{(2)}_{kmin}}{K_i I_{op}}\geqslant 1.5 \tag{7-19}$$

式中　$I^{(2)}_{kmin}$——被保护线路末端最小运行方式时两相短路电流，kA。

对于按躲过最大负荷电流 I_{Lmax} 整定的过电流保护装置，需要校检以下两种情况的灵敏度：

（1）为了保证当被保护线路或变电所母线上通过电阻短路时，过电流保护装置能可靠的

动作，在被保护线路末端发生短路时（见图 7-23 中的 k_1 点），根据运行经验和现行规程的要求，灵敏系数的最小允许值应为

$$S_{P(k1)} = \frac{I_{k1min}^{(2)}}{I_{op}} \geqslant 1.5 \tag{7-20}$$

（2）通常要求过电流保护装置在本线路段上出现故障时能可靠的动作，而且当相邻元件的保护或开关拒绝动作时也能够动作，即能够起到相邻元件后备保护的作用。因此，当相邻元件末端短路如图 7-23 中的 k_2 点短路时，其灵敏系数应为

$$S_{P(k2)} = \frac{I_{(k2)min}^{(2)}}{I_{op}} \geqslant 1.2 \tag{7-21}$$

式中 $I_{(k2)min}^{(2)}$——被保护线路末端 k_2 点在最小运行方式下的两相短路电流。

例 7-1 某 10kV 电力线路如图 7-24 所示。已知 TA1 的变流比为 100/5A，TA2 的变流比为 50/5A。WL1 和 WL2 的过电流保护均采用两相两继电器式接线，继电器均为 GL-15/10 型。现 KA1 已经整定，其动作电流为 7A，10 倍动作电流的动作时间为 1s。WL2 的计算电流为 28A，WL2 首端 k_1 点的三相短路电流为 800A，其末端 k_2 点的三相短路电流为 250A。试整定 KA2 的动作电流和动作时间，并校验其灵敏度。

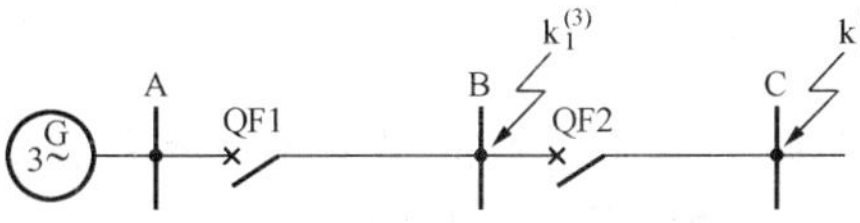

图 7-23 过电流保护灵敏度校验

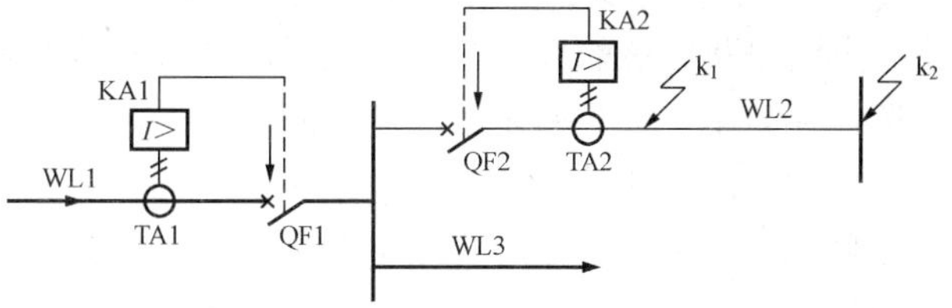

图 7-24 例 7-1 电路图

解 已知 $K_{rel}=1.3$，$K_W=1$，$K_{re}=0.8$，$K_i=50/5=10$。

（1）整定 KA2 的动作电流为

$$I_{Lmax} = 2I_{C2} = 2 \times 28 = 56\ (A)$$

$$I_{op(2)} = \frac{K_{rel}K_W I_{Lmax}}{K_{re}K_i} = \frac{1.3 \times 1 \times 56}{0.8 \times 10} = \frac{72.8}{8} = 9.1\ (A)$$

根据 GL-15/10 型继电器规格，动作电流整定为 9A。

（2）整定 KA2 的动作时间。先确定 KA1 的实际动作时间。由于 k_1 点发生三相短路时 KA1 中的电流为

$$I'_{k1(1)} = \frac{K_{W(1)} I_{k1}}{K_{i(1)}} = \frac{1 \times 800}{20} = \frac{800}{20} = 40\ (A)$$

因此 $I'_{k1(1)}$ 对 KA1 的动作电流倍数为

$$n_1 = \frac{I'_{k1(1)}}{I_{op(1)}} = \frac{40}{7} = 5.7$$

利用 $n_1=5.7$ 和 KA1 整定的时限 $t_1=1s$，查附表 21 得 GL-15 型继电器的动作特性曲线，得 KA1 的实际动作时间 $t'_1 \approx 1.3s$。

由此可得 KA2 的实际动作时间为

$$t'_2 = t'_1 - \Delta t = 1.3 - 0.7 = 0.6\ (s)$$

（3）确定 KA2 的 10 倍动作电流的动作时间。由于 k_1 点发生三相短路时 KA2 中的电

流为

$$I'_{k1(2)}=\frac{K_{W(2)}I_{k-1}}{K_{i(2)}}=\frac{1\times 800}{10}=80\,(A)$$

因此 $I'_{k1(2)}$ 对 KA2 的动作电流倍数为

$$n_2=\frac{I'_{k1(2)}}{I_{op(2)}}=\frac{80}{9.1}=8.8$$

利用 $n_2=8.8$ 和 KA2 的实际动作时间 $t'_2=0.6s$，查附表 21 得 GL－15 型继电器的动作特性曲线，得 KA2 的 10 倍动作电流的动作时间 $t_2\approx 0.7s$。

（4）检验 KA_2 的保护灵敏度。KA2 保护的线路 WL2 末端 k_2 点的两相短路电流为其保护区内的最小短路电流，即

$$I_{kmin}^{(2)}=0.866I_{k2}^{(3)}=0.866\times 250=217\,(A)$$

因此 KA2 的保护灵敏度为

$$S_{P(2)}=\frac{K_W I_{k1min}^{(2)}}{K_i I_{op(2)}}=\frac{1\times 217}{10\times 9}=2.4\geqslant 1.5$$

由此可见，KA2 整定的动作电流满足保护灵敏度的要求。

三、电流速断保护动作原理及整定计算

电流速断保护的启动电流，按躲开被保护线路外部短路的最大短路电流来整定，以保证有选择性动作，因此称之为电流速断保护。

1. 电流速断保护动作原理

电流速断保护装置安装在单电源辐射形电力网的电源侧。由于过电流保护的启动电流是按最大负荷电流 I_{Lmax} 整定的，过电流保护范围总是伸长到相邻的下一段线路，为了获得保护的选择性，保护装置的动作时间必须按"阶梯原则"来选择，如图 7－25 所示。

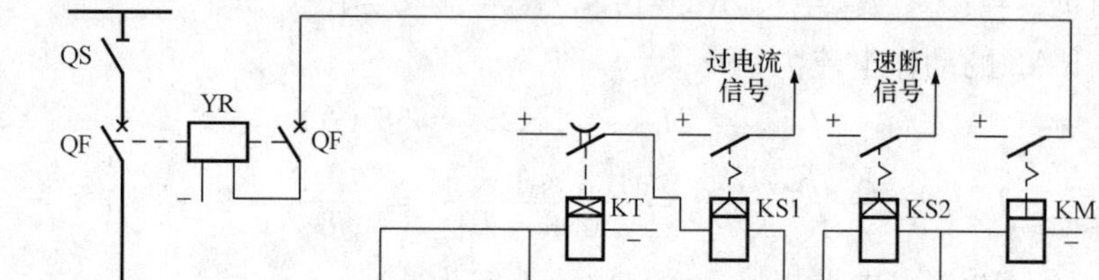

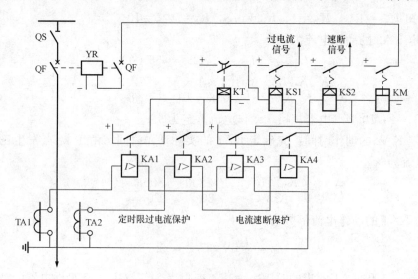

图 7－25 定时限过电流保护和电流速断保护电路图

如果线路段数较多，则越靠近电源侧的保护，动作时间越长，危害也就越严重，这是过电流保护在原理上存在的缺点。为了克服这一缺点，可以采用提高电流整定值的方法，即将启动电流 I_{qb} 按躲开被保护线路的一定区段上，也就是使保护范围不超出被保护线路之外，

因而在时间上就不需要与下一段线路相配合。

按 GB/T 50062—2008 规定，在过电流保护动作时间超过 0.7s 时，应装设瞬时动作的电流速断保护装置。

电流速断保护是指某一瞬时动作的过电流保护。电流速断保护范围一般不用保护范围的长度来表示，而用保护范围的长度与被保护线路全长的百分比来表示，即

$$l_{Sd}\% = \frac{l_{Sd}}{l} \times 100\% \tag{7-22}$$

式中　$l_{Sd}\%$——被保护线路全长的百分比；

l_{Sd}——电流速断保护范围的长度；

l——线路的全长。

电流速断保护的最大保护范围应不小于线路全长的 50%。当电流速断作为辅助保护时，在正常运行方式下，其最小保护范围应不小于线路全长的 15%～20%。由于瞬时电流速断只能保护线路全长的一部分，因此拟订的接线图应力求在各种短路形式下，使速断的保护范围尽可能变动得小一些。

在小电流接地电力网中，一般都采用两相不完全星形连接的接线方式，图 7-25 线路上同时装有两套保护装置。KA1、KA2、KT、KS1 和 KM 为定时限过电流保护；KA3、KA4、KS2 和 KM 为电流速断保护，中间继电器 KM 属于两种保护公用的。KM 采用了带延时 0.06～0.08s 动作的中间继电器，其作用是：利用它的触点接通断路器的跳闸线圈 YR，因为电流继电器的触点容量较小，不能直接接通开关跳闸回路。

对于采用 DL 型电流继电器的速断保护装置来说，就相当于定时限过电流保护中抽出去时间继电器，即在启动用的 DL 型电流继电器之后，直接接信号继电器和中间继电器，最后由中间继电器触点接通断路器的跳闸回路。

如果采用 GL 型感应式电流继电器，则利用该继电器的电磁元件来实现电流速断保护，而其感应元件则用来实现反时限过电流保护。

2. 电流速断保护动作时限的整定

为了保证动作的选择性，在相邻线路出口处 k 点短路时，电流速断不应该启动，因此，电流速断的启动电流即速断电流 I_{qb} 应该按躲过它所保护线路末端的最大短路电流 I_{kmax} 来整定。只有按此原则整定才能在后一级保护所保护的线路首端发生三相短路时，避免前一级保护发生误动作的可能性，以保证动作的选择性。

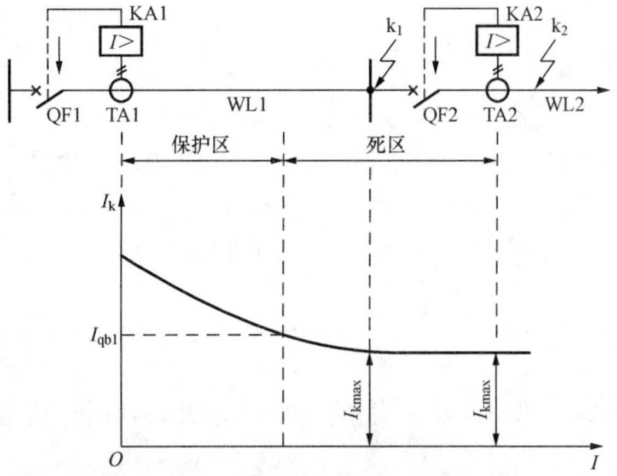

图 7-26　线路电流速断保护的保护区

I_{kmax}—前一级保护躲过的最大短路电流；

I_{qb1}—前一级保护整定的一次动作电流

在图 7-26 所示的电路中，前一段线路 WL1 末端 k_1 点的三相短路电流，实际上与后一段线路 WL2 首端 k_2 点的三相短路电流是接近相等的。由于 k_1 点与 k_2 点之间的距离很小，因此可得电流速断保护动作电流，即速断电流

的整定计算式为

$$I_{qp}=\frac{K_{rel}K_{W}I_{kmax}}{K_i} \tag{7-23}$$

式中　K_{rel}——可靠系数。

考虑到继电器整定值的误差，短路电流计算的误差，以及一次短路电流中非周期分量对保护的影响，当采用DL型电流继电器时，取 $K_{rel}=1.2\sim1.3$；采用GL-10型电流继电器时，取 $K_{rel}=1.5\sim1.6$。

3. 电流速断保护特点

优点：装置简单可靠，动作迅速；在结构形式较复杂的多电源网络中，能有选择的动作。

缺点：只能保护线路全长的一部分，保护范围受运行方式变化的影响较大。

4. 电流速断保护的“死区”及其弥补

由于电流速断保护的动作电流是按被保护线路末端的最大短路电流来整定的，因而其动作电流会大于被保护范围末端的短路电流，这使得保护装置不能保护全段线路，出现一段“死区”，说明电流速断保护不可能保护线路的全长。这段电流速断保护装置不能保护的区域，称为保护“死区”。

在线路WL1末端 k_1 点的三相短路电流与后一段线路WL2首端 k_2 点的三相短路电流是几乎相等的，所以说电流速断保护装置只能保护线路的一部分，而不能保护线路的全长。

为了弥补“死区”得不到保护的缺点，在装设电流速断保护装置的线路上，必须配备带时限的过电流保护装置。在电流速断保护的保护区内，电流速断保护为主保护，过电流保护为后备保护；而在电流速断保护的死区内，则过电流保护为基本保护。配电线路较短时，可只装设过电流保护，不需装设电流速断保护。

5. 电流速断保护的灵敏度

电流速断保护的灵敏度按其安装处在系统最小运行方式下的两相短路电流 $I_k^{(2)}$ 作为最小短路电流 I_{kmin} 来校验。因此，电流速断保护的灵敏度必须满足的条件为

$$S_P=\frac{K_W I_k^{(2)}}{K_i I_{qp}}\geqslant 1.5\sim2 \tag{7-24}$$

电流速断保护的灵敏度一般情况下可为 $S_P\geqslant2$；个别困难时可为 $S_P\geqslant1.5$。

例7-2　试整定例7-1中KA2电流继电器的速断电流倍数，并校验其灵敏度。

解　已知线路WL2的末端的 $I_{kmax}=250$A，$K_W=1$，$K_i=10$，取 $K_{rel}=1$。

(1) 电流速断保护装置的速断电流为

$$I_{qp}=\frac{K_{rel}K_W I_{kmax}}{K_i}=\frac{1.4\times1\times250}{10}=35\ (\text{A})$$

而KA2的动作电流为 $I_{op}=9$A，因此，速断电流倍数整定为

$$n_{qb}=\frac{I_{qb}}{I_{op}}=\frac{35}{9}=3.88$$

(2) 校验KA2保护的线路WL2的灵敏度。I_{kmax} 取KA2保护的线路WL2首端 k_1 点的

两相短路电流为

$$I_{kmax}=I_{k1}^{(2)}=0.866I_{k1}^{(3)}=0.866\times 800=693\ (A)$$

由此可见，KA2 速断保护的灵敏度为

$$S_P=\frac{K_W I_{k1}^{(2)}}{K_i I_{qp}}=\frac{1\times 693}{10\times 35}=1.98\geqslant 1.5\sim 2$$

由此可见，KA2 速断保护的灵敏度满足要求。

四、线路过负荷保护

线路的过负荷保护，只对可能经常出现过负荷的电缆线路才予以装设。一般过负荷是延时发出动作信号，其接线图如图 7-27 所示。

过负荷保护动作电流按躲过线路的计算电流 I_c 来整定，线路过负荷保护的动作时间，一般取 t=10～15s，整定计算式为

$$I_{op(ol)}=(1.2\sim 1.3)\frac{I_c}{K_i} \quad (7-25)$$

式中 K_i——电流互感器的变流比。

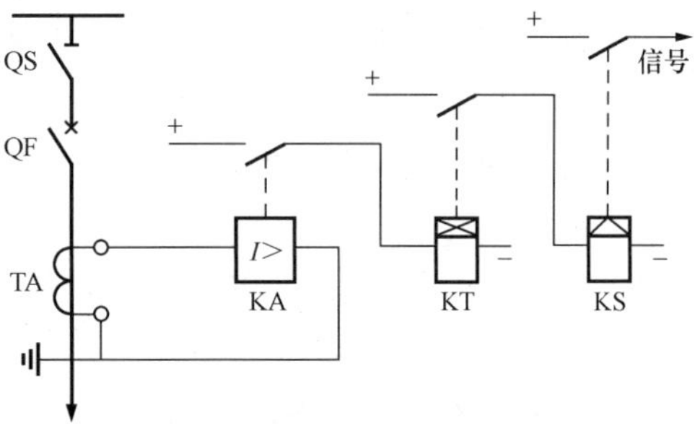

图 7-27 过负荷保护接线图

TA—电流互感器；KA—电流继电器；KT—时间继电器；KS—信号继电器

第四节 电力变压器的保护

电力变压器是供配电系统中重要的电气设备，广泛应用于工业企业电能用户中。大型变压器也是非常贵重的设备，因此，必须根据变压器的容量和重要程度，装设性能良好、工作可靠的保护装置，确保变压器正常可靠运行。

一、电力变压器的故障及保护的配置

现代的电力变压器，在构造原理上是很可靠的，发生故障概率比较小。但在实际运行中，还是要考虑有可能发生故障和不正常工作情况。因此必须根据变压器的重要程度装设专用的保护装置。

1. 变压器常见的故障

变压器故障可分为内部故障和外部故障两种。变压器常见的外部故障是引出线上绝缘套管的损坏，导致引出线的相间短路和箱体的接地短路故障。

变压器常见的内部故障主要是发生相间短路、绕组的匝间短路和单相接地短路。变压器内部故障是很危险的，短路电流产生的电弧不仅会破坏线圈的绝缘，烧坏铁心，而且由于绝缘材料和变压器油，因受热分解而产生大量的气体，还可能引起变压器油箱的爆炸。

变压器不正常工作状态，主要是由外部短路和过负荷引起的过电流、油面的极度降低和电压升高等原因造成的。过电流和温度升高将使绝缘材料加速老化，从而引起变压器的内部发生故障和缩短使用寿命。

2. 电力变压器保护装置

(1) 为防止变压器绕组和引出线相间短路、绕组匝间短路及接地短路，根据变压器容量

的不同，应配置纵差动保护或电流速断保护。

(2) 为防止变压器的外部相间短路所引起的过电流，并作为变压器故障时各种保护的后备，应装设过电流保护。

(3) 为防止变压器油箱内部故障，并有电弧燃烧或某些部件的发热和油面降低，应装设瓦斯保护，其中轻瓦斯动作于信号，重瓦斯动作于开关跳闸。

(4) 为防止直接接地，大接地电流系统电力网中应有外部接地短路的零序过电流保护。

(5) 为防止对称过负荷应有过负荷保护。

3. 电力设计技术规范规定

(1) 对400kV·A及以上的车间内油浸式电力变压器、户外800kV·A及以上的油浸式变压器，应配置瓦斯保护。

(2) 对10MV·A以下的变压器，过电流保护动作时限大于0.5s时，应配置电流速断保护。

(3) 对1000kV·A以上的变压器，如电流速断保护灵敏度不能满足要求时，应配置差动保护。

(4) 对单独运行的变压器，其容量为10MV·A以上时，均应装设纵差动过电流保护。过电流保护一般用于降压变压器。

(5) 对于系统的二次变电所，主变压器容量在10MV·A左右时，应配置瓦斯保护、差动保护、电流速断保护、过电流保护和过负荷保护。

二、变压器的电流速断保护、过电流保护和过负荷保护

继电保护装置多安装在电源侧，使整个变压器处在保护范围之内。为了扩大保护范围，安装的电流互感器应尽量靠近高压断路器。

1. 变压器的电流速断保护

对于容量较小的变压器，当过电流保护装置动作时限大于0.5s时，为尽快切除变压器的故障，防止故障进一步扩大，在变压器的一次侧装设电流速断保护装置，这样变压器的故障可得到安全保护。变压器电流速断保护的原理接线图如图7-28所示。

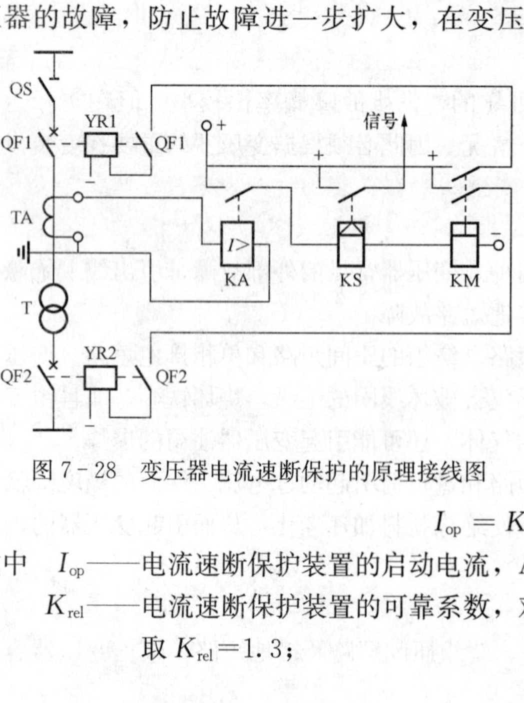

图7-28 变压器电流速断保护的原理接线图

(1) 变压器电流速断保护装置的组成、工作原理与线路电流速断保护的完全相同。动作电流整定计算公式与线路电流速断保护的基本相同。

(2) 变压器电流速断保护动作电流整定。变压器电流速断保护的启动电流，按躲过变压器外部故障的最大短路电流整定，其动作电流整定式为

$$I_{op} = K_{rel} I_{max} \tag{7-26}$$

式中 I_{op}——电流速断保护装置的启动电流，A；

K_{rel}——电流速断保护装置的可靠系数，对DL型继电器取$K_{rel}=1.2$，对GL型继电器取$K_{rel}=1.3$；

I_{max}——变压器低压母线的三相短路电流换算到高压侧的穿越电流值，A。

（3）变压器电流速断保护的灵敏度。变压器电流速断保护的灵敏度，要求在保护安装处 k_2 发生两相金属性短路时灵敏度不小于 $S_P \leqslant 2$。按保护装置安装处高压侧在系统最小运行方式下发生两相短路时的短路电流值来校验，要求 $S_P \geqslant 1.5$。

（4）变压器电流速断保护特点。变压器电流速断保护动作后，无延时地断开变压器各侧的开关，接线简单，动作迅速。电流速断保护作为变压器内部故障的保护时，存在以下的缺点：

1）当系统容量较小时，保护区延伸不到变压器内部，即保护区很短，灵敏度达不到要求。

2）在无电源的一侧，从套管到开关的一段故障要靠过电流保护动作跳闸，这样切除故障很慢，对系统安全运行影响很大。

3）对于并列运行的变压器供电侧故障时，将由过电流保护无选择性地切除所有变压器。

4）对并列运行容量大于 5.6MV·A 和单独运行容量大于 7.5MV·A 的变压器，不应采用电流速断保护，而采用纵联差动保护。

5）对于容量为 5.6MV·A 及以下的变压器，当电流速断保护的灵敏度小于 $S_P \leqslant 2$ 时，也可采用纵联差动保护。

电流速断保护的不足之处是保护范围受到限制，一般只能保护到变压器电源侧的部分绕组。因此，电流速断保护必须与瓦斯保护及过电流保护互相配合，才能可靠地对中小容量变压器起到保护作用。

2. 变压器的过电流保护

为防止变压器外部短路故障引起的过电流保护，一般变压器都要配置过电流保护。过电流保护主要是对变压器外部故障进行保护，也可作为变压器内部故障的后备保护。保护装置安装在变压器的电源侧，因此当变压器发生内部故障时，就可作为变压器的后备保护。过电流保护动作时，断开变压器两侧的开关。

（1）变压器过电流保护装置的组成如图 7-29 所示。变压器过电流保护的工作原理，动作电流整定计算公式与线路过电流保护的基本相同。

（2）变压器过电流保护启动电流整定。变压器过电流保护装置的启动电流，应躲过变压器可能出现的最大负荷电流来整定，即

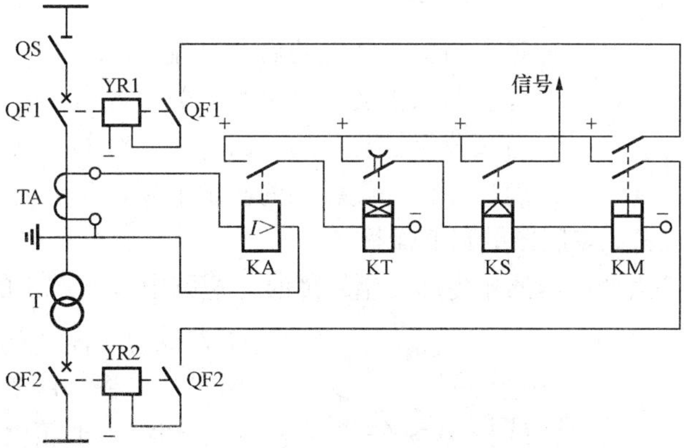

图 7-29　变压器过电流保护原理接线图

$$I_{op} = \frac{K_{rel}K_W}{K_{re}K_i} I_{Lmax} \tag{7-27}$$

式中　I_{op}——过电流保护装置的启动电流，A；

I_{Lmax}——变压器的最大负荷电流，可取 $I_{Lmax} = (1.5 \sim 3) I_{1NT}$；

I_{1NT}——变压器高压侧的额定电流，A；

K_{rel}——过电流保护装置的可靠系数，对DL型继电器取$K_{rel}=1.2$，对GL型继电器取$K_{rel}=1.3$；

K_{re}——过电流保护装置的返回系数，对DL型继电器取$K_{re}=0.85$，对GL型继电器取$K_{re}=0.8$。

(3) 变压器过电流保护的灵敏度。变压器过电流保护的灵敏度按变压器低压侧母线在系统最小运行方式下发生两相短路电流换算到高压侧来校验，即

$$S_P=\frac{I_{kmin}^{(2)}}{I_{op}} \tag{7-28}$$

在被保护变压器低压母线发生短路时，要求$S_P=1.5\sim2$；在后备保护范围末端发生短路时，要求$S_P\geqslant1.2$。

(4) 变压器过电流保护动作时限整定。变压器过电流保护的动作时限也按“阶梯原则”来整定，应与下一级保护装置相配合，应比下一级保护装置的动作时限大一个时间级差Δt。对于中小型变电所动作时限可整定为最小值$t=0.5$s。

3. 变压器的过负荷保护

变压器的过负荷电流，一般情况都是三相对称的，因此过负荷保护只要接入一相电流，用一只电流继电器即可实现过负荷保护。过负荷保护通常都经过延时作用于信号，而不作用于开关立即跳闸。

变压器过负荷保护的组成、工作原理、动作电流整定计算公式与线路过负荷保护的基本相同，动作时间取$t=10\sim15$s。

过负荷保护的启动电流，按躲过变压器的额定电流来整定，即

$$I_{op}=\frac{K_{rel}I_{NT}}{K_{re}} \tag{7-29}$$

式中 I_{op}——过负荷保护装置的启动电流，A；

K_{rel}——过负荷保护装置的可靠系数，取$K_{rel}=1.05$；

K_{re}——过负荷保护装置的返回系数，对DL型继电器取$K_{rel}=0.85$；

I_{NT}——变压器保护安装侧的额定电流，A。

三、变压器的瓦斯保护

当变压器油箱内部发生故障时，短路电流所产生的电弧将使绝缘物和变压器油分解而产生大量的气体，利用这种气体来实现的保护装置称为瓦斯保护。将气体继电器装在变压器油箱与油枕之间的连接管道中，油箱内的气体都要通过气体继电器流向油枕。安装气体继电器时需要有一定的倾斜度，变压器上盖沿气体继电器方向有1%～5%的倾斜度，连接管有2%～4%的倾斜度，如图7-30所示。

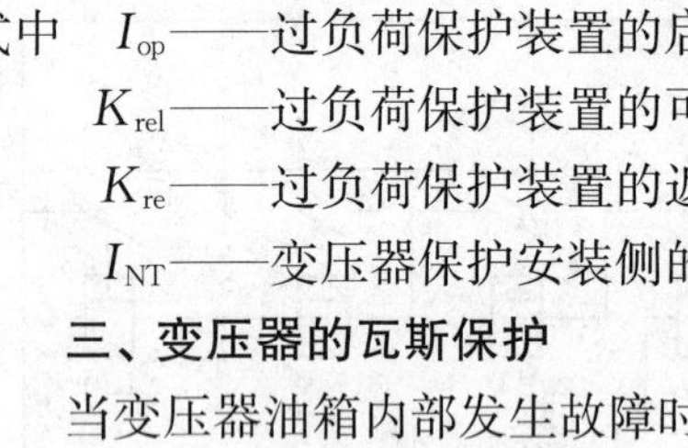

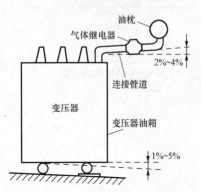

图7-30 气体继电器示意图

1. 气体继电器结构原理

目前采用的气体继电器主要有浮筒式和开口杯式两种类型。浮筒式气体继电器触点工作不够可靠，工作时容易产生误动作，基本属于淘汰产品，一般不选用。近

几年来广泛使用的是开口杯式气体继电器，FJ3－80型开口杯式气体继电器结构原理示意图如图7－31所示。

近年来新试制的FJ3－80型气体继电器有较好的防振动结构。它用开口杯代替了密封浮筒。用磁力触点代替了汞触点，正常时上、下开口杯都浸在油内。由于开口杯侧所产生的力矩比平衡锤所产生的力矩小，因此开口杯处于上升位置，磁力触点断开。

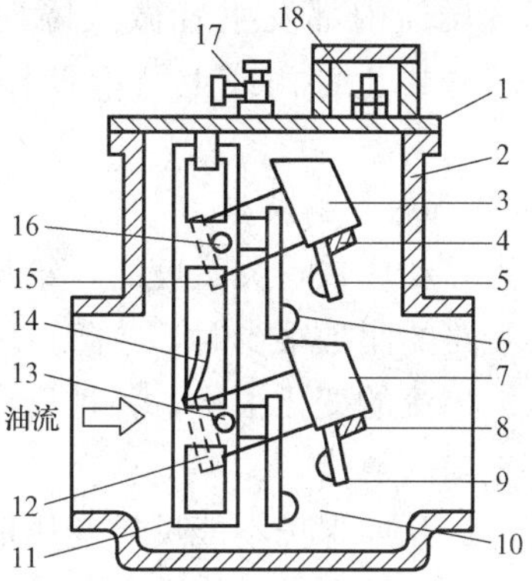

图7－31　FJ3－80型开口杯式气体继电器结构原理示意图

1—盖；2—容器；3—上开口杯；4—永久磁铁；5—上动触点；6—上静触点；7—下开口杯；8—永久磁铁；9—下动触点；10—下静触点；11—支架；12—下开口杯平衡锤；13—下开口杯转轴；14—挡板；15—上开口杯平衡锤；16—上开口杯转轴；17—放气阀；18—接线盒

当变压器正常运行时，上开口杯3及下开口杯7都充满了油，浮筒借油的浮力而浮起，因平衡锤的重力所产生的力矩大于开口杯一侧的力矩，这时开口杯处于向上倾斜的位置，此时装在浮筒和挡板上的汞触点都是断开的。

当变压器内部发生轻微故障，而使油面下降时，开口杯侧的重力产生的力矩大大超过平衡锤所产生的力矩，因此开口杯沿支点顺时针方向转动，带动磁铁使磁力触点接通，发出轻瓦斯报警信号。

当变压器内部发生严重故障时，因油冲击挡板而带动下开口杯转动，接通磁力触点使开关跳闸。当严重漏油而使油面极度降低时，与上开口杯动作原理相同，也可使下开口杯动作于开关跳闸。但当不需要下开口杯动作于跳闸时，拧出下开口杯内的专用螺钉即可。

当变压器由于油箱漏油，使箱内油面下降时，上浮筒也将随着下沉而接通延时，发出轻瓦斯报警信号。

2. 瓦斯保护工作原理

变压器瓦斯保护的原理接线图比较简单，如图7－32所示。

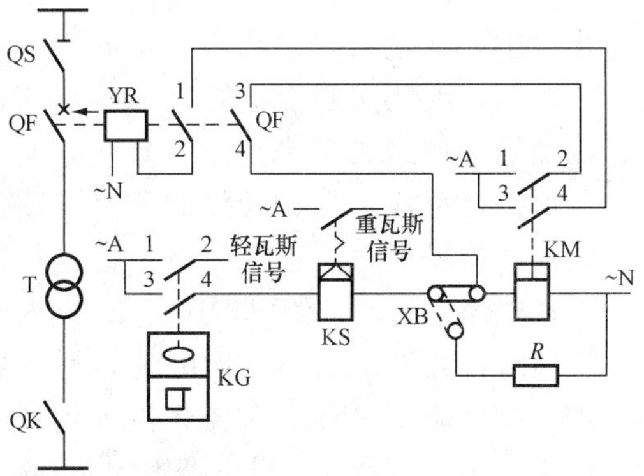

图7－32　瓦斯保护的原理接线图

T—电力变压器；QF—断路器及其辅助触点；KS—信号继电器；KM—中间继电器；YR—跳闸线圈；XB—切换片；KG—气体继电器

当变压器内部发生严重故障时，气体继电器KG的下触点3－4闭合，由挡板或下开口杯控制，称为重瓦斯保护。动作后经信号继电器KS作用于出口中间继电器KM的线圈，KM的线圈动作后动断触点闭合，使断路器QF跳闸。由于重瓦斯保护是按照油流速的大小而动作的，而油的流速在故障中往往是不稳定的，因此重瓦斯动作后必须有自保持回路，以保证有足够的时间使断路器跳闸，所以采用了带串联自保持线圈的中间继电器1－2触点，它还可以同时切断变压器高低侧的断路器1QF和2QF。

为防止瓦斯保护在变压器换油或气体继电器试验时误动作，在出口回路中装置了切换片 XB，切换回路中电阻的数值，使串联信号继电器 KS 能可靠的动作。

当变压器内部发生轻微故障时，气体继电器 KG 的上触点 1-2 闭合，动作后发出延时信号。由上浮筒或上开口杯控制。动作后发出延时报警信号，这种动作称为轻瓦斯保护。

3. 瓦斯保护的特点

优点：动作快，灵敏度高，结构简单，能反应变压器油箱内部各种类型的故障。特别是当线圈短路的匝数很少时，故障点的循环电流虽然很大，可能造成严重的过热，但是反映在外部电源电流的变化很小，各种反应电流量的保护都不能动作。因此，瓦斯保护对这种故障有特殊重要的意义。

缺点：瓦斯保护不能反应变压器油箱外部及连线的故障，只能作为防止变压器内部故障的保护。由于瓦斯保护构造上还不够十分完善，运行中正确动作率还不够高，因此需要继续改进，使瓦斯保护发挥更大的作用。

四、变压器的差动电流速断保护

变压器的差动电流速断保护与输电线的纵联差动保护在原理上是一样的，所不同的是变压器各侧电流的大小和相位都不尽相同。而且变压器一、二次侧是通过电磁的联系，在实现差动保护时，将使不平衡电流大大增加。

1. 差动电流速断保护的原理

变压器的过电流保护、电流速断保护、瓦斯保护等各有优点和不足之处。过电流保护的动作时限较长，切除故障不迅速；电流速断保护由于“死区”的影响，使保护范围受到限制；瓦斯保护只能反应变压器的内部故障，而不能保护变压器套管和引出线的故障。变压器的差动电流速断保护正是为了解决这一问题而配置的。

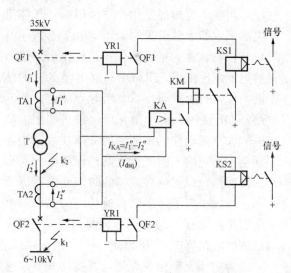

变压器差动电流速断保护是按躲过变压器空载投入时的励磁涌流和外部短路时的不平衡电流来整定的差动保护，因此称之为差动电流速断保护，这是一种最简单的变压器差动保护。差动电流速断保护由变压器两侧的电流互感器、继电器等组成，其原理接线图如图 7-33 所示。

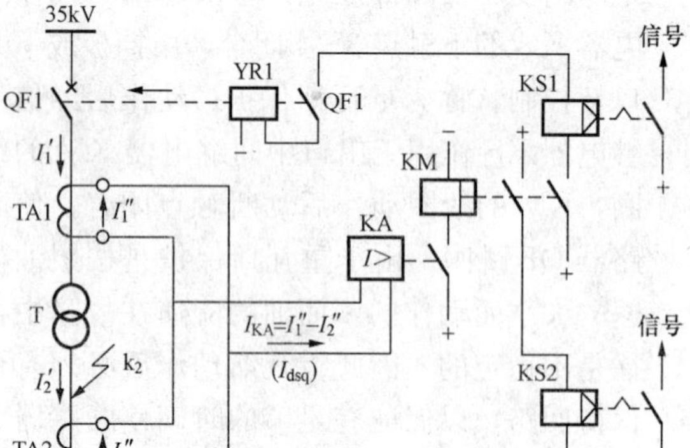

图 7-33 变压器差动电流速断保护原理接线图

由于励磁涌流衰减很快，同时保护出口中间继电器本身具有一定的固有动作时间，因此实际上已有可能不按躲过励磁涌流的最大值来整定。差动电流速断保护是反应被保护元件两侧电流差而动作的保护装置。在变压器正常运行或差动电流速断保护的保护区外 k_1 点发生短路时，如果 TA1 的二次电流 I'_1 与 TA2 的二次电流 I'_2 相等，则流入继电器的电流 $I_{KA}=I'_1-I'_2=0$，继电器 KA 不动作。而在差动电流速断保护的保护区内 k_2 点发生短路时，对于单端供电的变压器来说，$I'_2=0$，所以 $I_{KA}=I'_1$，超过继电器 I_{KA} 所整定的动作电流 $I_{op(d)}$，使 KA 瞬时动作，然后通过出口中间继电器 KM 使断路器 QF1 和 QF2 同时跳闸，切除变压器的短路故障，由信号继电器 KS1 和 KS2 同时发出信号。

2. 差动电流速断保护动作电流的整定

变压器差动电流速断保护的突出问题是不平衡电流大，而且不能完全消除。因此，实现变压器差动电流速断保护需要解决的主要问题，是采取各种措施来躲过这些不平衡电流的影响，同时在满足选择性的条件下，还要保证内部故障时有足够的灵敏度和快速动作。选择差动电流速断保护参数时需要躲过的不平衡电流，因此变压器差动保护的动作电流 $I_{op(d)}$ 可按以下三个条件来确定：

(1) 躲过变压器的励磁涌流。在变压器空载投入或在外部短路切除后电压恢复时，所引起的励磁涌流是很大的，励磁涌流只通过变压器的一次绕组，二次绕组因空载而无电流，从而在差动回路中产生相当大的不平衡电流。这个问题可以通过在差动回路中接入速饱和电流互感器的方法解决，即将继电器接在速饱和电流互感器的二次侧，以减小励磁涌流对差动电流速断保护的影响。

此外，在变压器正常运行和外部短路时，由于变压器两侧电流互感器的形式和特性不同，从而也在差动回路中产生不平衡电流。变压器分接头电压的改变，改变了变压器的电压比，而电流互感器的变流比不可能相应改变，从而破坏了差动回路中原有的电流平衡状态，也会产生新的不平衡电流。产生不平衡电流的因素很多，不可能完全消除，而只能设法减小到最小值。相比之下，其他的不平衡电流比励磁涌流产生的不平衡电流小很多，可以忽略不计。不平衡电流的一次计算值为

$$I_{op(d)} = K_{rel} I_{1NT}$$

或

$$I_{dsq} \approx I_{dsq\,lc} = I_{LC\,yl} \qquad (7-30)$$

式中　I_{1NT}——变压器额定一次电流，A；

I_{dsq}——不平衡电流，A；

$I_{dsq\,lc}$——不平衡励磁涌流，A；

$I_{LC\,yl}$——励磁涌流，A；

K_{rel}——可靠系数，可取 K_{rel}=1.3～1.5。

(2) 躲过变压器差动保护范围外部短路时，所引起的最大不平衡电流 $I_{dsq\,max}$，即

$$I_{op(d)} = K_{rel} I_{dsq\,max} \qquad (7-31)$$

式中　K_{rel}——可靠系数，可取 K_{rel}=1.3。

(3) 在电流互感器的二次侧回路断线且变压器处于最大负荷时，变压器的差动电流速断保护不应误动作，所以有

$$I_{op(d)} = K_{rel}\, I_{Lmax} \qquad (7-32)$$

式中　K_{rel}——可靠系数，可取 K_{rel}=1.3；

I_{Lmax}——最大负荷电流，可取 I_{Lmax}=(1.2～1.3)I_{1NT}。

3. 差动电流速断保护的特点

差动电流速断保护接线简单，动作迅速；但大容量变压器灵敏度很低，基本不能采用；一般只用在较小容量变压器作为相间短路保护。

五、变压器的接地保护

在中性点直接接地系统中，为了防止母线和引出线上的接地短路，一般应装设零序过电流保护，作为相邻元件及变压器本身主保护的后备保护。变压器的零序过电流保护，可以利用一个接在变压器中性点的专用电流互感器，如图7－34所示。

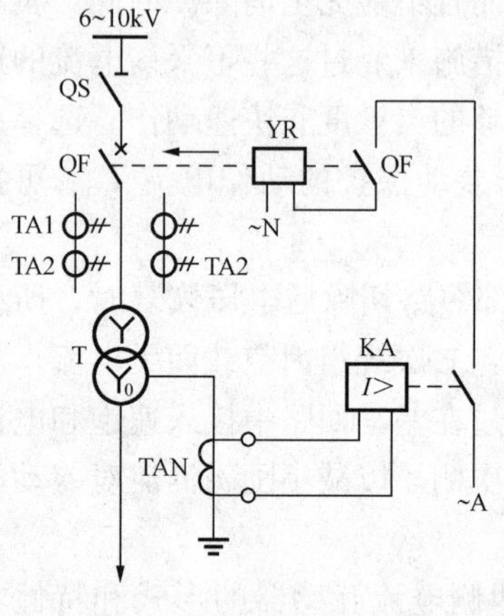

图7－34　变压器零序电流保护原理接线图

对于降压变电所，一般装设带有两段时限的零序电流保护，以第一段时限动作于母线分段或母联开关，以第二段时限动作于变压器保护总出口，跳开各侧开关。

在变压器中性点部分接地运行的情况下，在中性点可能接地或不接地运行的变压器上，要装两套零序电流保护，一套是在变压器中性点接地运行方式下的保护，另一套是在变压器中性点不接地运行方式下的保护。零序电流保护的启动电流按以下条件整定。

（1）零序电流保护的启动电流与线路零序电流保护的后备段在灵敏度上相配合，则

$$I_{op(0)} = K_{ph} K_{0fz} I_{op(0)xl} \tag{7-33}$$

式中　$I_{op(0)}$——零序电流保护的启动电流，A；

K_{ph}——配合系数，可取 $K_{ph}=1.1\sim1.2$；

K_{0fz}——零序电流分支系数，零序电流分支系数等于出线零序电流保护后备段保护范围末端接地短路时，流过本保护的零序电流与流过线路零序保护的电流之比作为计算值；

$I_{op(0)xl}$——出线零序电流保护后备段的启动电流。

（2）零序电流保护的灵敏度为

$$S_P = \frac{I_{0kmin}^{(2)}}{I_{op(0)}} \geqslant 1.2 \tag{7-34}$$

式中　$I_{0kmin}^{(2)}$——在零序电流保护安装处零序电流为最小的运行方式下，当出线末端金属短路时，流过零序电流保护安装处的短路电流。

本章小结

本章主要讲述了供配电系统继电保护装置的组成、结构原理、作用特点、基本要求等；重点分析了高压输电线路的过电流保护、电流速断保护、过负荷保护、零序过电流保护，电力变压器的过电流保护、电流速断保护、过负荷保护、瓦斯保护、差动保护、零序过电流保护等工作原理。

习题与思考题

1．继电保护装置的基本要求是什么？

2．定时限过电流保护与反时限过电流保护有何区别？

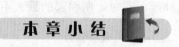

3. 高压输电线路的过电流保护和电流速断保护有何区别?

4. 有的电力线路为什么只需装过电流保护，不需装电流速断保护?

5. 绘出电力变压器过电流保护、电流速断保护和过负荷保护的综合原理接线图，说明其工作原理。

6. 电力变压器的差动电流速断保护与过电流保护有何区别?

7. 试绘图说明电力变压器采用瓦斯保护的工作原理。

第八章 供配电系统的防雷接地保护

第一节 供配电系统接地基本知识

一、供配电系统接地

供配电系统中接地的主要作用，是保证人身安全及用户电气设备、过电压保护装置正常工作，防止间接触电事故的发生。所以，供配电系统接地是非常重要的环节。

1. 接地的类型

接地是把电气设备与接地装置连接起来，称为接地。"地"是指电气上的"地"。接地特点是该处土壤中没有电流，即该处的电位等于零。供配电系统中的接地，可分为工作接地、保护接地和防雷保护接地三种。

(1) 工作接地。在工厂供电系统中，利用大地作导线或其他运行需要的接地，这种接地称为工作接地。例如，电力变压器的中性点直接接地或中性点经消弧线圈接地及防雷装置的接地等。

(2) 保护接地。为了防止电气设备的绝缘受到损坏，将电气设备在正常情况下不带电的金属部分与大地连接，可以更切实地保证人身安全，这种接地称为保护接地。例如，在低压380/220V配电系统中的TN-C系统、TN-S系统和TN-C-S系统的PE线，都属于保护接地线。

(3) 防雷保护接地。过电压保护装置或设备的金属结构，为了传导泄雷电流而接地，这种接地称为防雷保护接地，也称为过电压保护接地。防雷保护接地是一种特殊的工作接地，其接地电阻的大小直接影响过电压保护的效果。例如，避雷针、避雷线、避雷器的接地等。

2. 接地的基本概念

(1) 接地装置。接地体和接地线的总和称为接地装置。接地装置的基本形式有垂直接地和水平接地，如图8-1所示。

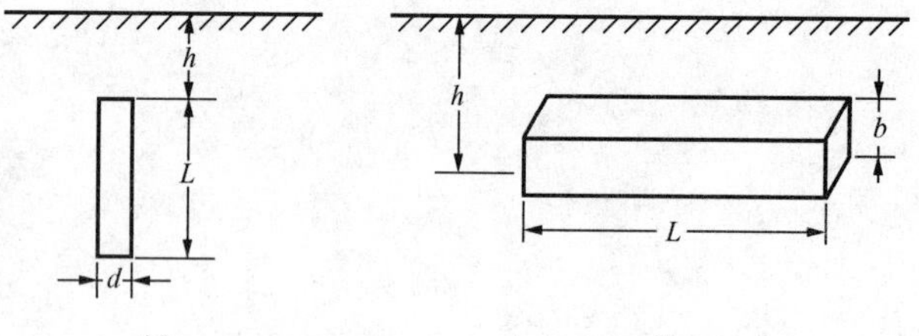

图8-1 接地装置的基本形式
(a) 垂直接地装置；(b) 水平接地装置

接地装置的垂直接地体一般用直径为30～60mm、长度为2～3m的铁管制成。水平接地体一般用宽为20～40mm、厚度不小于4mm的铁带或直径为10～20mm的圆钢制成。接地体埋设在地下的深度应大于0.5～0.8m，以保证不受机械损伤，并减小接地体周围土壤的水分等受季节的影响。

(2) 接地体。埋入地中并直接与大地（土壤、江、河、湖及井水）接触的金属导体称为接地体或接地极。接地体分为自然接地体和人工接地体。例如，自来水管、金属构架、钢筋混凝土杆等，属于自然接地体打进地中的角钢、圆钢铁管、深埋的圆钢铁带等属于人工接地体。

（3）接地线。电气设备的接地部分与接地体连接用的金属导体称为接地线。接地线一般可用钢筋、钢绞线、铁带或角钢等做成。

3. 接地电阻

首先分析一下电气上的“地”究竟在哪儿。例如从地面上挖个坑，埋入一个半径为 R_0 的金属半球，由它向地中传导电流，如图 8-2 所示。

假定土壤是均匀的，其电阻系数为 $\rho(\Omega/\mathrm{m})$，那么在球心为 X，厚度为 $\mathrm{d}X$，这层土壤的电阻 $\mathrm{d}R$ 为

$$\mathrm{d}R=\frac{\rho\mathrm{d}X}{\alpha\pi X^2}$$

则这一层土壤的电压降为

$$\mathrm{d}u=E_{(X)}\mathrm{d}X \tag{8-1}$$

式中　α——土壤的截面积；

$E_{(X)}$——距球心为 X 处土壤中的电场强度。

由式（8-1）可见，只要土壤中某一点的电流密度 $j_{(X)}\neq 0$，在这点就有电压降，它的电位也不等于零。

人们所说的电气上的“地”是指电位等于零的地方，也就是传导电流等于零的地方。从理论上讲，这个地方距接地体无穷远。由实验得知，在距简单接地体 20m 以外地方的电位基本趋于零，如图 8-3 所示。

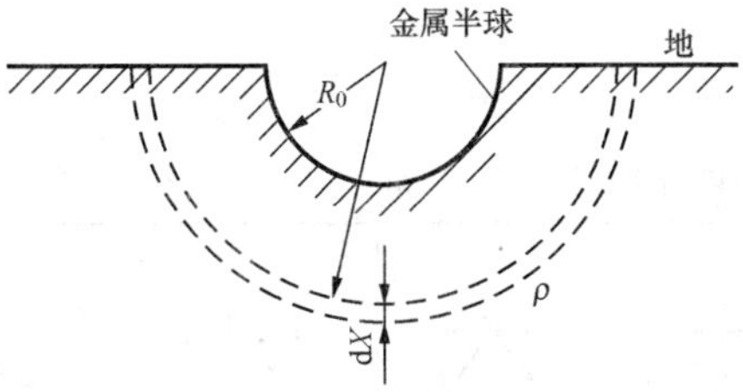

图 8-2　金属半球向地中传导电流

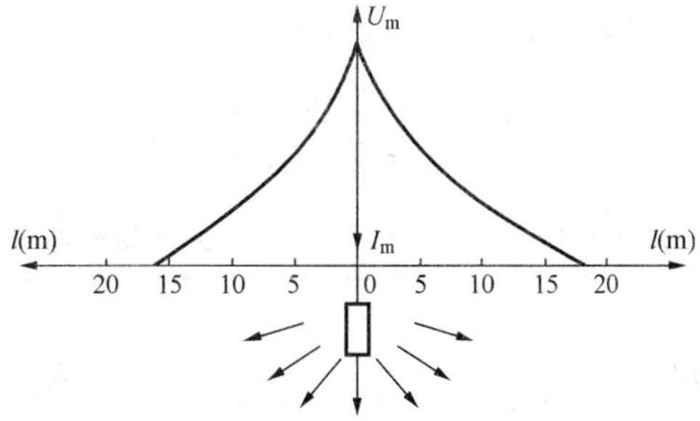

图 8-3　接地装置周围大地表面电位分布图

由图 8-3 可见，电流由接地装置流向“地”的过程中，要受到阻力，所以接地电阻就是电气设备的接地部分对地电压与接地电流的比值，即

$$R_{\mathrm{jd}}=\frac{U}{I}=\frac{\rho}{\alpha\pi R_0} \tag{8-2}$$

式中　R_{jd}——接地电阻，Ω；

U——电气设备接地部分的对地电压，V；

I——接地电流，A。

必须指出：因为连线的电阻很小，所以可以认为接地电阻就等于溢流（散流）电阻，因此接地电阻又称为溢流电阻。

接地电阻又分为工频接地电阻和冲击接地电阻。工频接地电阻是指按通过接地体流入地中的工频电流求得的电阻。冲击接地电阻是按通过接地体流入地中的冲击电流求得的电阻。

影响接地电阻的主要因素是土壤电阻率、接地体的几何尺寸、埋入地中的深度等。

4. 土壤电阻率

土壤电阻率又称土壤电阻系数，以每边长为 1cm 的立方体土壤电阻来表示，其单位是 Ω·m 或 Ω·cm。土壤电阻率随土壤的性质、含水量、温度、化学成分、物理性质等情况的不同而不同，因此在设计时要根据当地的实际地质情况，并要考虑季节的影响，选取其中最大值作为设计依据。

综上所述，受众多因素的影响，同一地区的土壤在一年四季中的电阻率也是不同的。因此我们在进行接地设计时，应根据一年内土壤最大电阻率来设计计算。

二、防雷接地电阻的计算

1. 工频接地电阻

（1）单根垂直接地体接地电阻为

$$R_C = \frac{\rho}{2\pi L}\ln\left(\frac{4L}{d}\right) \tag{8-3}$$

式中 ρ——土壤电阻率，Ω/m；

L——接地体的埋入长度，m；

d——接地体用圆钢的直径，m，接地体用钢管时，$d=d'$；

d'——钢管外径，m。

（2）水平接地体接地电阻为

$$R_\rho = \frac{\rho}{2\pi L}\left(\ln\frac{L^2}{\mathrm{d}h} + A\right) \tag{8-4}$$

式中 L——接地体的总长度，m；

h——接地体的埋入深度，m；

A——不同结构形式的计算系数，见表 8-1。

表 8-1 水平接地体接地电阻的计算系数

结构形式	—	└	人	＋	✳	□	○
A	0	0.378	0.867	2.34	2.96	1.71	0.239

2. 冲击接地电阻

冲击接地电阻是按通过接地体流入地中的雷电流求得的。由于雷电流与工频电流不同，使得冲击接地电阻与工频接地电阻不同。

雷电流的特点是幅值很大，陡度也很大。当幅值很大的雷电流经接地体流入地中时，在接地体附近就出现很大的电流密度，因而产生很大的电场强度，使得在最接近接地体处的土壤产生火花被击穿。击穿后的土壤相当于导体，于是电极表面就好像被包裹上一层良导体，即相当于电极的几何尺寸被加大了，从而使其有效溢流面积增加。除此以外，火花击穿区以外的土壤电阻率也随着电流密度 j 的加大而有所减小，从这方面来讲冲击接地电阻将比工频接地电阻低。但是另一方面，由于雷电流的波头陡度很大，这对伸长接地体来说，其电感的作用就不可忽略。由于受电感的影响，雷电流被限制流向其较远的伸长端，使其溢流面积降

低，这使得冲击接地电阻比工频接地电阻大。其数学表达式为

$$R_{sh} = \alpha R_g \tag{8-5}$$

式中　R_g——工频接地电阻，Ω；

α——冲击系数，见表 8-2。

表 8-2　冲击系数 α 值

土壤电阻率（Ω）	I_{Ld}			
	5	10	20	40
100	0.85～0.90	0.75～0.85	0.60～0.75	0.50～0.60
500	0.60～0.70	0.50～0.60	0.35～0.45	0.25～0.30
1000	0.45～0.55	0.35～0.45	0.25～0.30	—

注　表中较大数值用于 3m 长的接地体，较小数值用于 2m 长的接地体。

3. 复合接地电阻

为了得到较小的接地电阻，实际工程中采用由多根垂直接地体和若干水平接地体组成的复合式接地装置。在复合式接地装置中由于各接地体的相互屏蔽作用，使其有效溢流面积减少，因而使装置的接地电阻值大于各单独接地体电阻的并联综合值。通常把后者与前者之比称为复合式接地装置的工频利用系数 η，其数学式为

$$\eta = \frac{R_{\Sigma}}{R_{gf}} \tag{8-6}$$

式中　η——复合式接地装置的工频利用系数；

R_{Σ}——各单独接地体电阻的并联综合值，Ω；

R_{gf}——接地装置的工频复合接地电阻，Ω。

4. 接地装置形式的选择

对于不同的土壤电阻率地区，可采用不同形式的接地方式。

（1）当土壤电阻率 $\rho < 300\Omega/m$ 时，可采用以垂直接地体为主的复合式接地装置，接地体的埋深在 0.6m 以上。

（2）当 $300 < \rho \leqslant 2000\Omega/m$ 时，可采用以水平接地体为主的复合式接地装置，接地体埋深在 0.5m 以上。

（3）当 $\rho > 2000\Omega/m$ 时，若上层土壤电阻率较低，可采用以水平接地体为主的复合式接地装置；若下层土壤电阻率较低，可采用以垂直接地体为主的复合式接地装置。

（4）对架空线的接地装置，可采用方形闭环式接地体，四角各伸长 6～8 根 60～80m 的水平辐射线，埋深在 0.3m 以上。

5. 改善土壤电阻率的方法及措施

在实际工程中，由于土壤电阻率、季节系数等不易准确掌握，计算结果往往也不准确，因此当实际施工完毕后，必须进行现场测量。改善土壤电阻率的方法及措施如下：

（1）换土方法。换土方法是指用黏土、黑土、砂质黏土等代替原来电阻率高的土壤。置换的范围是在接地体周围 0.5m 以内和管长 1/3 处。这种方法在接地附近有电阻率较低的土壤时有效。

（2）深埋方法。深埋方法对含砂土壤最为有效。因为含砂层一般都在表面层，在地层深

处的土壤电阻较低。这种方法仅适于机械化施工。

(3) 化学处理常用方法。化学处理常用方法是指在接地极周围的土壤中加入食盐。加食盐的优点是效果好，受季节影响小、价廉，但是持续的时间不长。

第二节　电力线路的防雷保护

电力线路是工厂供电系统的重要组成部分，搞好电力线路防雷工作，不仅能保证电力线路本身输送电能的可靠性，也能保证工厂变电所的安全运行。

一、电力线路的防雷保护

在电力线路的事故中，雷电事故占的比例很大。统计资料表明，线路雷害事故占整个系统总雷害事故的83%，其电能损失占总的81%。线路上出现的雷电波沿着输电线路侵入工厂变电所，以致危及电气设备的绝缘。

1. 电力线路的防雷保护措施

(1) 防止直击雷。可以采用避雷线或避雷针，在某些情况下可改用电缆线路。

(2) 防止反击，即避雷线被雷击后，不应该使线路绝缘发生闪络。为此可以改善避雷线的接地，适当加强绝缘，个别杆塔使用避雷器保护。

(3) 防止雷击闪络后产生的工频电弧。如果雷击仅使绝缘发生冲击网络，而不转变为稳定的电弧，则线路不会发生短路故障，从而线路也就不会跳闸。可以减小绝缘上的工频电场强度，或采用中性点不直接接地的办法，如采用消弧线圈接地方式。

(4) 保证线路不间断供电。可以采用自动重合闸装置，以及采用双回路或环形供电方式。

上述四项措施是考虑了防雷击的总体情况，对某一条线路而言，不一定要四者俱全，在具体确定某条线路的防雷保护方式时，应当全面考虑线路的电压等级，根据当地原有线路的运行经验、雷电活动的强弱、地形地貌的特点、土壤电阻率的高低、负荷性质和系统运行方式等条件，结合技术经济比较的结果，采取合理的保护措施。

2. 线路防雷的计算方法

电力线路防雷措施的计算方法，通常可以用单位跳闸率来说明。单位跳闸率是指线路长度 $L_{WL}=100$km、每年40雷电日时，由于雷击使线路开关跳闸的次数。单位跳闸率可以按式（8-7）计算：

$$\text{单位跳闸率}=N\times P_I\times\eta \tag{8-7}$$

式中　N——线路遭受到的雷击数；

P_I——雷电流幅值 I_{Ldmax} 的概率；

η——建弧率，建立工频电弧的次数/冲击闪络次数。

$$\eta=(4.5E^{0.75}-14)\times10^{-2} \tag{8-8}$$

式中　E——绝缘子串的平均运行电压梯度，kV/m。

在中性点直接接地系统中，$E=\dfrac{U_N}{\sqrt{3}(L_{sh}+0.5L_m)}$；

在中性点不接地系统中，$E=\dfrac{U_N}{2(L_{sh}+0.5L_m)}$。

确定单位跳闸率，首先要解决的问题是当线路长度为100km、雷电日为40时，导线或避雷线受到的直击雷数大致有多少。由实验得出的$\frac{d}{h}$与地线受雷击的概率曲线如图8-4所示。

由图可见，当$\frac{d}{h}=1.0$时，雷击地线的概率差不多是100%，当$\frac{d}{h}$越大时，雷击于地面的概率就越大；当$\frac{d}{h}=5.0$时，雷击于地线的概率趋近于零，而雷击于地面的概率约为100%。

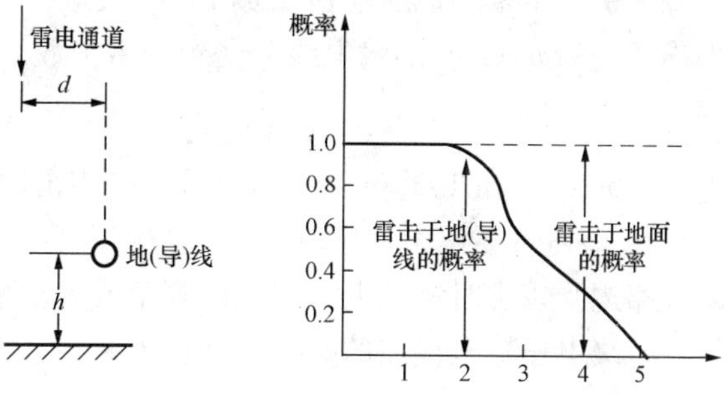

图8-4　$\frac{d}{h}$与雷击地线的概率曲线

d—雷电通道与地线间的水平距离；

h—地线的平均高度

我国35kV以上线路雷击跳闸率运行指标折算到40雷电日，如表8-3所示。

表8-3　我国35kV以上线路雷击跳闸率运行指标折算到40雷电日

序号	电压等级（kV）	地形	杆型	避雷线根数	工频接地电阻（Ω）	跳闸率次/百千米 40雷电日	统计运行千米年数
1	35	平地	铁担、木杆	0	∞	5.7	1115
			铁担、水泥杆	0	约10	1.68	1070
			木担、木杆	0	∞	1.6	1244
			木担、水泥杆	0	自然接地	0.9	233
		山区	铁担、水泥杆	0	自然接地	2.2	—
2	60	平地	铁担、木杆	0	∞	5.3	2211
			铁担、水泥杆	0	自然接地	4.0	741
			木担、木杆	0	∞	2.9	826
			木担、水泥杆	0	自然接地	1.8	437
		山区	铁担、水泥杆	1	10～20	1.01	12 602
3	110	平地	单杆	1	约10	0.77	6485
			双杆	2	约10	0.48	4606
		山区	单杆	1	约20	1.67	4743
			双杆	2	约20	0.94	6577
4	220	平地	上字型	1	约10	0.36	550
			门型	2	约10	0.108	2776
		山区	上字型	1	约15	1.16	6045
			门型	2	约15	0.28	26 890

在研究电力线路的防雷问题时，为使安全性更高常需把地（导）线对地面的遮蔽宽度设置得大一些，因此可假定其一侧的宽度为$5.0h$。那么，100km长的电力线路对地面的遮蔽面积或其受雷面积为

$$A = 2 \times 5h \times 10^{-3} \times 100 = h\text{km}^2 \qquad (8-9)$$

每一平方千米的地面落雷次数 r，一般取 $r=0.015$，因此可得长度为 100km、40 雷电日平均高度为 h（m）的输电线路受到的雷击数 N 为

$$N = 40 \times 0.015 \times h(\text{m}) = 0.6h \text{ 次} \qquad (8-10)$$

其中，$0.6h$ 次为在 100km、40 雷电日时的雷击次数。

3. 线路防雷要解决的问题

线路遭受雷击时，雷电流的幅值等于或大于耐雷水平，才能使绝缘闪络的雷电流达到临界值。各级电压输电线路的耐雷水平见表 8-4，从而求出使绝缘发生闪络的次数。

表 8-4　装设避雷线线路的耐雷水平

线路电压（kV）	35	60	110	220	330
一般线路的耐雷水平（kA）	40～50*	60	60～75*	90～120*	140
大跨越档中央和变电所进线保护段耐雷水平（kA）	50	60	75	120	140

* 适用于重要的供电线路。

二、各级电压线路避雷线的配置

1. 电力设计规范过电压保护规定

对于 60kV 线路，当重要负荷所经地区年平均雷电日在 30 日以上时，需沿全线装设避雷线；对于 110kV 线路一般应沿全线装设避雷线，架设在少雷区的 110kV 线路，可不装设避雷线，但应采用自动重合闸装置，以减少停电次数；对于 220～750kV 以上线路应沿全线装设避雷线；对于 330kV 以上线路应采用双避雷线；架设在山区的 220kV 线路应采用双避雷线，但年平均雷电日不超过 15 的少雷地区除外。

2. 避雷线的防雷保护作用

(1) 遮蔽作用。避雷线对输电线路具有雷击遮蔽作用。避免雷电直接击于输电线路上，是避雷线的主要作用。

(2) 分流作用。当雷击杆搭时，雷电流并不全部经过杆塔入地，而是从避雷线的两侧分流掉一部分，从而可以降低塔顶电位和提高耐雷水平。

(3) 耦合作用。避雷线与导线间的耦合效应，能降低绝缘子链两端的作用电压，从而使耐雷水平有所提高。

三、电力线路的防雷措施

1. 6～10kV 电力线路

对于 6～10kV 输电系统的配电线路来说，其绝缘通常只有一个针式绝缘子，比 35kV 输电线路绝缘低，因此不应考虑装配避雷线，主要利用水泥杆自然接地和中性点非直接接地的作用。

(1) 对于市区或沿公路敷设的 6～10kV 架空电力线路，一般会受到建筑物或树木的遮蔽，使其遭受雷击机会减小。

(2) 当某些线路绝缘不能满足运行要求时，可采用高一级的绝缘子。在机械强度允许的情况下，利用瓷横担提高绝缘水平，也是一个行之有效的措施。

(3) 对特别重要的用户，可采用环形供电或不同杆的双回路供电，必要时可改为电缆

供电。

(4) 不论哪一电压等级的电力线路，都应广泛采用自动重合闸装置，这样即使线路遭受雷击引起跳闸，只要自动重合闸成功就不会造成停电事故。

(5) 在线路遭受雷击的情况下，自动重合闸的成功率可达到80%以上，因此在某些防雷条件不好的输电线路上，自动重合闸装置实际上变成了行之有效的防雷工具。

2. 35～60kV 输电线路

对于35～60kV电力线路，一般不沿全线装设避雷线，因为网络造价会显著增加。

(1) 在超高压线路中装设避雷线的造价只增加2%～4%，而对额定电压较低的线路来说，装设避雷线对造价的影响却是相当可观（增加20%～30%）。

(2) 35～60kV电力线路的绝缘水平较低，即使装避雷线，对导线遭受反击也是在所难免的。

(3) 木杆线路装设避雷线还会降低线路的对地绝缘水平，使消弧率增大。如果不装避雷线，由于木材的绝缘与消弧性能得到充分利用，因此线路的绝缘水平较高，当雷电流不大时，线路不至于引起闪络；当雷电流较大时，即使引起闪络，消弧率也较低。

(4) 在35～60kV输电系统中，中性点是经消弧线圈接地的。其故障形式为相间闪络。由于新的线路主要利用水泥杆，水泥杆的自然接地电阻通常较小，因此也有较高的耐雷水平。

(5) 35kV输电系统采用三片绝缘子，60kV输电系统采用五片绝缘子。绝缘子相对多一些对防雷是有利的，这样作用在绝缘子上的工频电位要小些，消弧率自然就低了一些。如果采用瓷横担，相间绝缘增加，从而使耐雷水平提高，消弧率也会下降。

3. 110kV 输电线路

110kV线路与220kV输电线路的防雷措施基本相同，只是110kV输电系统采用中性点经消弧线圈接地的方式，这对防雷保护提供了经验。

例如，我国某两个地区的110kV输电系统，由于送电线路分别处在山区和沿海地带，因此遭受雷击和台风的机会较多，降低接地电阻和防止大风造成的事故困难很大，倘若将接地方式改为消弧线圈接地方式，这时雷击第一相导线对地短路不会引起跳闸，直到在对第二相导线反击短路后才会跳闸，所以第一相导线好像起到多加一根避雷线的作用，但它要比多一根避雷线的作用稍差一些，因为它在相邻的杆塔上并未接地，所以没有避雷线的分流作用，只有避雷线的耦合作用。

运行经验证明，上述110kV输电系统改为消弧线圈接地后，加上改善了个别线段的接地电阻，其跳闸率由1.7次/百千米40雷电日下降到0.826，即大约下降一半。当然对上述的改变必须持慎重态度，一般说来，电力网结构简单，不能满足安全供电的要求或其处在土壤电阻率较高，雷电活动较强的山岳丘陵地区，线路雷击跳闸频繁可考虑用消弧线圈接地。

4. 220kV 输电线路的防雷措施

在一般情况下，220kV的输电线路可装设单避雷线，但架设在山区的220kV输电线路，为了提高其耐雷水平，装设双避雷线进行保护。

对已运行在高原区的220kV单根避雷线线路，若其跳闸率达不到满意的程度，可采用改良土壤的办法，提高防雷消弧。必要时，可采用两根连续式接地带（在峡谷时，后者可跨谷而过，起耦合作用）。在确认难以降低接地电阻时，可将单避雷线补架设成双避雷线，也可在杆塔上架设一条接地的耦合线，加耦合线的防雷效果是显著的。

5. 330kV 及以上输电线路的防雷措施

330kV 输电线路应采用双根避雷线进行保护，并尽量降低其接地电阻，采用双避雷线时易于减小保护角和线击率，此时的击杆率也相应降低。击杆率的减小对提高线路的运行可靠性也有好处，因为雷击于档距中央的避雷线时，一般不会引起冲击闪络。两根避雷线时击杆率小一些，耦合系数大一些，这都有助于提高耐雷水平。当然，用两根避雷线时投资会增大，因此不能要求 110～220kV 线路也都如此。

当利用两根避雷线时，如果它们固定在杆塔上接地，则两根避雷线通过两个杆塔就构成了一个短路环。由于避雷线和三相输电线的距离并不比三相输电线之间的距离大很多，因此三相电力传输线在此短路环内的磁通相量和并不为零，从而产生环流及损耗。当输送功率即导线中的电流很大时，这个损耗是不小的，此时如将一根避雷线绝缘起来就可以避免损耗。有时可能需要用避雷线作为通信线或信号线，也要让避雷线对地绝缘起来。

但如果将避雷线始终地绝缘起来，则它的防雷作用也就消失了。根据分析可知，绝缘的避雷线和导线是不同的，导线经中性点接地的变压器绕组，电压互感器的绕组等接地，在先导放电阶段，导线上的电位等于零，而绝缘的避雷线上有一定的电位，如果用一个距离为 15～40mm 的间隙和避雷线的绝缘子并联起来，则在先导阶段间隙放电，就使避雷线接地，从而解决了上述的矛盾。我国 330kV 线路的避雷线采取了此项措施。

第三节　变电所的防雷保护

变电所是供配电系统的中心环节。由于变电所的户内、外配电装置装有许多重要的电气设备，装置中的设备一旦发生雷击事故，后果会很严重，将造成大面积的停电和重大的经济损失，且设备损坏后很难修复。所以，变电所的防雷保护工作要十分可靠。

一、变电所中可能出现的过电压

输电线路直接落雷或由于雷电感应而产生的过电压波，沿着输电线路袭入变电所，变电所中电气设备的绝缘水平要比电力线路的绝缘水平低得多。例如，110kV 电力变压器的冲击试验电压为 480kV，而线路绝缘子的冲击耐压电压达 780kV，比前者的绝缘水平高 62%。为防止雷直接击于变电所的电气设备，在变电所中装设专门的避雷针。

过电压波通常又称为进行波。此过电压波会对电气设备造成巨大危害，必须加以限制。限制过电压波的主要方法是，采用性能良好的阀型避雷器。为了使阀型避雷器不致负担过重，应在靠近变电所的一段线路上加强防雷措施，该段线路称为变电所的进线段。阀型避雷器配合以进线段的方式，是现代化变电所防雷接线的基本方式。

二、变电所的防雷保护接线

1. 6～10kV 配电装置的防雷保护

6～10kV 电力网配电装置的特点是导线悬挂高度较低，遭受雷击并以过电压波形式袭入变电所的机会很少，电气设备绝缘裕度要比 35kV 以上的为高，配电装置一般离避雷器很近。由于这些原因，6～10kV 配电装置的防雷接线可以予以简化。主要是限制避雷器中雷

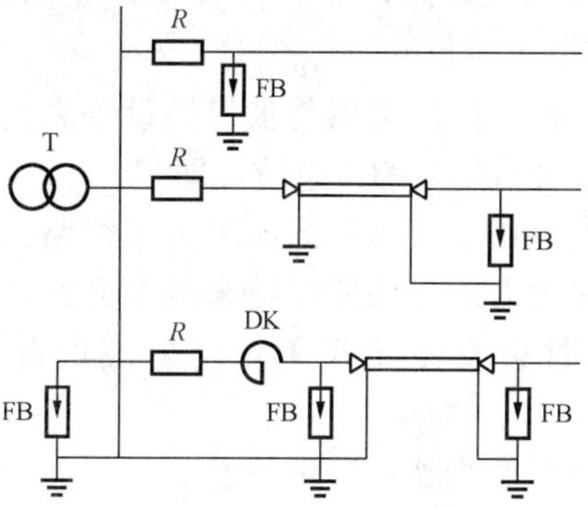

图 8-5 6～10kV 配电装置的保护接线

电流的幅值，而不考虑限制来波的陡度问题。阀型避雷器装在配电装置的母线上，如图 8-5 所示。

母线上的阀型避雷器 FB 距主变压器的电气距离不宜大于表 8-5 中的数值。

表 8-5 母线上阀型避雷器距主变压器的电气距离

出线回路数	1	2	3	4 回路及以上
电气距离（m）	10	15	18	20

在大型变电所内，主变压器与 6～10kV 配电装置相距甚远，它们之间用电缆或母线连接，当雷击附近的 6～10kV 线路时，来波陡度较大，变压器同配电装置母线避雷器之间的电位差将因振荡而达到很高的数值，以致危及变电所的绝缘，因此在变压器的 6～10kV 绕组的出线端，必须加装一组避雷器。该组避雷器也可以起到另外一个作用，即在高压侧落雷，而 6～10kV 的低压侧绕组开路时，即与配电装置解列时，它能限制从高压绕组传递过来的过电压。

2. 配电装置的防雷措施

(1) 对于无电缆接线的段，用架空线作引出线时，阀型避雷器应装在断路器的前面，以限制雷电侵入波。

(2) 对于有电缆引出线时，为了保护电缆线接头，在其引出线端应装设阀型避雷器，同时其接地应和电缆金属外皮相连，并且接地应以最短距离与变电所的接地网相连，还应在其附近装设集中接地装置。

(3) 若在电缆端与断路器开关间还接有电抗器，由于侵入波在到达电抗器时要发生全反射，所以应在电抗器前面加装一个避雷器，以保护电抗器和电缆头。

3. 变电所的过电压波保护

(1) 避雷器直接装在被保护设备的出口处。

避雷器是防雷保护过电压波的主要措施，那么避雷器动作后，作用在被保护设备上的电压由避雷器的残压所决定，因为避雷器的残压大于其冲击放电电压。如图 8-6 所示，图中 L 为避雷器 FB 与变压器 T 之间的距离，$L\approx 0$m。

(2) 避雷器与被保护设备间的距离。

实际上避雷器通常都装设在变电所的母线上，除保护变压器外还兼顾其他电气设备。因此，避雷器与被保护设备间总是有一定的距离。

当阀型避雷器动作时，由于波的折射与反射作用，会使被保护设备上的过电压高于避雷器的冲击放电电压或残余电压，因而影响避雷器的保护效果。

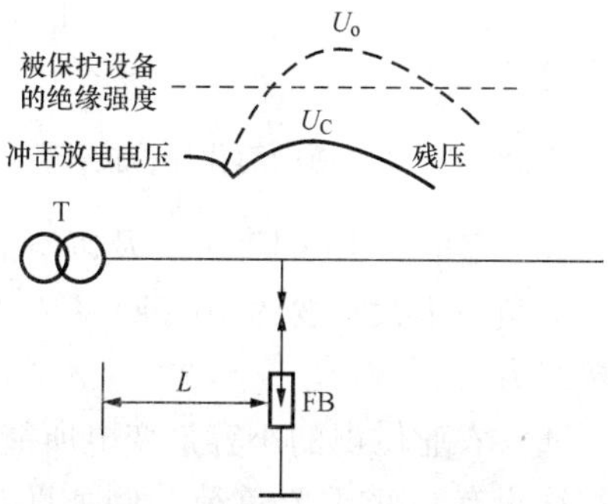

图 8-6 避雷器直接装在变压器出口处

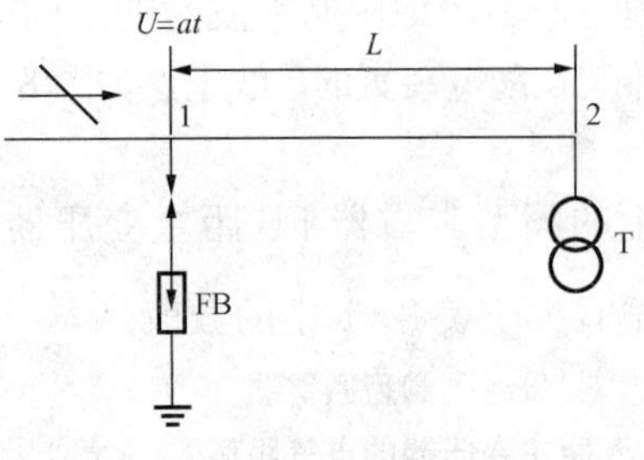

图 8－7　变电所简单保护接线图

我们以最简单的终端变电所进行分析，如图 8－7 所示。

为了简化分析，如避雷器与被保护设备之间的距离为 L，用斜角表示侵入的雷电波，即 $U=at$，其中 a 为侵入波的陡度，由于变压器的波阻抗较线路波阻抗大得多，其值多为万欧。假定线路末端 2 开路，则雷电波来到 2 点时会发生全反射，反射波的陡度也为 a。

4．中、小容量变电所防雷保护接线

6～35kV 中、小容量变电所的特点是数量多、容量小、负荷一般不太重要。根据这些特点，我国有些地区采用了简化防雷保护接线。

多年的运行实践，不仅为中、小容量变电所的防雷保护积累了丰富的经验，而且也为国家节约了大量资金。根据中、小容量变电所的容量、负荷的重要程度及当地的雷电活动的强弱等，采用的简化保护接线方式有以下几种：

（1）2000kV・A 及以下变电所的简化保护接线。

多年的运行经验证明，对 2000kV・A 及以下的变电所简化保护接线是完全可行的，如图 8－8 所示。

对供电负荷等级要求不太高且容量较小的变电所，其进线保护段的长度可以适当的缩短，但必须在进线保护段上加装完整的防雷保护装置。只有严格安装，才能基本保证其安全运行。

（2）1000kV・A 及以下变电所简化保护接线。

对于负荷等级不太重要的、容量在 1000kV・A 及以下变电所，可采用图 8－9 所示的防雷保护接线方式。这些接线方式主要是根据某地区大量的防雷保护接线简化的变电所后推荐的接线而提出的，可根据各地的具体情况加以选用。

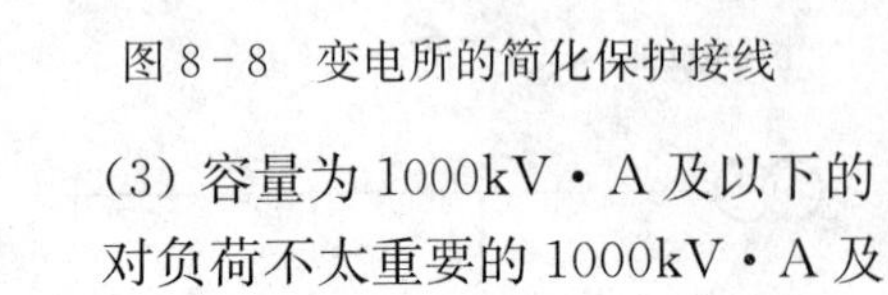

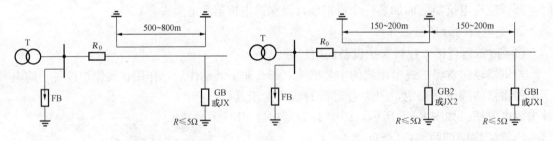

图 8－8　变电所的简化保护接线

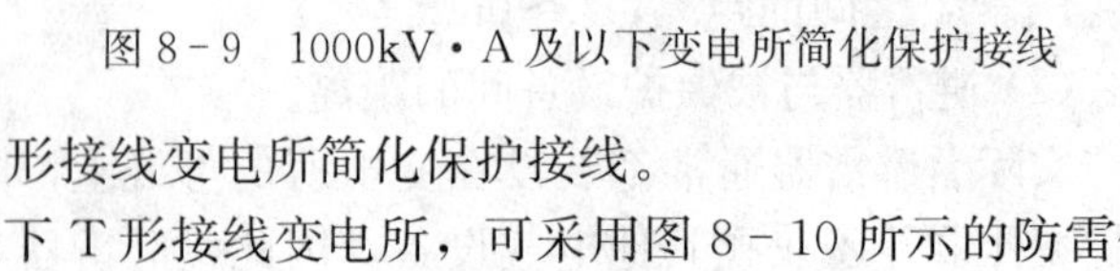

图 8－9　1000kV・A 及以下变电所简化保护接线

（3）容量为 1000kV・A 及以下的 T 形接线变电所简化保护接线。

对负荷不太重要的 1000kV・A 及以下 T 形接线变电所，可采用图 8－10 所示的防雷保护接线方式。

通常农业供电的小容量变电所能达到这样的指标，这是比较安全可靠的。但在农业用电中往往也有一些重要负荷，例如防洪防汛的用电设施在汛期就十分重要，因此必须区别对待。

图 8-10（b）适用于T形接线较长的情况，分析结果表明：图中的简化防雷保护接线是既经济又安全的。当然这种简化接线的变电所的耐雷指标为标准接线的40%左右。

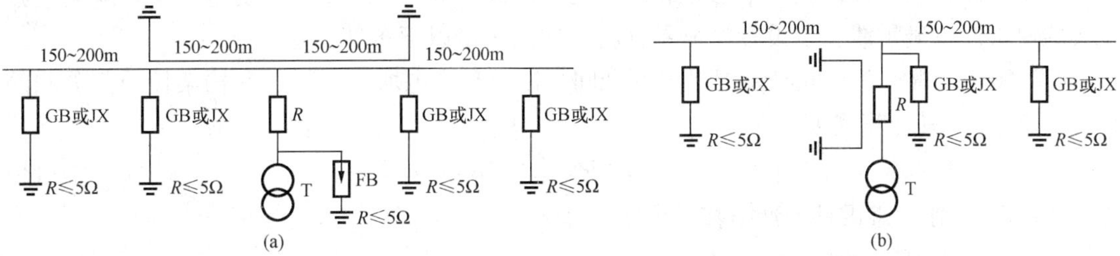

图 8-10　1000kV·A及以下的T形接线变电所简化保护接线

三、变电所直击雷保护

（一）直击雷保护设备配置

变电所的直击雷保护可用避雷针或避雷线，以适应不同的情况，对变电所进行防雷保护。过去，一般变电所内不允许采用避雷线，作为直击雷保护措施，是为了防止避雷线断落在母线上造成严重后果。但事实并非如此，根据我国有关地区的运行经验，采用避雷线作为保护措施并没有发生过事故，相反的个别地区采用避雷针，却因机械强度不够而发生倒折情况。因此，现在提出两者均可作为变电所的防雷保护措施。

采用避雷线作为变电所的防雷保护，在某些情况下更为理想。例如，有的变电所建造在山脚下，可将避雷线直接拉到山坡上进行固定，就不需另架杆塔，也便于定期检查。在国外，有的国家就用避雷线来保护露天配电装置，可供参考。为此，避雷线的线号可选得大一些，其机械强度也可降低一些。

（二）避雷针装设的基本原则

（1）在变电所主控制室配电装置的房顶上不易装设避雷针。原因是在这些建筑物上装设避雷针后，防止反击有很大困难，因在配电室上装设避雷针，当落雷时对屋内的配电装置发生了反击事故。尤其是有些变电所装设了晶体管保护装置，往往在雷击时发生误动作。

（2）在有爆炸危险品的建筑物上，严禁装设避雷针或避雷线。

（3）该受到保护的被保护设备，包括变电所的露天配电装置及变电所中的重要隔离设备和所有的被保护物，都应处在避雷针的保护范围之内，使其免遭直击雷。

（4）电位升高导致避雷针或避雷线对被保护设备又发生放电，这种现象称为避雷针或避雷线对被保护设备的逆闪络或反击。逆闪络将高电位加到被保护设备上，因此仍然会造成电气设备绝缘的损坏。

（5）变配电装置应避免逆闪络或反击。当避雷针或避雷线受到雷击后，它的对地电位可能很高。如果它们与被保护设备间绝缘距离不能满足要求时，有可能在避雷针或避雷线遭受雷击后，引起电位升高。

（三）避雷设备的装设方式

变电所直击雷防护设计是根据避免逆闪络的要求，来决定避雷针的安装位置，这样就决定了避雷针和被保护设备的水平距离；根据已确定的水平距离和被保护设备的高度，决定避雷针的高度，验算保护范围，应使设备处在保护范围之中。

1. 独立式避雷针

35kV 及以下的变配电所，一般采用中性点不接地方式或经消弧线圈接地方式。这种接地方式要保证较小的冲击接地电阻是有困难的，因此在 35kV 及以下的变电所中，应装设独立式的避雷针或避雷线。装设独立避雷针时，应当满足以下条件：

(1) 独立式避雷针与配电装置导电部分间，以及与变电所电气设备和构架接地部分间的空气距离 L_{dq}，其计算式为

$$L_{dq} \geqslant 0.3R_{sh} + 0.1h\ (\mathrm{m}) \tag{8-11}$$

式中 R_{sh}——独立避雷针的冲击接地电阻，Ω；

h——避雷针考虑点的高度，m。

(2) 独立式避雷针的接地装置与变电所最近接地网之间的地中距离 L_K 为

$$L_K \geqslant 0.3R_{sh}\ (\mathrm{m}) \tag{8-12}$$

(3) 避雷针与配电装置导电部分间，以及与变电所电气设备和架构的接地部分间的空气距离，对一端绝缘、另一端接地的避雷线为

$$L_K \geqslant 0.3R_{sh} + 0.1(h + \Delta L)\ (\mathrm{m}) \tag{8-13}$$

式中 h——避雷线杆柱的高度，m；

ΔL——考虑点到杆柱间的距离，m。

避雷针与避雷线的空气距离，一般 $L_K \leqslant 5$m，在条件许可时，宜适当增大，以减小感应电压的影响，一般 $L_K \leqslant 3$m；独立式避雷针的冲击接地电阻，一般 $R_{sh} \geqslant 10\Omega$。

2. 避雷针装设在构架上

对于 110～330kV 的系统，差不多是中性点直接接地的系统。为了减小接触电压、跨步电压，变电所设有较大的接地网。在大多数情况下，要保证冲击接地电阻 $R_{sh}=3\Omega$，是不会遇到很大困难的，因此，允许将避雷针装设在构架上。

根据过电压保护的规定，允许在 60kV 的配电装置构架或房顶上装设避雷针，但该处的土壤电阻率必须小于 500Ω/m；否则应采用独立避雷针。避雷针除应与接地网连接外，还应在其附近加装集中接地装置，在一般土质情况下，打入 3～5 根垂直电极或敷设 3～5 根水平接地体即可满足。

由避雷针接地引下线的入地点至变压器接地线的入地点，沿接地体的地中距离不得小于 15m。装设在构架上的避雷针接地部分与导线部分之间的空气距离不得小于绝缘子串的长度。对于避雷线过电压保护的规定，6～35kV 配电装置也允许将避雷线引到出线门型构架上，但土壤电阻率要小于 500Ω/m，并且应装设集中接地装置。

总之，能否将避雷针装设在构架上，要根据具体情况分析，如当避雷针本身遭受雷击时，不会向被保护设备或导线发生逆闪络，就可以将避雷针装设在构架上，否则就不允许将避雷器装设在构架上。

第四节 变电所的防雷保护设备

避雷针或避雷线是防止直接雷击过电压的主要工具。它之所以能对其周围的电气设备起到保护作用，是因为它能引雷自身，并且通过良好的接地装置把雷云电荷泄入大地。

一、避雷针的作用原理

雷电先导路径的发展方向主要取决于最大电场强度，当先导放电在较大的高度时，这一方向仅由先导本身来决定，如图 8-11（a）所示。实际上并不受地面物体的影响，但是从某一高度（即定向高度 H）开始，先导放电便开始向避雷针或避雷线定向发展，如图 8-11（b）所示。

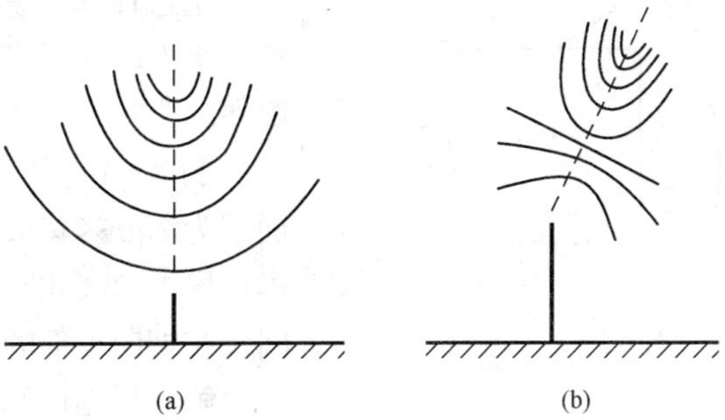

图 8-11　电场等位线在不同高度时放电的发展方向

（a）先导放电；（b）先导放电向避雷针定向发展

由于避雷针或避雷线的高度较高，并具有良好的接地，在避雷针或避雷线上，因静电感应而聚集了相反极性的电荷，使其附近的电场强度增强，此时先导放电的电场即开始被避雷针所引导，使最大的电场强度发生在先导通道与避雷针的连接线上，先导放电就向着避雷针或避雷线方向发展，直到击中为止。这样避雷针或避雷线周围的电气设备就得到了防雷保护。

二、避雷针的保护范围

避雷针保护效能通常用保护范围来表示。保护范围是指避雷针近旁的部分空间，在此空间以内被保护设备及建筑物遭受雷击的概率极小，不超过 0.1%。避雷针保护范围的大小与避雷针的数目、高度、相互位置等因素有关。

保护范围的确定，是在实验室中通过模拟仿真实验总结出来的，并在供配电系统中经过多年的运行实践，证明模拟仿真实验结果是可靠的。根据电力设计技术规范过电压保护的规定，避雷针保护范围确定方法如下。

1. 单支避雷针的保护范围

单支避雷针的保护范围采用折线法，避雷针在地面上的保护半径为 $r=1.5h$，而在被保护物高度平面上的保护半径，可由图 8-12 得出。

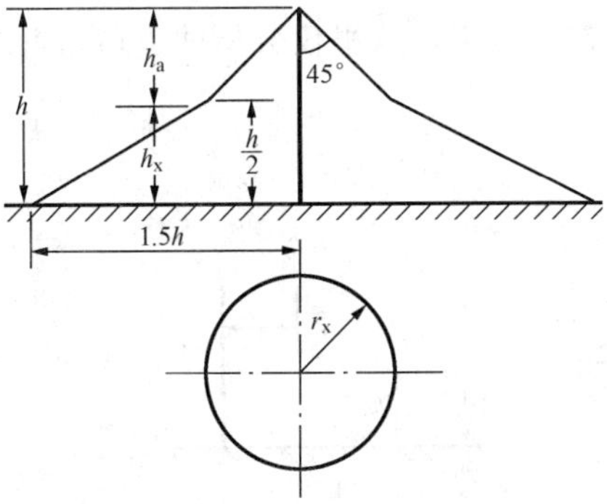

图 8-12　单支避雷针的保护范围

h—避雷针的高度；h_a—避雷针的有效高度；h_x—被保护物的高度；r_x—避雷针在 h_x 高度水平面上的保护半径

当被保护物的高度为 $h_x \geqslant \frac{h}{2}$ 时，避雷针在 h_x 高度水平面上的保护半径为

$$r_x = h - h_x \tag{8-14}$$

当被保护物的高度 $h_x \leqslant \frac{h}{2}$ 时，避雷针在 h_x 高度水平面上的保护半径为

$$r_x = 1.5h - 2h_x \tag{8-15}$$

式（8-14）和式（8-15）仅适用于 $h \leqslant 30$m 的情况。当 $h \geqslant 30$m 时，需乘一个系数 P，有

$$P = \frac{5.5}{\sqrt{h}} \tag{8-16}$$

当$h \geqslant 30$m时，P的保护范围表现在r_x上，不再随避雷针的高度成正比的增加。而实践证明，扩大保护范围的一个有效方法是采用多支避雷针。

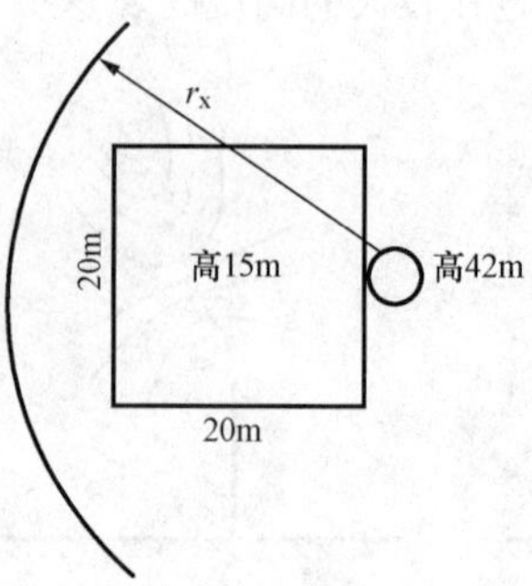

图8-13 装在烟囱上的避雷针保护变电所

上述计算方法称为折线法，它与过电压保护中的曲线法比较，计算所得的保护范围相差甚小，采用折线法计算保护范围较为简便。

例8-1 某工厂降压变电所如图8-13所示。变电所占地面积为25m×25m，屋外高压配电装置高度为15m，旁边一工厂锅炉房烟囱高42m，烟囱顶部装有一支避雷针，针尖高度为2m。问装在烟囱顶部的避雷针能否满足全所保护范围的要求是什么？

解 根据已知条件，该变电所避雷针的实际高度为$h=42+2=44$（m），被保护物高度为屋外高压配电装置的高度为$h_x=15$m。按单支避雷针的保护条件，有

$$\frac{h_x}{h}=\frac{15}{44}=0.34\leqslant\frac{1}{2}=0.5$$

当被保护物高度$h \geqslant 30$m时，需乘以系数$P=\frac{5.5}{\sqrt{h}}$，所以得

$$r_x=(1.5h-2h_x)p=(1.5\times 44-2\times 15)\times\frac{5.5}{\sqrt{44}}$$

$$=(66-30)\times\frac{5.5}{6.63}=36\times 0.83=29.88\ (\text{m})$$

以锅炉房烟囱为圆心，$r_x=29.88$m为半径，所作的圆包围了全部变电所及高压配电装置，可见满足全所保护的要求。

在设计变电所直击雷保护装置时，可以利用附近的烟囱当作避雷针的支持架，这样做的好处是显而易见的。

2. 两支等高避雷针的保护范围

两支等高避雷针外侧的保护范围按单支避雷针方法确定，这里仅分析两支避雷针之间的保护范围，如图8-14所示。

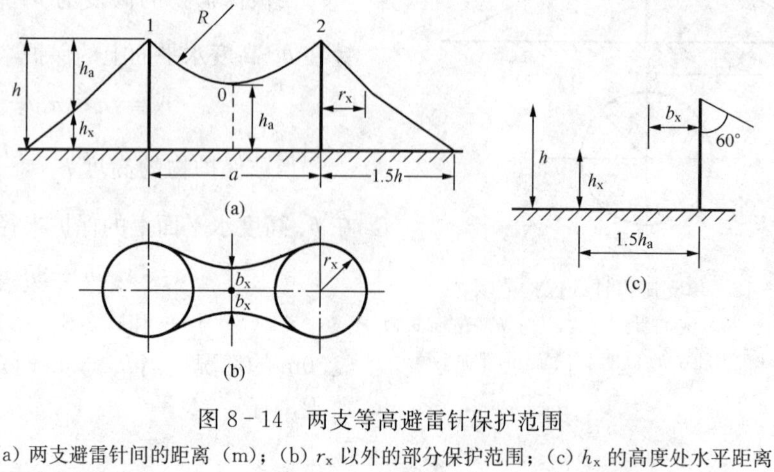

图8-14 两支等高避雷针保护范围

(a) 两支避雷针间的距离（m）；(b) r_x以外的部分保护范围；(c) h_x的高度处水平距离

$2b_x$—h_x水平面上保护范围的最小宽度；r_x—单支避雷针的保护半径；R—两支避雷针顶点及0点圆的半径

采用两支避雷针时，除了两个半径为 r_x 的圆面积外，还能得到另一部分保护范围，如图 8-14（b）中带有弧线的面积，这是因为两针之间有互相遮蔽的效果，使其保护范围扩大。

扩大部分保护范围的确定方法是：令 a 为两避雷针之间的距离，$2b_x$ 为在高度 h_x 的水平面上保护范围的最小宽度，它位于两针连接线的中点，即距每一根避雷针的距离为$\frac{a}{2}$。如果已知 b_x 的大小，则在平面图上就得到一个点$\frac{ab_x}{2}$，由这一点至半径为 r_x 的圆作切线，就可以得到保护范围了。

为了解决确定 b_x 这一问题，可假想在两支避雷针的连接线的中点处有一高度为 $h-\frac{a}{7P}$ 的避雷针，它的顶端即为图 8-14（a）中的 0 点，由这一点先向地面作垂直线，再由 0 点，在与两避雷针的连接线相垂直的方向作两条线，设两针的连接是东西方向，则由 0 点向南北作两条线，这两条线与上述垂直线的夹角均为 60°。这两条线在 h_x 的高度处水平距离即为 b_x 点，由图 8-14（c）可得到 b_x 的数学表达式：

$$b_x=\sqrt{3}(h_0-h_x)=\sqrt{3}\left(h-\frac{h_x a}{7P}\right)=\sqrt{3}\left(h_a-\frac{a}{7P}\right) \tag{8-17}$$

$$h_0=h-\frac{a}{7P}$$

式中 b_x——在 h_x高度处的水平距离，m；

h_0——假想的避雷针高度，m。

如果 $a=7Ph_a$，0 点的对地高度 $h_0=h-h_a=h_x$，即 0 点与被保护设备等高，由式（8-17）可见，$b_x=0$。因为被保护设备总有一定的长度和宽度，如果 $b_x=0$，则被保护设备的一部分可能处于针的保护范围之外，因此用两避雷针保护时，两针间的水平距离 a 应小于 $7Ph_a$。

3. 两支不等高避雷针的保护范围

两支不等高避雷针外侧的保护范围仍按单支避雷针方法确定，如图 8-15 所示。

下面介绍两支不等高避雷针内侧保护范围确定方法：

首先用与单支避雷针相同的方法，作出较高避雷针 1 的保护范围，然后经过较低避雷针 2 的顶点，作水平线与单支避雷针 1 的保护范围相交于点 3，取点 3 作为一支等效避雷针的顶点，避雷针 2 与 3 点间的距离用 a'表示。此时即可作出避雷针 2 和 3，以及 1 和 2 的保护范围，如图 8-15 所示。

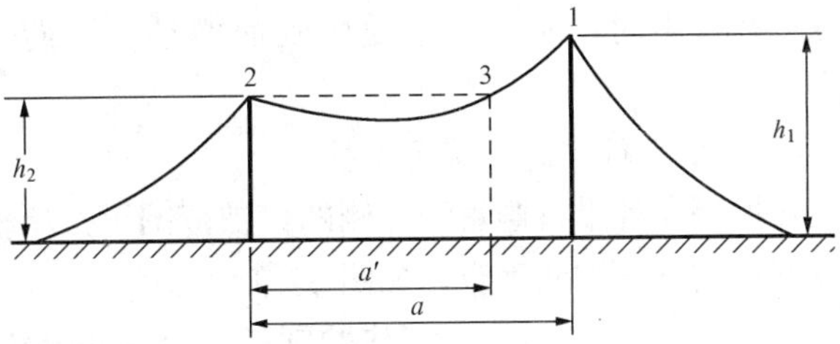

图 8-15 两支不等高避雷针保护范围

1—较高避雷针顶点；2—较低避雷针顶点

若当 $h\geqslant 30$m 时，则有

$$f=\frac{a'}{7P}$$

或

$$h'_0=h-\frac{a'}{7P} \tag{8-18}$$

若当$h \leqslant 30$m时，则有

$$f=\frac{a'}{7}$$

或

$$h'_0=h-\frac{a'}{7} \tag{8-19}$$

式中 f——两支避雷针连接线的中点处高度，m；

a'——避雷针2与点3间的距离，m。

三、避雷线的保护范围

1. 单根避雷线保护范围

单根避雷线的保护范围是一条带状区域。一般用单根避雷线来保护伸长的被保护线路最为合适，例如输电线路及面积较大的变电所。避雷线的保护范围如图8-16所示。

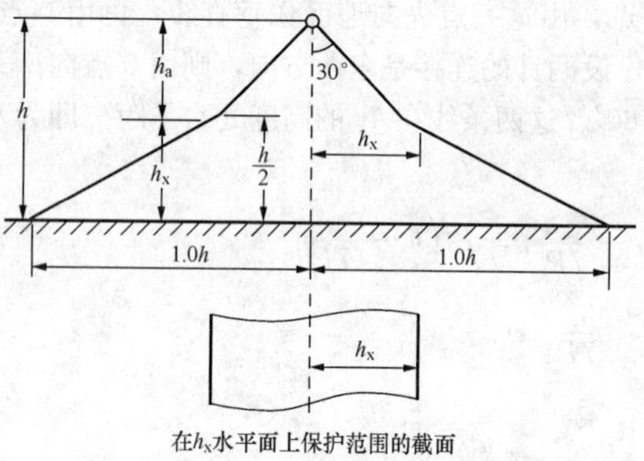

图8-16 单根避雷线的保护范围
h—避雷线的高度；h_x—被保护物的高度；
h_a—避雷线的有效高度

避雷线在地面上的保护宽度$r=1.0h$。而在被保护物高度平面上的1/2保护宽度，可由图8-16得出。

当被保护物的高度$h_x \geqslant \frac{h}{2}$时，则得避雷线的保护宽度为

$$r_x=0.47(h-h_x)=0.47h_x \tag{8-20}$$

当被保护物的高度$h_x \leqslant \frac{h}{2}$时，则避雷线的保护宽度为

$$r_x=h-1.53h_x \tag{8-21}$$

避雷线的保护宽度比避雷针的保护半径小，原因是避雷线引导电场的效果不如避雷针效果好；在雷雨时，避雷线会受风吹而摆动，因而不得不将保护宽度取得小一些，以确保安全。

2. 两根平行等高避雷线保护

两根等高且平行避雷线外侧的保护范围可按单根避雷线方法确定。两根避雷线内侧的保护范围可按下述方法确定，如图8-17所示。

经过1、2两点及0点所作的圆弧，即为两避雷线的内侧保护边界，也就是说，在边界下的导线可获得保护，0点位于1、2两点之间，其对地高为$h_0=h-\frac{a}{4}$。

为了保护位于两避雷线间输电线路的中间相导线，两避雷线间的距离应满足下列条件：

$$h_a=h-h_x \geqslant \frac{a}{4} \tag{8-22}$$

在实际应用中，避雷线的保护作用通常用保护角α来表示。保护角是指通过避雷线的垂线和避雷线与外侧导线间的连线所构成的夹角α，如图8-18所示。

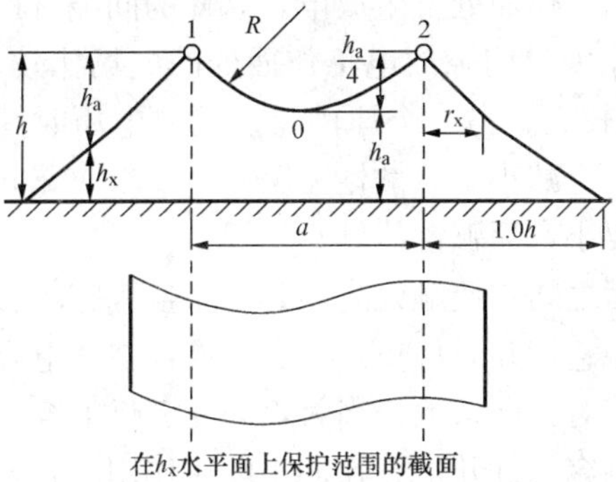

图 8-17　两根避雷线保护范围

1—第一根避雷线；2—第二根避雷线

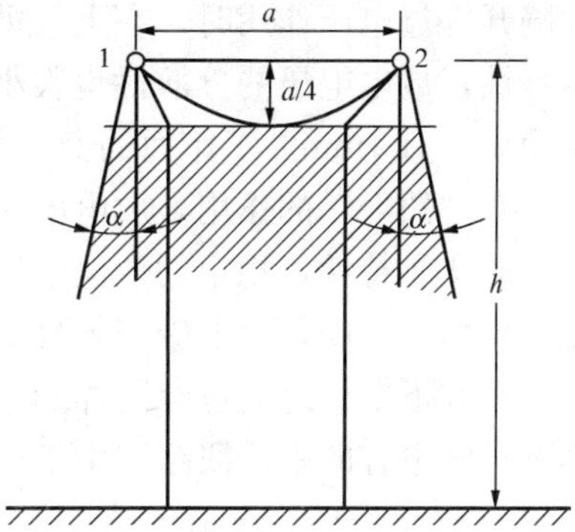

图 8-18　避雷线的保护角 α 保护范围

保护角越小，导线受到的保护效果越好，即雷绕过避雷线击于导线的绕击率就越小。根据经验总结分析，绕击率 P_α 可用式（8-23）和式（8-24）计算：

对于平地线路
$$\lg P_\alpha=\frac{\alpha\sqrt{h}}{86}-3.9 \tag{8-23}$$

对于山区线路
$$\lg P_\alpha=\frac{\alpha\sqrt{h}}{86}-3.35 \tag{8-24}$$

为了有效地保护输电线路，过电压保护中规定：避雷线对外侧导线的保护角，一般采用 $\alpha=20°\sim30°$；为保护中间相导线，根据模拟仿真和运行经验得知两避雷线间的距离，不应超过避雷线距导线高度的 5 倍。

四、避雷器保护范围

避雷器与被保护设备并联，是用来限制雷电侵入波的一种保护设备，能够自动地导泄雷电侵入波。在正常运行时避雷器并不导电，但当危险的侵入波来时，它能自动地将侵入波泄入大地，将过电压限制在一定数值下，使被保护设备免遭过电压的危害，迅速切断工频续流，雷电波被泄掉后，恢复绝缘状态，使系统正常工作。

目前系统中装设的避雷器有管型避雷器、阀型避雷器和保护间隙，下面以阀型避雷器作为重点分析。

（一）阀型避雷器

保护间隙和管型避雷器都不能用来直接保护变电所中的变压器、电压互感器等重要设备。阀型避雷器不仅是限制过电压的主要设备，而且其保护特性是确定高压电气设备绝缘水平的基础。阀型避雷器的基本结构元件是由火花间隙和阀片组成的。

1. 阀型避雷器的火花间隙结构原理

阀型避雷器的火花间隙是决定避雷器放电和灭弧的重要元件，如图 8-19 所示。阀型避雷器的工作是以火花间隙的击穿作为开始，以火花间隙中续流电弧的熄灭作为结束。

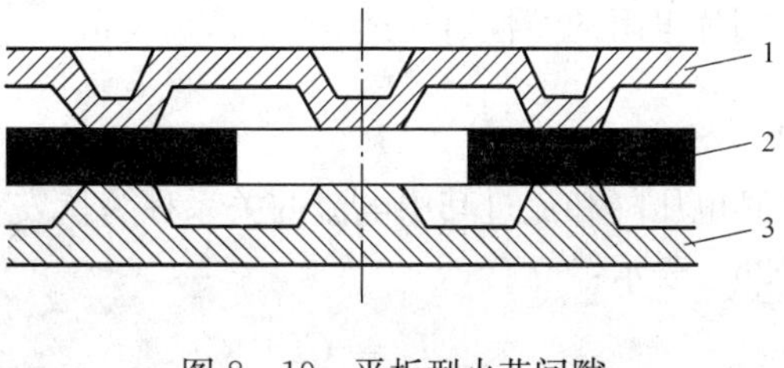

图 8-19　平板型火花间隙

1—上电极；2—云母垫片；3—下电极

火花间隙的上、下电极用 0.8mm 的黄铜片冲压而成，并以约 0.6mm 厚的云母垫片隔开。过电压作用时，在上、下电极中部的工作面处发生放电，这样的间隙有比较平的伏秒特性，放电电压的分散性也很小。其主要原因是间隙放电工作面处的电场比较均匀，间隙的距离约有 1mm，工作面的面积相对来说比较大；另一个原因是，当放电压时间减小时，由于有“照射”的作用，放电电压增加不多，也减小了分散性。因此，要求火花间隙应具有较平的伏秒特性，稳定的放电电压，分散性要小，灭弧性能好。

在工作面的两侧，上电极与云母垫片的上表面之间在接触处附近有一小空气隙，云母垫片的下表面和下电极之间也有同样的小空气间隙。它们和云母垫片本身构成：空气电容→云母电容→空气电容的串联回路。由于云母垫片的相对介电系数相当大，因此云母电容要比两边的空气电容大好几倍。在冲击电压作用时，电压的分配反比于电容值。因此，在间隙工作面处发生击穿前，上述两个小间隙中的场强就达到游离场强。

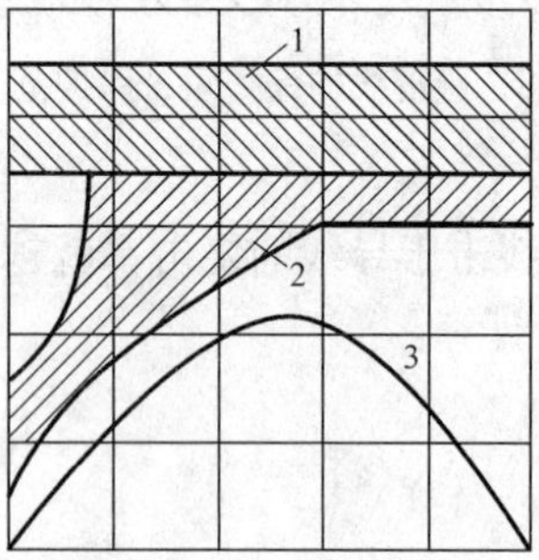

图 8-20　单间隙电气特性

1—击穿电压范围；2—工频续流过零后介质恢复强度；3—加在间隙上的最大允许恢复电压

空气游离后，会有一些电子附着于工作面，使放电容易发生，伏秒特性变平，也减小了放电的分散性。单个间隙的击穿电压变化范围如图 8-20 中的 1 所示。这种尖顶波，使电流为零值的时间加长了，对灭弧更为有利。因此在电流过零后，间隙即可耐受 700V 左右的电压而不重燃，随着时间的增长，其恢复强度还将继续升高。如图 8-20 所示，当恢复电压为图中的 3 时，间隙将不再重燃。

2. 阀型避雷器的阀片作用原理

阀型避雷器阀片的主要作用，是用来限制冲击残压和工频续流的，具体来说就是在雷电流通过时，其电阻值很小，使得雷电流所产生的冲击残压不超过被保护设备的绝缘水平，当雷电流过去后，其电阻值又变大，将工频续流最大值限制在 80A 或 300A 以下，以保证火花间隙能可靠的灭弧。通常我们称这种随流过其中电流而变的电阻称为阀型电阻，阀型避雷器便由此得名。

阀型避雷器的间隙灭弧与开关及普通型避雷器均不相同，由于有阀片电阻的限制，流过间隙的续流普阀最大值只有 80A，磁阀最大值只有 300A，持续时间又很短，不超过工频半波的 0.01s，因此电极表面不会过热，没有热发射。当续流过零时，铜电极构成的间隙即可耐受 250V 左右的电压，而不重燃。

阀片的非线性电阻不仅限制了续流的大小，还会使得续流波形成尖顶波，如图 8-21 中的实线所示。这是因为作用于阀片的电流减少时，其电阻将要增加的缘故。

阀片电阻的特性可用式（8-25）表示：

$$R=\frac{U}{I}=CI^{(\alpha-1)} \tag{8-25}$$

其电压降和流过其中电流的关系称为伏安特性，用式（8-26）表示：

$$U=CI^{(\alpha)} \tag{8-26}$$

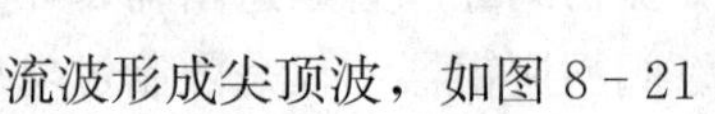

图 8-21　阀片使续流变成尖顶波

式中　C——材料常数；

α——非线性系数，取 $\alpha \approx 0.2$；

U——阀片上的压降，kV；

I——流过阀片的电流，A。

目前阀片是采用电工金刚砂 SiC（碳化硅）的细粒加黏合剂压制后焙烧而成的，焙烧后在 SiC 颗粒的表面形成了一层极薄的氧气层 SiO_2，厚度的数量为 5～10cm。把阀片放大来看，其等值回路如图 8－22 所示。

据测量，金刚砂颗粒本身的电阻系数很小，$\rho_{SiC}=1\Omega/cm$。当电流流过阀片时，电压主要是降落在极薄的氧化层上。当电流小、压降小时，ρ_{SiC}很大，为 $10^6 \sim 10^8\Omega/cm$，因此电阻很大。当电流大、压降大时，氧化层中的自由电子数迅速增加，其电导 g_2 也增加，而当电流、压降超过一定值时颗粒间的小气隙被击坏，使颗粒间的接触面加大，这两个因素使得电流大时，电阻迅速下降。

（二）管型避雷器

管型避雷器主要用于变配电所进出线保护和线路绝缘薄弱点的保护。管型避雷器实际上是个具有较高灭弧能力的保护间隙，基本结构主要由产气管、内间隙和外间隙三部分组成，如图 8－23 所示。

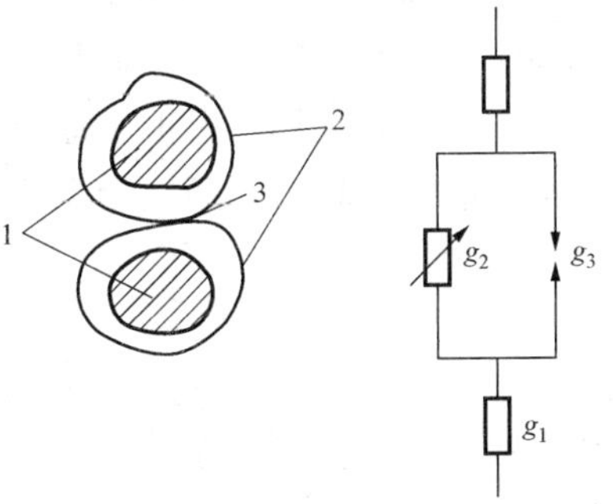

图 8－22　金刚砂物理结构和电气等值回路示意图

1—金刚砂颗粒的核 SiC；2—氧气层 SiO_2；3—颗粒间的气隙

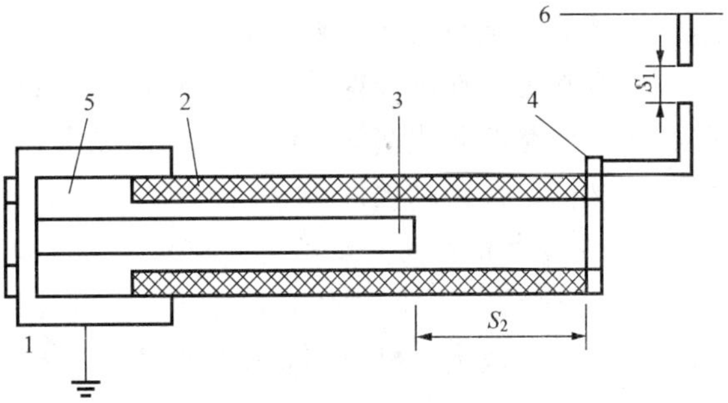

图 8－23　管型避雷器结构示意图

1—金属管帽；2—产气管；3—棒形电极；4—环形电极；5—储气室；6—电力线路；S_1—外部间隙；S_2—内部间隙

1. 管型避雷器的结构原理

管型避雷器的产气管是由纤维、塑料或橡胶等产气量高的材料制成。管型避雷器的一端用一只金属管帽 1 封闭，在管帽 1 上固定着棒形电极 3，另一端是一只中央留有喷气孔的环形电极 4，棒形电极 3 和环形电极 4 构成了内部间隙 S_2，S_2 也称消弧间隙。由于消弧管所用的产气材料不能长期耐受高电压和泄漏电流的作用，所以平时用外部间隙 S_1，把消弧管和电力网的导线 6 隔离开来。

在线路正常工作情况下，外部间隙 S_1 把管型避雷器与电力网隔开。当线路遭受雷击或感应雷过电压袭来时，使管型避雷器的外部间隙 S_1 和内部间隙 S_2 同时被击穿，冲击波被截断，间隙击穿后，强大的雷电流通过接地装置泄入到大地，将过电压限制在避雷器的放电电压值之内，放电时内阻接近于零，残余电压极小，但工频续流极大。在系统的工频电压作用下，雷电流和工频续流使管子内部间隙发生强烈电弧。在电弧的高温作用下，使产气管 2 分解出大量的气体，其中的绝大部分均储存在储气室 5 中，使管子中的压力高达数十至上百个大气压。由于管型避雷器的一端是密封的，所以高压的气体急速地由开口端喷出，产生了纵吹作用，使电弧在工频短路电流第一次过零时熄灭，使系统恢复正常状态。通常灭弧过程可在0.01～0.02s内完成。

管型避雷器的冲击放电电压是由外部间隙 S_1 和内部间隙 S_2 距离决定的，而灭弧特性是由内部间隙 S_2 决定的，所以，间隙一般是不应调节的。当需要调节外部间隙时，必须使外部间隙的数值不小于表8-6中所列的数据，以免发生局部放电，使工频电压作用到消弧管上。

表8-6　管型避雷器外部间隙数值

(mm)

额定电压(kV)	3	6	10	20	35	60	110	
							中性点直接接地	中性点不直接接地
外部间隙的最小值	8	10	15	60	100	200	350	400
外部间隙可增到的数值	—	—	—	150～200	250～300	350～400	400～450	400～500

注　表中外部间隙可增到的数值指用于变电所进线段的管型避雷器。

2. 管型避雷器的特点

管型避雷器虽然由自然灭弧变成了自动灭弧，但是其间隙的电场仍然是很不均匀的，伏秒特性配合仍然困难，动作后也会产生截波，所以它不能直接用来保护变电所中的变压器、电压互感器等贵重设备。然而，由于管型避雷器有结构简单，价格低廉，通流能力大等优点，因而常常用在进线保护中，以减轻阀型避雷器的负担。另外，它还用来保护经常处于断路状态的断路器和线路的绝缘弱点，例如木杆、木横担线路中的铁横担，钢筋混凝土杆或铁塔和交叉档，大跨越档杆塔等。

3. 安装避雷器注意事项

(1) 应避免避雷器动作时，排气孔所排出的电离气体相交，造成相间或对地短路。管型避雷器的排气范围，可根据制造厂的说明书确定。若在开口端固定避雷器，则允许其排气范围相交。

(2) 为防止在管型避雷器内腔聚结水分，应将其垂直开口向下安装，或倾斜安装，但与水平所成角度不应小于15°。对于污染严重地区应增大倾斜角度。

(3) 安装应牢固，保证外部间隙在任何情况下稳定不变。

(4) 额定电压比较低的管型避雷器，外部间隙的电极不应垂直布置，以免雨滴造成短路。

(5) 应装有可靠的动作指示器。接地线应尽可能短，并有足够的截面，一般应大于 $35mm^2$。

(三) 保护间隙

保护间隙是一种最简单经济的，也是最原始的防雷保护设备，基本结构就是由一对放电间隙组成，放电间隙通常分为棒型、球型和羊角型三种类型。保护间隙结构形式示意图如图8-24所示。

1. 保护间隙的作用原理

保护间隙具有结构简单、价廉等独特的优点。它若与自动重合闸装置配合使用，可以减少许多停电事故，所以在供配电系统中保护间隙占有一定的地位。

系统中羊角型保护间隙应用较多，羊角型保护间隙又称羊角型避雷器。保护间隙与被保

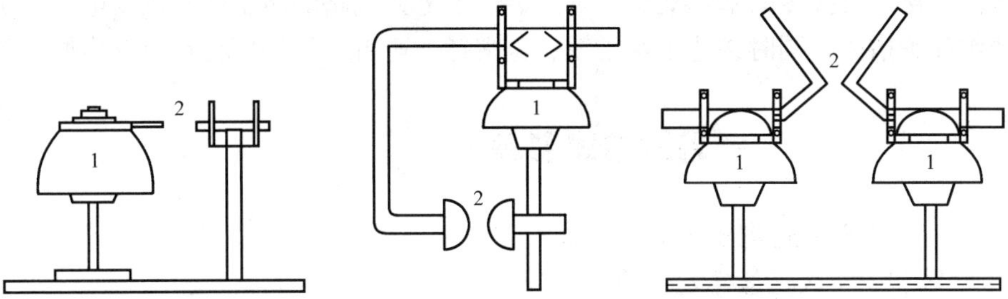

(a)　(b)　(c)

图 8-24　保护间隙的结构形式示意图

（a）棒型间隙；（b）球型间隙；（c）羊角型间隙

1—绝缘子；2—电极的间隙

护物并联，当过电压波要危及它所保护的电气设备的绝缘时，它立即放电，将过电压波泄入地中，使电气设备的绝缘免遭破坏。

当阀型避雷器供应不足或管型避雷器的参数不能满足安装地点的要求时，可用保护间隙来代替。例如，在配电网中用保护间隙来代替阀型避雷器保护小型变压器等，在进线段及其他场合用间隙来代替管型避雷器，实现对过电压波的保护。

为了防止间隙过多动作，要求在满足与保护设备的绝缘配合下，尽量增大间隙距离。保护间隙主间隙的最小数值见表 8-7。

表 8-7　保护间隙主间隙的最小值

额定电压（kV）	3	6	10	20	35	60	110	
							中性点直接接地	中性点非直接接地
间隙数值（mm）	8	15	25	100	210	400	700	750

对于 6～35kV 的保护间隙，为了防止外部间隙短路，可在其接地引下线中串接一个辅助间隙，辅助间隙的数值见表 8-8。

表 8-8　辅助间隙数值

电压等级（kV）	3	6～10	20	35
辅助间隙距离（mm）	5	10	15	20

2. 保护间隙的主要缺点

保护间隙的放电特性差。这是因为保护间隙的电场很不均匀，又暴露在大气中，所以受外界条件的影响大，使得放电的分散性很大。另外，保护间隙的伏秒特性也很陡，难以和伏秒特性较平的电气设备相配合。保护间隙灭弧能力差，它是自然灭弧，对于较大的工频电弧往往不能熄灭，使系统发生短路，造成供电中断。保护间隙动作后产生截断波，威胁某些电气设备绝缘的安全。

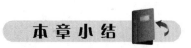

本章小结

本章主要讲述了供配电系统中防雷接地的基本知识，首先介绍了供配电系统接地保护装置、接地体、接地及接零的基本概念。重点讲述了电力线路的防雷保护及变电所的防雷保护范围及防雷保护措施，同时讲述了避雷线、避雷针、避雷器的作用特点及基本原理等内容。

习题与思考题

1. 什么是过电压，过电压分为哪几类？
2. 多雷区和少雷区是怎样划分的？
3. 大气过电压分哪几类？简述它们产生的物理概念。
4. 防雷保护装置有哪些？试述它们的作用和保护范围。
5. 避雷针、避雷线各起到什么作用？避雷针与避雷器的根本区别是什么？
6. 为什么要采取保护接地和保护接零？
7. 输电线路防雷的重要性何在？防雷的基本措施是什么？
8. 试述各电压等级输电线路防雷保护的特点。
9. 变电所防雷的重要性何在？如何防止？

附　　录

附表 1　用电设备组的需要系数、二项式系数及功率因数

用电设备组名称	需要系数 K_d	二项式系数		最大容量设备台数 x	$\cos\varphi$	$\tan\varphi$
		b	c			
小批生产的金属冷加工机床电动机	0.16～0.2	0.14	0.4	5	0.5	1.73
大批生产的金属冷加工机床电动机	0.18～0.25	0.14	0.5	5	0.5	1.73
小批生产的金属热加工机床电动机	0.25～0.3	0.24	0.4	5	0.6	1.33
大批生产的金属热加工机床电动机	0.3～0.35	0.26	0.5	5	0.65	1.17
通风机、水泵、空压机及发电机组	0.7～0.8	0.65	0.25	5	0.8	0.75
非连锁的连续运输机械	0.5～0.6	0.4	0.4	5	0.75	0.88
连锁的连续运输机械	0.65～0.7	0.6	0.2	5	0.75	0.88
机加、装配类车间吊车（ε=25%）	0.1～0.15	0.06	0.2	3	0.5	1.73
铸造车间的吊车（ε=25%）	0.15～0.25	0.09	0.3	3	0.5	1.73
自动连续装料的电阻炉设备	0.75～0.8	0.7	0.3	2	0.95	0.33
实验室电热设备、电阻炉、干燥箱等	0.7	0.7	0	—	1.0	0
工频感应电炉（未带无功补偿装置）	0.8	—	—	—	0.35	2.68
高频感应电炉（未带无功补偿装置）	0.8	—	—	—	0.6	1.33
电弧熔炉	0.9	—	—	—	0.87	0.57
点焊机、缝焊机	0.35	—	—	—	0.6	1.33
对焊机、铆钉加热机	0.35	—	—	—	0.7	1.02
自动弧焊变压器	0.5	—	—	—	0.4	2.29
单头手动弧焊变压器	0.35	—	—	—	0.35	2.68
多头手动弧焊变压器	0.4	—	—	—	0.35	2.68
单头弧焊电动发电机组	0.35	—	—	—	0.6	1.33
多头弧焊电动发电机组	0.7	—	—	—	0.75	0.88
生产厂房、办公室、实验室照明	0.8～1	—	—	—	1.0	0
变配电所、仓库照明	0.5～0.7	—	—	—	1.0	0
宿舍及生活区照明	0.6～0.8	—	—	—	1.0	0
室外照明、应急照明	1	—	—	—	1.0	0

注　如果用电设备组的设备总台数 $n<2x$ 时，则最大容量设备台数取 $x=n/2$。

附表 2　工厂需要系数、功率因数及 T_{max} 技术数据

工厂类别	需要系数 K_d	功率因数 $\cos\varphi$	年最大负荷利用小时 T_{max}
汽轮机制造厂	0.38	0.88	5000
锅炉制造厂	0.27	0.73	4500
柴油机制造厂	0.32	0.74	4500
重型机械制造厂	0.35	0.79	3700
重型机床制造厂	0.32	0.71	3700
机床制造厂	0.2	0.65	3200
石油机械制造厂	0.45	0.78	3500
化学工业	0.6	0.70	7300
工具制造厂	0.34	0.65	3800
电机制造厂	0.33	0.65	3000
电器开关制造厂	0.35	0.75	3400
电线电缆制造厂	0.35	0.73	3500
仪器仪表制造厂	0.37	0.81	3500
滚珠轴承制造厂	0.28	0.70	5800

附表 3　无功功率补偿率 Δq_c

补偿前功率因数 $\cos\varphi_1$	补偿后功率因数 $\cos\varphi_2$								
	0.85	0.86	0.88	0.90	0.92	0.94	0.96	0.98	1.00
0.60	0.71	0.74	0.79	0.85	0.91	0.97	1.04	1.13	1.33
0.62	0.65	0.67	0.73	0.78	0.84	0.90	0.98	1.06	1.27
0.64	0.58	0.61	0.66	0.72	0.77	0.84	0.91	1.00	1.20
0.66	0.52	0.55	0.60	0.65	0.71	0.78	0.85	0.94	1.14
0.68	0.46	0.48	0.54	0.59	0.65	0.71	0.79	0.88	1.08
0.70	0.40	0.43	0.48	0.54	0.59	0.66	0.73	0.82	1.02
0.72	0.34	0.37	0.42	0.48	0.54	0.60	0.67	0.76	0.96
0.74	0.29	0.31	0.37	0.42	0.48	0.54	0.62	0.71	0.91
0.76	0.24	0.26	0.31	0.37	0.43	0.49	0.56	0.65	0.85
0.78	0.18	0.21	0.26	0.32	0.38	0.44	0.51	0.60	0.80
0.80	0.13	0.16	0.21	0.27	0.32	0.39	0.46	0.55	0.73

续表

补偿前功率因数 $\cos\varphi_1$	补偿后功率因数 $\cos\varphi_2$								
	0.85	0.86	0.88	0.90	0.92	0.94	0.96	0.98	1.00
0.82	0.08	0.10	0.16	0.21	0.27	0.33	0.40	0.49	0.70
0.84	0.03	0.05	0.11	0.16	0.22	0.28	0.35	0.44	0.65
0.85	0.00	0.03	0.08	0.14	0.19	0.26	0.33	0.42	0.62
0.86	—	0.00	0.05	0.11	0.17	0.23	0.30	0.39	0.59
0.88	—	—	0.00	0.06	0.11	0.18	0.25	0.34	0.54
0.90	—	—	—	0.00	0.06	0.12	0.19	0.28	0.48

附表 4　并联电力电容器技术数据

产品型号	额定电压（kV）	额定容量（kvar）	额定电容（μF）	产品型号	额定电压（kV）	额定容量（kvar）	额定电容（μF）
YY0.23-5-3	0.23	5	300	MGMJ0.4-5-3	0.4	5	99
YY0.23-5-1	0.23	5	300	MGMJ0.4-10-3	0.4	10	198
YY0.4-12-3	0.4	12	240	MGMJ0.4-12-3	0.4	12	230
YY0.4-12-1	0.4	12	240	MGMJ0.4-15-3	0.4	15	298
YY1.05-12-1	1.05	12	34.8	MGMJ0.4-20-3	0.4	20	398
YY3.15-12-1	3.15	12	3.852	MGMJ0.4-25-3	0.4	25	498
YY6.3-12-1	6.3	12	400	MGMJ0.4-30-3	0.4	30	598
YL0.4-20-1	0.4	20	232	MWF0.4-14-1/3	0.4	14	279
YL1.05-30-1	1.05	30	87	MWF0.4-16-1/3	0.4	16	318
YL3.15-30-1	3.15	30	9.63	MWF0.4-20-1/3	0.4	20	398
YL6.3-30-1	6.3	30	2.46	MWF0.4-25-1/3	0.4	25	498
YL10.5-30-1	10.5	30	0.87	MWF0.4-75-1/3	0.4	75	1500
YL3.15-40-1	3.15	40	12.67	MWF10.5-16-1	10.5	16	0.462
YL6.3-40-1	6.3	40	3.208	MWF10.5-25-1	10.5	25	0.772
YL10.5-40-1	10.5	40	1.16	MWF10.5-30-1	10.5	30	0.866
YL6.3-60-1	6.3	60	4.812	MWF10.5-40-1	10.5	40	1.155
YL10.5-60-1	10.5	60	1.74	MWF10.5-50-1	10.5	50	1.44
YY10.5-12-1	10.5	12	0.348	MWF10.5-100-1	10.5	100	2.89

注　1. YY 表示矿物油浸渍移相电容器；

2. YL 表示氯化联苯浸渍移相电容器（新型产品）；

3. 额定电容为计算值；

4. 1/3 表示有单相和三相两种类型。

附表5　6～10kV配电变压器主要技术数据

额定容量（kV·A）	连接组别	额定电压（kV）		损耗（W）		阻抗电压 $U_k\%$	空载电流 $I_0\%$
		一次绕组	二次绕组	空载 ΔP_0	短路 ΔP_k		
S7系列低损耗电变压器主要技术数据							
100	Yyn0	10，6	0.4	320	2000	4	2.6
125	Yyn0	10，6	0.4	370	2450	4	2.5
160	Yyn0	10，6	0.4	460	2850	4	2.4
200	Yyn0	10，6	0.4	540	3400	4	2.4
250	Yyn0	10，6	0.4	640	4000	4	2.3
315	Yyn0	10，6	0.4	760	4800	4	2.3
400	Yyn0	10，6	0.4	920	5800	4	2.1
500	Yyn0	10，6	0.4	1080	6900	4	2.1
630	Yyn0	10，6	0.4	1300	8100	4.5	2.0
800	Yyn0	10，6	0.4	1540	9900	4.5	1.7
1000	Yyn0	10，6	0.4	1800	11 600	4.5	1.4
1250	Yyn0	10，6	0.4	2200	13 800	4.5	1.4
1600	Yyn0	10，6	0.4	2650	16 500	4.5	1.3
2000	Yyn0	10，6	0.4	3100	19 800	5.5	1.2
S9系列低损耗电力变压器技术数据							
100	Yyn0	10，6	0.4	290	1500	4	1.6
125	Yyn0	10，6	0.4	340	1800	4	1.5
160	Yyn0	10，6	0.4	400	2200	4	1.4
200	Yyn0	10，6	0.4	480	2600	4	1.3
250	Yyn0	10，6	0.4	560	3050	4	1.2
315	Yyn0	10，6	0.4	670	3650	4	1.1
400	Yyn0	10，6	0.4	800	4300	4	1.0
500	Yyn0	10，6	0.4	960	5100	4	1.0
630	Yyn0	10，6	0.4	1200	6200	4.5	0.9
800	Yyn0	10，6	0.4	1400	7500	4.5	0.8
1000	Yyn0	10，6	0.4	1700	10 300	4.5	0.7
1250	Yyn0	10，6	0.4	1950	1200	4.5	0.6
1600	Yyn0	10，6	0.4	2400	14 500	4.5	0.6

附表 6 高压断路器技术数据

类型	断路器型号	额定电压(kV)	额定电流(A)	动稳定电流(kA)		热稳定电流(kA)			额定切断电流(kA)	额定断流功率(MV·A)	操作机构类型	固有分闸时间(s)	合闸时间(s)
				i_{max}	I_{max}	1(s)	4(s)	5(s)					
空气断路器	QW1-35	35	200	8.4	4.9					150	CS1-XG	0.08	
	QW1-10	10	200	7.4			2.9	33	3.3	400		≥0.12	
	CN2-10	6	600～1000	37	22		14.5		2.9	200	CD2	0.05	0.15
少油断路器	SW2-35Ⅰ	35	1000	45	26		16.5		16.5	1000	CT2-XG		
	SW2-35Ⅱ	35	1500	63.4	39.2		24.8		24.8	1500	CT2-XG		
	SN10-10Ⅰ	10	600	52	30		20.2		20.2	350		0.05	0.2
	SN10-10Ⅱ	10	1000	74	42		42		28.9	500		0.05	0.22
	SN10-10Ⅲ	10	1250	125			40		40	690	CD10、CT8	0.07	0.15
真空断路器	ZN1-10	10	300	7.6					3			0.016	0.07
	ZN2-10	10	600	30			11.6		11.6	200		0.05	0.2
	ZN3-10	10	600	22		3	8.7		8.7	150		0.05	0.15
	ZN6-10	6	300	29.6	17		5		3	30		0.05	0.15
	CZG-6	6	150						1.5	15		0.036	0.1
六氟化硫断路器	LN2-10	10	1250	25			63		25		CT12-Ⅰ	0.06	0.15
	LN1-35	35	600	25	14.5		85			50	CT12-Ⅰ	0.06	0.3
	LN2-35	35	1250	16			40		16		CT12-Ⅰ	0.06	0.15
	LW7-35	35	1600	25			63		25			0.06	0.1

附表 7 常用高压隔离开关技术数据

产品型号	额定电压（kV）	额定电流（A）	极限通过电流峰值（kA）	热稳定电流（kA^2/s）		操作机构型号
				I_t（4s）	I_t（5s）	
GN6－10T/200	10	200	25.5		10	CS6－1T
GN6－10T/400	10	400	40		14	CS6－1T
GN6－10T/600	10	600	52		20	CS6－1T
GN6－10T/1000	10	1000	75		30	CS6－1T
GN2－10/2000	10	2000	85		51	CS6－2
GN2－10/3000	10	3000	100		70	CS7
GN19－10/400	10	400	31.5	12		CS6－1T
GN19－10/630	10	630	50	20		CS6－1T
GN19－10/1000	10	1000	80	31		CS6－1T
GN19－10/1250	10	1250	100	40		CS6－1T
GN19－10C1/400	10	400	31.5	12		CS6－1T
GN19－10C1/630	10	630	50	20		CS6－1T
GN19－10C1/1000	10	1000	80	31.5		CS6－1T
GN19－10C1/1250	10	1250	100	40		CS6－1T
GN22－10/2000	10	2000	100		40	CS6－2
GN2－35T	35	400	52	14		CS6－2T
GN2－35T	35	600	64	25		CS6－2T
GN2－35T	35	1000	70	27		CS6－2T
GW2－35G	35	600	42	20		CS6－2T
GW2－35GD	35	600	42	15		CS－17
GW4－35	35	600	50	15		CS－17
GW4－35D	35	1000	80	23		CS－17
GW5－35G	35	600	50	16		CS－17
GW5－35G	35	1000	50	25		CS－17

附表 8 常用高压负荷开关技术数据

产品型号	额定电压（kV）	额定电流（A）	极限通过电流峰值（kA）	热稳定电流 I_t（4s）（kA^2/s）	操作机构型号
FN2－10	10	400～1200	254	25	CS4
FN3－10	10	400～1450	850	14.5	CS4
FN3－10R	10	400～1450	850	14.5	CS4
FN2－10	10	400～1200	254	25	CS4
FN3－10	10	400～1450	850	14.5	CS4
FN3－10R	10	400～1450	850	14.5	CS4

附表 9　高压熔断器技术数据

产品型号	额定电压 (kV)	额定电流 (kA)	最大开断电流 I_{max} (kA)	最大断流容量 (MV·A)	开断极限短路电流峰值 (kA)	熔体管质量 (kg)
RN1-35	35	7.5 10 20 30 40	3.5		1.5 1.6 2.8 3.6 4.2	2.5 2.5 7.5 7.5 7.5
RN1-10	10	2，3，5，7.5，10，15，20 30，40，50，75，100，150，200	12	≥200	4.5 8.6 15.5 —	1.5 2.8 5.8 11
RN1-6	6	2，3，5，7.5，10，15，20 30，40，50，75 100 150，200，300	20	≥200	5.2 14 19 25	1.2 2 5.8 5.8
RN2-6 RN2-10 RN2-35	6 10 35	0.5 0.5 0.5	85 28 17	500 500 1000		

附表 10　电流互感器的技术数据

产品型号	额定变流比	级次组合	下列准备度等级下二次额定容量 (V·A)				10%倍数		1s 热稳定倍数	动稳定倍数
			0.5 级	1 级	3 级	B	二次负荷 (Ω)	倍数		
LMZ1-10	10/5，15/5，20/5，30/5，40/5，50/5，75/5，100/5，150/5，200/5，300/5，400/5，500/5，600/5，750/5，1000/5		0.2	0.3				10 10 10	90 75 50	160 135 90
LQJ-10	5/5～200/5 300/5，400/5	0.5/3，1/3	0.6 0.6	0.4 0.4	1.2 1.2	0.6 0.6			90 75	225 160
LFZJ-10	5/5～150/5 200/5～800/5 1000/5～3000/5	0.5/B	0.4 0.6 0.8			0.6 0.8 1		10 10 10	106 40 20	180 70 35
LZZQB6-10	100/5～300/5 400/5～800/5 1000/5～1500/5	0.5/B	0.6 0.8 1.2			0.8 1.2 1.6		15 15 15	148 55 40	188 70 50

续表

产品型号	额定变流比	级次组合	下列准备度等级下二次额定容量（V·A）				10%倍数		1s 热稳定倍数	动稳定倍数
			0.5 级	1 级	3 级	B	二次负荷（Ω）	倍数		
LCW-35	15/5～1000/5	0.5/3	2	4	2	4		28	65	100
LCWD-35	15/5～1000/5	0.5/D	1.2	3	3		0.8	35	65	150
LCWB-35	20/5～1200/5	0.5/P	2					16.5		42
LB6-35	400/5～2000/5	0.5/B_1	1.6		1.6		12	20	20	36

注 L—电流互感器；F—复匝式；M—母线式；C—瓷绝缘式；Z—绝缘浇注式；W—户外式；D—单匝式；P—供差动保护用；J—加强型；B—保护用；Q—线圈式。

附表 11　电压互感器技术数据

产品型号		额定变压比（kV/100V）			准备度等级下二次额定容量（V·A）			最大容量（V·A）
		一次绕组（kV）	二次绕组（V）	剩余电压绕组	0.5 级	1 级	3 级	
单相户内式	JDG-0.5	0.38			25	40	100	200
	JDG-0.5	0.5	100		25	40	100	200
	JDG3-0.5	0.38	100			15		60
	JDG-3	1～3			30	50	120	240
	JDJ-3	3	100		30	50	120	240
	JDJ-6	6	100		50	80	240	400
	JDJ-10	10	100		80	150	320	640
三相户内式	JSJW-3	3	100		50	80	200	400
	JSJW-6	6	100	100/3	80	150	320	640
	JSJW-10	10	100	100/3	120	200	480	960
单相户内式	JDZ-6	1	100		30	50	100	200
		3	100		30	50	100	200
		6	100		50	80	200	300
	JDZ-10	10	100		80	150	300	500
		11	100		80	150	300	500
	JDZ-35	35	100		150	250	500	1000
	JDG6-35	35	100		150	250	500	1000
	JDZJ-6	$1/\sqrt{3}$	$100/\sqrt{3}$	100/3	40	60	150	300
		$3/\sqrt{3}$	$100/\sqrt{3}$	100/3	40	60	150	300
	JDZJ-10	$10/\sqrt{3}$	$100/\sqrt{3}$	100/3	40	60	150	300
	JDZJ1-10	$10/\sqrt{3}$	$100/\sqrt{3}$	100/3	50	80	200	400
单相户外式	JDJ-6	6	100		80	80	200	640
	JDJ-10	10	100		80	150	320	640
	JDJ-35	35	100		150	250	600	1200
	JDJJ-35	$35/\sqrt{3}$	$100/\sqrt{3}$	100/3	150	250	600	1200
	JDJJ1-35	$35/\sqrt{3}$	$100/\sqrt{3}$	100/3		250	600	1000

注 J—电压互感器（第一字母），油浸式（第三字母），接地保护用（第四字母）。

Y—电压互感器；D—单相；S—三相；G—干式；C—串级式（第二字母），瓷绝缘（第三字母）；Z—环氧树脂浇注绝缘；W—五柱三绕组（第四字母），防湿型（在额定电压后）；B—防爆型（在额定电压后）；R—电容型；F—测量和保护二次绕组分开；GY—用于高原地区；TH—用于湿热地区。

附表 12　LJ、TJ 型架空线路导线的电阻

导线型号	LJ 型导线电阻（Ω/km）	几何均距（m）										TJ 型导线电阻（Ω/km）	导线型号
		0.6	0.8	1.0	1.25	1.5	2.0	2.5	3.0	3.5	4.0		
LJ-16	1.98	0.358	0.377	0.391	0.405	0.416	0.435	0.449	0.46	—	—	1.2	TJ-16
LJ-25	1.28	0.345	0.363	0.377	0.391	0.402	0.421	0.435	0.446	—	—	0.74	TJ-25
LJ-35	0.92	0.336	0.352	0.366	0.380	0.391	0.410	0.424	0.435	0.445	0.453	0.54	TJ-35
LJ-50	0.64	0.325	0.341	0.355	0.365	0.380	0.398	0.413	0.423	0.433	0.441	0.39	TJ-50
LJ-70	0.48	0.315	0.331	0.345	0.36	0.370	0.388	0.399	0.410	0.42	0.428	0.27	TJ-70
LJ-95	0.36	0.303	0.319	0.334	0.35	0.358	0.377	0.390	0.401	0.411	0.419	0.2	TJ-95
LJ-120	0.27	0.297	0.313	0.327	0.341	0.352	0.368	0.382	0.393	0.403	0.411	0.158	TJ-120
LJ-150	0.21	0.287	0.312	0.319	0.333	0.344	0.363	0.377	0.388	0.398	0.406	0.123	TJ-150

附表 13　LGJ 型架空线路导线的电阻

导线型号	电阻（Ω/km）	线间几何均距（m）											
		1.0	1.5	2.0	2.5	3.0	3.5	4.0	4.5	5.0	5.5	6.0	6.5
LGJ-35	0.85	0.366	0.385	0.403	0.417	0.429	0.438	0.446	—	—	—	—	—
LGJ-50	0.65	0.353	0.374	0.392	0.406	0.418	0.427	0.435	—	—	—	—	—
LGJ-70	0.45	0.343	0.364	0.382	0.396	0.408	0.417	0.425	0.433	0.440	0.446	—	—
LGJ-95	0.33	0.334	0.353	0.371	0.385	0.397	0.406	0.414	0.422	0.429	0.435	0.440	0.445
LGJ-120	0.27	0.326	0.347	0.365	0.379	0.391	0.400	0.408	0.416	0.423	0.429	0.433	0.438
LGJ-150	0.21	0.319	0.34	0.358	0.372	0.384	0.398	0.401	0.409	0.416	0.422	0.426	0.432
LGJ-185	0.17	—	—	—	0.365	0.377	0.386	0.394	0.402	0.409	0.415	0.419	0.425
LGJ-240	0.132	—	—	—	0.357	0.369	0.378	0.386	0.394	0.401	0.407	0.412	0.416
LGJ-300	0.107	—	—	—	—	—	—	—	—	—	0.399	0.405	0.410
LGJ-400	0.08	—	—	—	—	—	—	—	—	—	0.397	0.397	0.402

附表 14 裸铜绞线、铝绞线及钢芯铝绞线允许载流量（70℃）

铜绞线			铝绞线			钢芯铝绞线	
导线型号	载流量（A）		导线型号	载流量（A）		导线型号	载流量（A）
	户外	户内		户外	户内		
TJ-4	50	25	LJ-10	75	55	LGJ-35	170
TJ-6	70	35	LJ-16	105	80	LGJ-50	220
TJ-10	95	60	LJ-25	135	110	LGJ-70	275
TJ-16	130	100	LJ-35	170	135	LGJ-95	335
TJ-25	180	140	LJ-50	215	170	LGJ-120	380
TJ-35	220	175	LJ-70	265	215	LGJ-150	445
TJ-50	270	200	LJ-95	325	260	LGJ-185	515
TJ-60	315	250	LJ-120	375	310	LGJ-240	610
TJ-70	340	280	LJ-150	440	370	LGJ-300	700
TJ-95	415	340	LJ-185	500	425	LGJ-400	800
TJ-120	485	405	LJ-240	610		LGJQ-300	690
TJ-150	570	480	LJ-300	680		LGJQ-400	825
TJ-185	645	500	LJ-400	830		LGJQ-500	945
TJ-240	770	650	LJ-500	980		LGJQ-600	1050
TJ-300	890		LJ-625	1140		LGJJ-300	705
TJ-400	1085					LGJJ-400	850

注 表中数值按最高温度为 70℃计算，对铜绞线，当最高温度采用 80℃时，则表中数值应乘以系数 1.1；对于铝绞线和钢芯铝绞线，当最高温度采用 90℃时，则表中数值应乘以系数 1.2。

附表 15 矩形铝母线载流量表（最高允许温度 70℃）

宽×厚（mm×mm）	导线截面积（mm^2）	载流量（A）			集肤效应系数 K_f
		25℃	35℃	40℃	
15×3	45	165	145	134	1.0
20×3	60	215	190	175	1.0
25×3	75	265	230	215	1.0
30×4	120	365	325	300	1.0
40×4	160	480	425	395	1.0
40×5	200	540	475	440	1.0
50×5	250	665	585	545	1.0
50×6	300	740	650	600	1.0
60×6	360	870	770	715	1.0
80×6	480	1150	1010	935	1.0
100×6	600	1425	1260	1160	1.0
60×8	480	1025	900	830	1.0

续表

宽×厚（mm×mm）	导线截面积（mm²）	载流量（A）			集肤效应系数 K_f
		25℃	35℃	40℃	
80×8	640	1320	1155	1070	1.0
100×8	800	1625	1425	1315	1.0
120×8	960	1900	1675	1550	1.0
60×10	600	1155	1010	935	1.0
80×10	800	1480	1295	1200	1.0
100×10	1000	1820	1595	1475	1.1
120×10	1200	2070	1830	1760	1.1
2(80×8)	1280	2040	1795	1650	1.12
2(80×10)	1600	2410	2120	1965	1.14
2(100×8)	1600	2390	2100	1950	1.14
2(100×10)	2000	2860	2500	2315	1.20
2(120×10)	2400	3200	2840	2620	1.24
3(80×8)	1920	2620	2300	2140	1.22
3(80×10)	2400	3120	2725	2530	1.28
3(100×8)	2400	3060	2680	2490	1.28
3(100×10)	3000	3640	3190	2950	1.40
3(120×10)	3600	4100	3610	3360	1.47
4(100×10)	4000	4150	3650	3400	1.62
4(120×10)	4800	4650	4090	3810	1.70

附表 16　铝芯纸绝缘电缆

电缆截面积（mm²）	电缆长期允许载流量（A）											
	单芯		双芯		三芯						四芯	
	额定电压（V）											
	1000		1000		3000 及以下		6000		10 000		1000	
	电缆线芯允许的最高温度和环境温度（℃）											
	80		80		80		65		60		80	
	空气中（25）	土中（15）	空气中（25）	土中（15）	空气中（25）	土中（15）	空气中（25）	土中（15）	空气中（25）	土中（15）	空气中（25）	土中（15）
2.5	37		23	35	24	31	—	—	—	—	—	—
4	48	60	31	46	32	42	—	—	—	—	27	38
6	60	80	42	60	40	55	—	—	—	—	35	46
10	80	110	55	80	55	75	48	60	—	—	45	65
16	105	135	75	110	70	90	65	80	60	75	60	90
25	140	180	100	140	95	125	85	105	80	90	75	115

续表

电缆截面积（mm^2）	电缆长期允许载流量（A）											
	单芯		双芯		三芯						四芯	
	额定电压（V）											
	1000		1000		3000 及以下		6000		10 000		1000	
	电缆线芯允许的最高温度和环境温度（℃）											
	80		80		80		65		60		80	
	空气中（25）	土中（15）	空气中（25）	土中（15）	空气中（25）	土中（15）	空气中（25）	土中（15）	空气中（25）	土中（15）	空气中（25）	土中（15）
35	175	220	115	175	115	145	100	125	95	115	95	135
50	215	275	140	210	145	180	125	155	120	140	110	165
70	270	340	175	250	180	220	155	190	145	165	140	240
95	325	400	210	290	220	260	190	225	180	205	165	200
120	375	460	245	335	255	300	220	260	205	240	200	270
150	430	520	290	385	300	335	255	300	235	275	230	305
185	495	580	—	—	345	380	295	340	270	310	260	345
240	585	675	—	—	410	440	345	390	325	355	—	—

附表 17 绝缘导线明敷、穿钢管时的允许载流量

芯线截面积（mm^2）	绝缘导线明敷时的允许载流量（温度为 65℃）（A）							
	BLX 型铝芯橡皮线				BLV 型铝芯塑料线			
	环境温度（℃）							
	25	30	35	40	25	30	35	40
2.5	27	25	23	21	25	23	21	19
4	35	32	30	27	32	29	27	25
6	45	42	38	35	42	39	36	33
10	65	60	56	51	59	55	51	46
16	85	79	73	67	80	74	69	63
25	110	102	95	87	105	98	90	83
35	138	129	119	109	130	121	112	102
50	175	163	151	138	165	154	142	130
70	220	206	190	174	205	191	177	162
95	265	247	229	209	250	233	216	197
120	310	280	268	245	283	266	246	225
150	360	336	311	284	325	303	281	257
185	420	392	363	332	380	355	328	300
240	510	476	441	403	—	—	—	—

续表

BLX 和 BLV 型铝芯绝缘线穿钢管时的允许载流量（温度为 65℃）（A）																
导线型号	芯线截面积（mm^2）	2 根单芯线 环境温度			2 根穿管管径（mm）		3 根单芯线 环境温度			3 根穿管管径（mm）		4 根单芯线 环境温度			4 根穿管管径（mm）	
		25℃	30℃	35℃	G	DG	25℃	30℃	35℃	G	DG	25℃	30℃	35℃	G	DG
BLX	2.5	21	19	18	15	20	19	17	16	15	20	16	14	13	20	25
	4	28	26	24	20	25	25	23	21	20	25	23	21	19	20	25
	6	37	34	32	20	25	34	31	29	20	25	30	28	25	20	25
	10	52	48	44	25	32	46	43	39	25	32	40	37	34	25	32
	16	66	61	57	25	32	59	55	51	32	32	52	48	44	32	40
	25	86	80	74	32	40	76	71	65	32	40	68	63	58	40	50
	35	106	99	91	32	40	94	87	81	32	50	83	77	71	40	50
	50	133	124	115	40	50	118	110	102	50	50	105	98	90	50	—
	70	164	154	142	50	50	150	140	129	50	50	133	124	115	70	—
	95	200	187	173	70	—	180	168	175	70	—	160	149	138	70	—
	120	230	215	198	70	—	210	196	181	70	—	190	177	164	70	—
	150	260	243	224	70	—	240	224	207	70	—	220	205	190	70	—
	185	295	275	255	80	—	270	252	233	80	—	250	233	216	80	—
BLV	2.5	20	18	17	15	15	18	16	15	15	15	15	14	12	15	15
	4	27	25	23	15	15	24	22	20	15	15	22	20	19	15	20
	6	35	32	30	15	20	32	29	27	15	20	28	26	24	20	25
	10	49	45	42	20	25	44	41	38	20	25	38	35	32	25	25
	16	63	58	54	25	25	56	54	48	25	32	50	46	43	25	32
	25	80	74	69	25	32	70	65	60	32	32	65	60	56	32	40
	35	100	93	86	32	40	90	84	77	32	40	80	74	69	40	50
	50	125	116	108	40	50	110	102	95	40	50	100	93	86	50	50
	70	155	144	134	50	50	143	133	123	40	50	127	118	109	50	—
	95	190	177	164	50	50	170	158	147	50	—	152	142	131	70	—
	120	220	205	190	50	50	195	182	168	50	—	172	160	148	70	—
	150	250	233	216	70	50	225	210	194	70	—	200	187	173	70	—
	185	285	266	246	70	—	255	238	220	70	—	230	215	198	80	—

附表 18　明敷穿管绝缘导线的电阻及电抗

芯线截面积（mm^2）	铝绝缘导线（65℃）			铜绝缘导线（65℃）		
	电阻 r_0（Ω/km）	电抗 x_0（Ω/km）		电阻 r_0（Ω/km）	电抗 x_0（Ω/km）	
		明线间距 100（mm）	穿管		明线间距 100（mm）	穿管
1.5	24.39	0.342	0.14	14.48	0.342	0.14
2.5	14.63	0.327	0.13	8.69	0.327	0.13
4	9.15	0.312	0.12	5.43	0.312	0.12

续表

芯线截面积（mm^2）	铝绝缘导线（65℃）			铜绝缘导线（65℃）		
	电阻 r_0（Ω/km）	电抗 x_0（Ω/km）		电阻 r_0（Ω/km）	电抗 x_0（Ω/km）	
		明线间距 100（mm）	穿管		明线间距 100（mm）	穿管
6	6.10	0.300	0.11	3.62	0.300	0.11
10	3.66	0.280	0.11	2.19	0.280	0.11
16	2.29	0.265	0.10	1.37	0.265	0.10
25	1.48	0.251	0.10	0.88	0.251	0.10
35	1.06	0.241	0.10	0.63	0.241	0.10
50	0.75	0.229	0.09	0.44	0.229	0.09
70	0.47	0.36	0.088	0.32	0.219	0.09
95	0.39	0.206	0.09	0.23	0.206	0.09
120	0.31	0.199	0.08	0.19	0.199	0.08
150	0.25	0.191	0.08	0.15	0.191	0.08
185	0.20	0.184	0.07	0.13	0.184	0.07

附表19 架空电力线路等级

架空电力线路等级	架空电力线路规格	
	额定电压（kV）	电力用户级别
Ⅰ级线路	超过110kV以上 35～110	所有电压等级 一级和二级负荷
Ⅱ级线路	35～110 1～20	三级负荷 所有电压等级
Ⅲ级线路	1kV以下	所有电压等级

附表20 导线最小允许截面积 A_{min} 技术数据

导线结构	导线材料	架空电力线路等级		
		Ⅰ级线路	Ⅱ级线路	Ⅲ级线路
单股导线	铜导线	不允许使用	$10mm^2$	$6mm^2$
	钢线、铁线	不允许使用	ϕ35mm	ϕ2.72mm
	铝线及铝合金线	不允许使用	不允许使用	$10mm^2$
多股绞线	铜绞线	$16mm^2$	$10mm^2$	$6mm^2$
	钢及铁绞线	$16mm^2$	$10mm^2$	$10mm^2$
	铝及钢芯铝绞线	$25mm^2$	$16mm^2$	$16mm^2$

附表 21　GL 型电流继电器主要技术数据

型号	额定电流（A）	额定值		电流倍数	返回系数
		动作电流（A）	10 倍动作电流时间（s）		
GL－11/10，GL－21/10	10	4，5，6，7，8，9，10	0.5，1，2，3，4	2～8	0.85
GL－11/5，GL－21/5	5	2，2.5，3，3.5，4，4.5，5			
GL－15/10，GL－25/10	10	4，5，6，7，8，9，10	0.5，1，2，3，4		0.8
GL－15/5，GL－25/5	5	2，2.5，3，3.5，4，4.5，5			

附表 22　低压断路器基本技术数据

型号	额定电流（A）	额定电压（V）	脱扣器类型	拖扣器额定电流（A）	最大分断电流有效值（kA）
DZ20Y－100	100	～380	复式或电磁式-热脱扣	20，40，50，63，80，100	14
DZ20Y－200	200	～380	复式或电磁式-热脱扣	100，160，180，200，250	19
DZ20Y－400	400	～380	复式或电磁式-热脱扣	200，250，315，350，400	23
DZ20Y－630	630	～380	复式或电磁式-热脱扣	250，350，400，500，630	23
DW15－200	200	～380	过电流、失压分励	100，160，200	20
DW15－400	400	～380	过电流、失压分励	315，400	25
DW15－630	630	～380	过电流、失压分励	315，400，630	30
DW48－1600	1600	～380	过电流、失压分励	630，1000，1250，1600	50
DW48－3200	3200	～380	过电流、失压分励	2000，2500，3200	65

附表 23　避雷器的基本特性

型号	额定电压（kV）	工作电压（kV）	预期短路电流（kA）	内部间隙距离（mm）	外部间隙距离（mm）	冲击放电电压（1.5～2.0μs）（kV）	工频放电电压干、湿（kV）	
GSW2－10	10	11.5	≤2.9	63±3	17±1(15)	≤60	≥26	
FS－3	3	3.5				≤21	≥9	≤11
FS－6	6	6.9				≤35	≥16	≤19
FS－10	10	11.5				≤50	≥26	≤31
FS－0.38	0.38					≤2.7	≥1.1	≤1.6
FS－0.5	0.5					≤2.6	≥1.15	≤1.65
FZ－6	6	6.9				≤30	≥16	≤19
FZ－10	10	11.5				≤45	≥42	≤52
FZ－35	35	40.5				≤134	≥84	≤104
FCD2－10	10	11.5				≤31	≥25	≤30

参 考 文 献

[1] 刘介才．工厂供电．3版．北京：机械工业出版社，2014．
[2] 孙成普．供配电技术．北京：北京大学出版社，2006．
[3] 徐玉琦．工厂与高层建筑供电．北京：机械工业出版社，2004．
[4] 孙成普．变电所及电力网设计与应用．2版．北京：中国电力出版社，2007．
[5] 刘增良．电气设备及运行维护．北京：中国电力出版社，2007．